U0872316

专用于国家职业技能鉴定

国家职业资格培训教程

放射性废物处理工

（基础知识）

中国核工业集团有限公司人力资源部
中核四川环保工程有限责任公司 组织编写

中国原子能出版社

图书在版编目(CIP)数据

放射性废物处理工.基础知识/中国核工业集团有限公司人力资源部,中核四川环保工程有限责任公司组织编写.—北京:中国原子能出版社,2020.6
国家职业资格培训教程
ISBN 978-7-5221-0582-6

Ⅰ.①放… Ⅱ.①中…②中… Ⅲ.①放射性废物处理-技术培训-教材 Ⅳ.①TL941

中国版本图书馆 CIP 数据核字(2020)第 094593 号

放射性废物处理工(基础知识)

出版发行	中国原子能出版社(北京市海淀区阜成路 43 号 100048)
责任编辑	刘东鹏
责任校对	冯莲凤
责任印制	潘玉玲
印　　刷	保定市中画美凯印刷有限公司
经　　销	全国新华书店
开　　本	787 mm×1092 mm 1/16
印　　张	11.375
字　　数	277 千字
版　　次	2020 年 6 月第 1 版 2020 年 6 月第 1 次印刷
书　　号	ISBN 978-7-5221-0582-6 **定 价 69.00 元**

网址:http://www.aep.com.cn **E-mail:atomep123@126.com**
发行电话:010-68452845

国家职业资格培训教程

放射性废物处理工
（基础知识）

编审委员会

主　任　余剑锋
副主任　祖　斌
委　员　王安民　赵积柱　吴秀江　杨永平
　　　　王俊峰　霍颖颖　陈璐璐　周　伟
　　　　李克平　马文革　谢晓峰　肖新宇
　　　　张士军　刘玉山　何　石
主　编　唐明山
编　者　孙　贤　李朝辉　马兴鹏　李　飞
　　　　张　霞
主　审　李克平　马文革
审　者　吴　伟　徐卫东　关受刚　南旭阳
　　　　赵玲君　曾荣光　王　旭

前　言

为推动核行业特有职业技能培训和职业技能鉴定工作的开展，在核行业特有职业从业人员中推行国家职业资格证书制度，在人力资源和社会保障部的指导下，中国核工业集团有限公司人力资源部组织有关专家编写了《国家职业资格培训教程——放射性废物处理工》（以下简称《教程》）。

《教程》以国家职业标准为依据，内容上力求体现“以职业活动为导向，以职业技能为核心”的指导思想，紧密结合实际工作需要，注重突出放射性废物处理工行业特色。《教程》是针对放射性废物处理工职业活动的领域，内容涉及气载放射性、液态、固体废物处理相关知识，分为九个专业模块编写，包括：放射性气态废物处理、放射性废液蒸发浓缩、放射性废液贮存、放射性废液离子交换、放射性废液絮凝沉淀、放射性有机废液焚烧、放射性固体废物整备、放射性可燃废物焚烧、放射性金属废物熔炼。由于放射性废液离子交换工艺已停产、放射性有机废液焚烧尚未投入运行，本次编写未纳入模块进行描述。本《教程》包含七个专业模块，每个模块分为初级、中级、高级、技师、高级技师五个等级编写（放射性金属废物熔炼和放射性废液絮凝沉淀模块无技师和高级技师部分）。本《教程》编写成册分为三部分：《国家职业资格培训教程——放射性废物处理工（基础知识）》《国家职业资格培训教程——放射性废物处理工（初级技能、中级技能、高级技能）》和《国家职业资格培训教程——放射性废物处理工（技师技能、高级技师技能）》。

本《教程》适用于放射性废物处理工的初级、中级、高级、技师、高级技师培训，是放射性废物处理工职业技能鉴定的指定用书，中核四川环保工程有限责任公司负责组织编写，同时得到了中核四〇四有限公司、272 厂等相关单位的大力支持和热情帮助，在此表示深深的谢意！

《教程》中如有不妥之处，恳请批评指正。

中国核工业集团有限公司人力资源部

中核四川环保工程有限责任公司

目　录

第一章　职业道德

学习目标：掌握职业道德基本知识和执业守则，在爱岗敬业、诚实守信等方面具备良好的职业素养。

第一节　职业道德基本知识

一、职业道德的基本概念

职业道德是从业者在职业活动中应该遵循的符合自身职业特点的职业行为规范，是人们通过学习与实践养成的优良的职业品质，它涉及从业人员与服务对象、职业与职工、职业与职业之间的关系。职业道德行为规范是根据职业特点确定的，它是指导和评价人们职业行为善恶的准则。职业道德品质是通过知识学习和社会实践，在社会和职业环境的影响下逐渐养成的，它是从业者向善发展的职业道德意识、意志、情感、理想、信念固化的结果。这种优良的职业道德品质又可通过从业者的职业活动来正确评价、选择和指导自身或他人的职业行为，达到协调人与人之间、职业与职业之间的关系，使之和谐健康发展。

二、职业道德的特征

职业道德主要有以下七个方面的特征：

一是职业性。职业道德必须通过从业者在职业活动中体现。职业道德主要体现在从事工作的人群中，如果一个人从 20 岁到 60 岁是工作期，那么一个人最主要的年华和精力都是用于工作；除少数特殊情况的人之外，绝大多数的人都要从事职业活动。有职业活动就会有职业道德。

二是普遍性。职业道德的普遍性首先是由其职业性决定的。从事职业的人群众多、范围广大，这就决定了职业道德必然带有普遍性。职业道德有其从业者必须共同遵守的基本行为规范。2001 年 9 月中共中央印发的《公民道德建设实施纲要》明确提出，“爱岗敬业、诚实守信、办事公道、服务群众、奉献社会”是从业人员职业道德规范的主要内容，要求所有从业者都要共同遵守。其次，职业道德的普遍性也表现在每一个职业都明确规定有职业纪律和规章，要求每一个从业者都必须在法律规定的范围内从事工作。换句话说，法律不容许做的事，职业纪律和职业道德也是不容许的。最后，职业道德的普遍性还表现在全世界所有的从业者都有共同遵守的职业道德规范，例如，医疗行业体现出的人道主义、救死扶伤等。

三是自律性。职业道德具有自我约束、控制的特征。从业者通过对职业道德的学习和实践，产生职业道德的意识、良心、意志、信念、理想，在形成良好的职业道德品质以后，又会在工作中产生行为上的条件反射，形成选择有利于社会、集体的行为的高度自觉，这种自觉就是通过职业道德意识、觉悟、良心、意志、信念的自我约束控制来实现的。这也是职业道德与法律、纪律的区别所在，因为法律、纪律是通过命令或强制的方式来实现对公民行为的约束的,而通过自我约束控制职业行为的这种自律性乃是职业道德的显著特征。

四是他律性。职业道德具有舆论影响的特征。从业人员在职业生涯中,随时都会受到所从事职业领域的职业道德舆论的影响。实践证明,创造良好的职业道德社会氛围、职业环境,并通过职业道德舆论的宣传、监督,可以有效地促进人们自觉遵守职业道德,实现互相监督。

五是鲜明的行业性和多样性。职业道德是与社会职业分工紧密联系的,各行各业都有适合自身行业特点的职业道德规范。例如,从事信息安全职业的人员,以确保信息安全为其主要的职业道德规范;教师是以有教无类、为人师表、教书育人的高度示范性为其主要职业道德行为规范;产业工人是以注重产品质量和效益为其主要职业道德行为规范;从事服务业的人员是以其热情周到的服务为其主要职业道德行为规范。正因为职业道德具有多行业性质,因而就表现出形式的多样性。

六是继承性和相对稳定性。职业道德反映职业关系时往往与社会风俗、民族传统相联系,许多职业道德跨越了国界和历史时代作为人类职业精神文明被继承了下来,如"诚信""敬业乐业""互助与协作""公平"等,这就是它的继承性。从业者通过学习和修养,一经形成良好的职业道德品质,这种"品质"一般就不会轻易改变,它会自觉或不自觉地指导自己的职业行为,并影响他人的职业行为,这就是它的相对稳定性。

七是很强的实践性。一个从业者的职业道德知识、情感、意志、信念、觉悟、良心、行为规范等都必须通过职业的实践活动,在自己的职业行为中表现出来,并且接受本行业职业道德的评价和自我评价,使职业道德形成一个理论与实践的紧密结合体。因此,学习职业道德,是为了更好地践行职业道德。

三、职业道德规范的主要内容

我国现阶段各行各业普遍适用的职业道德规范的主要内容,即"爱岗敬业、诚实守信、办事公道、服务群众、奉献社会"。

1. 爱岗敬业

爱岗敬业,通俗地说就是"干一行爱一行",它是人类社会所有职业道德的一条核心规范。它要求从业者既要热爱自己所从事的职业,又要以恭敬的态度对待自己的工作岗位,爱岗敬业是职责,也是个人成才的内在要求。

所谓爱岗,就是热爱自己的本职工作,并为做好本职工作尽心竭力。爱岗是对人们工作态度的一种普遍要求,即要求职业工作者以正确的态度对待各种职业劳动,努力培养自己所从事工作的幸福感、荣誉感。

所谓敬业,就是用一种恭敬严肃的态度来对待自己的职业。任何时候用人单位只会倾向于选择那些既有真才实学又踏踏实实工作,持良好态度工作的人。这就要求从业者只有养成干一行、爱一行、钻一行的职业精神,专心致志搞好工作,才能实现敬业的深层次含义,并在平凡的岗位上创造出奇迹。一个人如果看不起本职岗位,心浮气躁,好高骛远,不仅违背了职业道德规范,而且会失去自身发展的机遇。虽然社会职业在外部表现上存在差异性,但只要从业者热爱自己的本职工作,并能在自己的工作岗位上兢兢业业工作,终会有机会创出一流的业绩。

2. 诚实守信

诚实就是实事求是地待人做事，不弄虚作假。在职业行为中最基本的体现就是诚实劳动。每一名从业者，只有为社会多工作、多创造物质或精神财富，并付出卓有成效的劳动，社会所给予的回报才会越多，即“多劳多得”。

守信，要求讲求信誉、重信誉、信守诺言。要求每名从业者在工作中严格遵守国家的法律、法规和本职工作的条例、纪律；要求做到秉公办事，坚持原则、不以权谋私；要求做到实事求是、信守诺言，对工作精益求精，注重产品质量和服务质量，并同弄虚作假、坑害人民的行为进行坚决的斗争。

3. 办事公道

所谓办事公道是指从业人员在办事情处理问题时，要站在公正的立场上，按照同一标准和同一原则办事的职业道德规范。即处理各种职业事务要公道正派、不偏不倚、客观公正、公平公开。对不同的服务对象一视同仁、秉公办事，不因职位高低、贫富亲疏的差别而区别对待。如一个服务员接待顾客不以貌取人，无论对于那些衣着华贵的大老板还是对那些衣着平平的乡下人，对不同国籍、不同肤色、不同民族的宾客能一视同仁，同样热情服务，这就是办事公道。

4. 服务群众

服务群众是指听取群众意见，了解群众需要，为群众着想，端正服务态度，改进服务措施，提高服务质量。做好本职工作是服务人民最直接的体现。要有效地履职尽责，必须坚持工作的高标准，工作的高标准是单位建设的客观需要，是强烈的事业心责任感的具体体现，也是履行岗位责任的必然要求。

5. 奉献社会

奉献社会是社会主义职业道德的最高境界和最终目的。奉献社会是职业道德的出发点和归宿。奉献社会就是要履行对社会、对他人的义务，自觉地、努力地为社会、为他人做出贡献。当社会利益与局部利益、个人利益发生冲突时，要求每一个从业人员把社会利益放在首位。

奉献社会是一种对事业忘我的全身心投入，这不仅需要有明确的信念，更需要有崇高的行动。当一个人任劳任怨，不计较个人得失，甚至不惜献出自己的生命从事于某种事业时，他关注的其实是这一事业对人类、对社会的意义。

四、职业道德作用

职业道德是社会道德体系的重要组成部分，它一方面具有社会道德的一般作用，另一方面它又具有自身的特殊作用，具体表现在：

1. 调节职业交往中从业人员内部以及从业人员与服务对象间的关系

职业道德的基本职能是调节职能。它一方面可以调节从业人员内部的关系，即运用职业道德规范约束职业内部人员的行为，促进职业内部人员的团结与合作。如职业道德规范要求各行各业的从业人员，都要团结、互助、爱岗、敬业、齐心协力地为发展本行业服务。另一方面，职业道德又可以调节从业人员和服务对象之间的关系。如职业道德规定了制造产品的工人要怎样对用户负责；营销人员怎样对顾客负责；医生怎样对病人负责；教师怎样对学生负责等。

2. 有助于维护和提高本行业的信誉

一个行业、一个企业的信誉,也就是它们的形象、信用和声誉,是指企业及其产品与服务在社会公众中的信任程度,提高企业的信誉主要靠产品的质量和服务质量,而从业人员较高的职业道德水平是产品质量和服务质量的有效保证。若从业人员职业道德水平不高,很难生产出优质的产品和提供优质的服务。

3. 促进本行业的发展

行业、企业的发展有赖于高的经济效益,而高的经济效益源于高的员工素质。员工素质主要包含知识、能力、责任心三个方面,其中责任心是最重要的。而职业道德水平高的从业人员其责任心是极强的,因此,职业道德能促进本行业的发展。

4. 有助于提高全社会的道德水平

职业道德是整个社会道德的主要内容。职业道德一方面涉及每个从业者如何对待职业,如何对待工作,同时也是一个从业人员的生活态度、价值观念的表现;是一个人的道德意识、道德行为发展的成熟阶段,具有较强的稳定性和连续性。另一方面,职业道德也是一个职业集体,甚至一个行业全体人员的行为表现,如果每个行业,每个职业集体都具备优良的道德,对整个社会道德水平的提高肯定会发挥重要作用。

第二节　放射性废物处理工职业守则

放射性废物处理属于核工业生产链中的一环,是核工业可持续发展的前提,也是保证国土和环境安全的重要需要。放射性废物处理工除具有核工业这一基本属性外,又具有鲜明的个性,可以用“团结、敬业、安全、科学”概括。

1. 爱岗敬业,忠于职守

放射性废物处理工要以吃苦耐劳的精神,科学、严细、认真的方法,作风和态度对待所从事的工作,学习掌握并自觉遵守核技术利用及辐射安全的法律法规,掌握本职业岗位操作技能及作业规范、规程,自觉履行好各项工作职责,从而使所从事的工作经得起受服务单位、国家和公众的检验,履行好核工业人对国家和公众的承诺。

2. 团结协作,顾全大局

放射性废物处理工是必须有团队合作方能开展的工作。要遵循团结互助的职业道德规范,就要做到员工之间和谐相处,互相学习加强协作,齐心协力干好工作;要顾全大局,增强全局观念和服务意识,树立“一盘棋”的思想,服从指挥,令行禁止。

3. 安全生产,文明施工

要做好安全生产。要牢固树立“核安全就是生命线”的理念,坚持“安全第一、预防为主、综合治理”的安全方针,在施工前、施工中和施工后都要依规程执行,杜绝“三违”,做到“四不伤害”。要遵守放射性区域工作的管理规定,进出作业场所要按规定的线路出入,按规定佩戴防护用品和剂量监测器具,接受辐射管理人员和安全管理人员的检查、监督。要按照相关规定做好现场废物和污染物管理,不得随意处置或带到非指定区域,防止污染扩大或失控。在开展施工时要讲究文明施工,作业现场定置定位管理,工作包、工具器材等要摆放合理,整齐有序；工作结束后，及时清理现场，做到设备、场地清洁；作业场所各类识别标识、警告标识齐备，悬挂合理。

4. 科学治理，绿色发展

放射性废物处理具有一定风险，是一项对工作人员知识及技能要求较高的工作。放射性废物处理必须遵循严谨、科学的技术路线，不能有半点的马虎、一丝的侥幸，时刻以国家安全、人民安全为己任，实现废物治理与环境安全的绿色发展。

以上要求赋予了放射性废物处理工的职业义务、职业权力和职业责任，也是应遵守的职业纪律。它是放射性废物处理工从业人员职业良心、荣誉、幸福之所在。因此每一个放射性废物处理工都必须严格遵守。

第二章　相关法律、法规知识

学习目标：通过学习国家相关法律、法规知识，放射性废物处理工应了解各项法律法规的基本内容，提高法制素质，规范从业行为。

第一节　《中华人民共和国劳动法》主要内容

《中华人民共和国劳动法》于 1994 年 7 月 5 日经全国人大第八届常务委员会第八次会议审议通过，自 1995 年 1 月 1 日起施行。《中华人民共和国劳动法》(以下简称《劳动法》)的立法目的是为了保护劳动者的合法权益，调整劳动关系，建立和维护社会主义市场经济和劳动制度，促进经济发展和社会进步。《劳动法》适用于中华人民共和国境内的企业(这里所指“企业”是指各种类型的企业，包括国有企业、集团所有制企业、中外合资企业、中外合作企业、外商独资企业、股份制企业、混合型企业、港澳台企业、私营企业、联营企业、乡镇企业等)、个体经济组织和与之形成劳动关系的劳动者。国家机关、事业组织、社会团体和与之建立劳动关系的劳动者都必须依照《劳动法》执行。在中华人民共和国境内的企业、个体经济组织与劳动者之间只要形成劳动关系，不论他们之间是否订立劳动合同都适用《劳动法》。国家机关、事业组织、社会团体实行劳动制度的以及按规定应实行劳动合同制度的工勤人员；其他通过劳动合同与国家机关、事业组织、社会团体建立劳动关系的劳动者适用《劳动法》。实行企业化管理的事业组织的人员适用《劳动法》。

一、劳动者的权利与义务

1. 劳动者的权利

(1) 劳动者享有平等就业和选择职业的权利。劳动权，也称劳动就业权，是指具有劳动能力的公民获得职业的权利。劳动者选择职业的权利，是指劳动者根据自己的意愿选择适合自己才能、爱好的职业。

劳动者享有平等就业权是《劳动法》规定的一项重要法律原则。这项原则具体包括两个方面的内容：一是就业资格的平等。只要是劳动者，就业资格人人平等，不因民族、种族、性别、宗教信仰和文化程度的不同而受歧视。二是劳动者就业能力衡量尺度的平等，劳动者在就业过程中均享有平等竞争的权利，即社会对公民的劳动行为能力要以同一尺度和标准衡量，通过公平竞争择优吸收劳动力就业。

(2) 劳动者享有取得劳动报酬的权利。劳动者付出劳动，依照合同以及国家有关规定取得报酬是劳动者的权利，而及时足额地向劳动者支付工资是用人单位的义务。《劳动法》第五十条规定：“工资应当以货币形式按月支付给劳动者本人，不得克扣或者拖欠劳动者的工资。”

(3) 劳动者享有获得劳动安全卫生保护的权利。《劳动法》规定，用人单位必须建立健全劳动安全卫生制度，严格执行国家规定的劳动安全卫生规程和标准，为劳动者提供符合国家规定的劳动安全卫生条件和必要的劳动防护用品，对从事特种作业的人员进行专门培训，防止劳动过程中的事故，减少职业危害。

(4) 劳动者享有接受职业技能培训的权利。职业技能培训是对准备就业的人员和已经就业的职工，以培养或提高其基本的职业技能为目的而进行的技术业务知识和实际操作技能的教育和训练。

(5) 劳动者享有社会保险和福利的权利。社会保险是国家和用人单位依照法律规定或者合同的约定，对具有劳动关系的劳动者在暂时或者永久失去劳动力以及暂时失业时，为保障其基本的生活需要，给予物质帮助的一种社会保障制度。

(6) 劳动者享有提请劳动争议处理的权利。劳动争议是指劳动关系当事人因执行《劳动法》或者履行集体合同和劳动合同的规定引起的争议。用人单位与劳动者发生劳动争议，劳动者可以申请调解、仲裁或者提起诉讼。

(7) 法律规定的其他劳动权利。法律规定的其他劳动权利包括：依法组织和参加工会的权利(《劳动法》第七条)；通过职工大会、职工代表大会或者其他民主形式参与民主管理或者就保护劳动者合法权益与用人单位平等协商的权利(《劳动法》第八条)；依法解除劳动合同的权利(《劳动法》第三十二条)；对用人单位管理人员违章指挥、强令冒险作业拒绝执行的权利(《劳动法》第五十六条)；对违反劳动纪律、违规的行为进行检举和控诉的权利(《劳动法》第八十八条)等。

2. 劳动者的义务

(1) 劳动者应当完成工作任务。劳动者一旦与用人单位发生劳动关系，就必须履行其应尽的义务。其中完成劳动任务就是劳动者应尽的最主要的义务。这是劳动关系范围内的法定义务，也是强制性义务。

(2) 劳动者应当提高职业技能。提高劳动技能是劳动者完成劳动任务的保证，也是劳动者的义务。

(3) 劳动者应当遵守劳动纪律和职业道德。遵守劳动纪律和职业道德是作为劳动者的起码条件，劳动纪律是劳动者在共同劳动中所必须遵守的劳动规章和秩序。

二、其他规定

《劳动法》规定，劳动者退休、患病、负伤、因公伤残或者患职业病、失业和生育，依法享受社会保险待遇。劳动者死亡后，其遗属依法享受遗属津贴。劳动者享受社会保险待遇的条件和标准由法律法规规定。劳动者享受的社会保险金必须按时足额支付。

第二节　《中华人民共和国劳动合同法》基本知识

《中华人民共和国劳动合同法》是我国第一部专门对劳动合同进行规范的法律。它于 2007 年 6 月 29 日经十届全国人大常委会第二十八次会议通过，于 2008 年 1 月 1 日实行。《中华人民共和国劳动合同法》(以下简称《劳动合同法》)是为了完善劳动合同制度，明确劳动合同双方当事人的权利和义务，保护劳动者的合法权益，构建和发展和谐稳定的劳动关系而制定的一部法律。作为调整用人单位与劳动者之间劳动关系，涉及人民群众切身利益的主要法律依据，旨在规范用人单位与劳动者订立和履行劳动合同的行为，保护劳动者合法权益促进劳动关系和谐稳定。保护劳动者合法权益是《劳动合同法》的立法核心。

一、劳动合同的形成

1. 关于订立劳动合同的规定

订立劳动合同,以合法契约的形式确立劳动者与用人单位的劳动关系,是劳动者和用工单位依法维护合法权益的措施和保障。《劳动合同法》第七条明确规定:“用人单位自用工之日起即与劳动者建立劳动关系,用人单位应当建立职工名册备案。”其第八条规定:“用人单位招用劳动者时,应当如实告知劳动工作内容、工作条件、工作地点、职业危害、安全生产状况、劳动报酬,以及劳动者要求了解的其他情况;用人单位有权了解劳动者与劳动合同直接相关的基本情况,劳动者应当如实说明。”其第十条规定“建立劳动关系,应当订立书面合同,已建立劳动关系,未同时订立书面劳动合同的应当自用工之日起一个月内订立书面劳动合同。用人单位与劳动者在用工前订立劳动合同的,劳动关系自用工之日起建立。”

2. 关于劳动合同期限的规定

劳动合同的期限有三种:固定期限劳动合同、无固定期限劳动合同、以完成一定工作任务为期限的劳动合同。劳动者不要求签订固定期限劳动合同,应当按以下三种法定情形签订无固定期限劳动合同:

(1) 劳动者在该用人单位连续工作满十年的,可订立无固定期限劳动合同;

(2) 用人单位初次实行劳动合同制度或者国有企业改制重新订立劳动合同时,劳动者在该用人单位连续工作满十年且距法定退休年龄不足十年的,可定立无固定期限劳动合同;

(3) 连续订立二次固定期限劳动合同,且劳动者没有试用期内不符合条件、违章、伤病不能工作的、培训后仍不能胜任的情形,续订劳动合同的,可订立无固定期限劳动合同。

《劳动合同法》还规定:用人单位自用工之日起超过一个月不满一年未与劳动者签订书面劳动合同的,视为已与劳动者订立无固定期限合同,并应当在此前的11个月中向劳动者每月支付2倍的工资。

3. 关于劳动合同无效的规定

劳动合同的无效,视情况分为全部无效和部分无效。为防止合同双方以不合法的手段侵害对方的权益,《劳动合同法》规定凡有下述情况的劳动合同无效或者部分无效。即:

以欺诈、胁迫的手段或者乘人之危,使对方在违背真实意思的情况下订立或者变更劳动合同;

用人单位免除自己的法定责任、排除劳动者权利;

违反法律、行政法规强制性规定;

当劳动合同中有部分条款无效,且不影响合同其他部分效力的,其他部分仍然有效。

二、劳动合同双方当事人的权利和义务

1. 关于劳动者的权利和义务的规定

(1) 同工同酬的权利。《劳动合同法》规定:用人单位与劳动者约定的劳动报酬不明确或者对劳动报酬约定有争议的,按照集体合同规定的标准执行;没有集体合同或者集体合同未规定的,实行同工同酬。被派遣劳动者享有与用工单位的劳动者同工同酬的权利;用工单

位无同类岗位劳动者的，参照用工单位所在地相同或近似岗位劳动者的劳动报酬确定。

(2) 及时获得足额劳动报酬的权利。《劳动合同法》将劳动报酬的约定作为劳动合同的必备条款，《劳动合同法》规定：劳动合同中缺少“劳动报酬”条款的，由劳动行政部门责令改正；给劳动者造成损害的，由用人单位承担赔偿责任。

(3) 要求经济赔偿的权利。《劳动合同法》第四十六条对用人单位向劳动者支付经济补偿的条件和补偿标准作出规定。其要求补偿的条件在《劳动合同法》的第三十六条、第三十八条、第四十条、第四十一条第一款、第四十四条第一、四、五项做了规定。其补偿标准为：以劳动者在本单位工作的年限为标准，工作满一年支付一个月工资的经济补偿；六个月以上不满一年的按一年计算；不满六个月的，支付半个月工资的经济补偿。这里所称“月工资”是指劳动者合同解除或终止前十二个月的平均工资。

2. 关于用人单位的权利和义务的规定

(1) 依法约定试用期和服务期的权利。试用期是用人单位通过约定一定时间的试用期，来检验劳动者是否符合本单位特定工作岗位工作要求的制度。为了防止用人单位滥用试用期，《劳动合同法》规定，劳动合同期限三个月以上不满一年的试用期不得超过一个月；劳动合同期一年以上不满三年的，试用期不得超过两个月；三年以上固定期限和无固定期限的劳动合同，试用期不得超过六个月。

(2) 依法要求劳动者支付违约金的权利。劳动者违反服务期约定的，用人单位有权要求其支付违约金，违约金的数额不得超过用人单位提供的培训费用。

(3) 依法实行试用期的义务。《劳动合同法》规定：同一用人单位与同一劳动者只能约定一次试用期；以完成一定工作任务为期限的劳动合同或者劳动合同期限不满三个月的，不得约定试用期。

(4) 对劳动者培训的义务。《劳动合同法》规定：用人单位有义务对劳动者进行培训并提供专项培训费用。

第三节　《中华人民共和国安全生产法》相关知识

一、《中华人民共和国安全生产法》的产生及特点

《中华人民共和国安全生产法》(以下简称《安全生产法》)于 2002 年 6 月 29 日经第九届全国人大常委会第二十八次会议审议通过，自 2002 年 11 月 1 日起施行。这是我国第一部全国范围安全生产的专门法律，是我国安全生产法律体系中的主体法。2014 年 8 月 31 日第十二届全国人大常委会第十次会议通过关于修改《中华人民共和国安全生产法》的决定，经修改后的《安全生产法》于 2014 年 12 月 1 日起施行。

修改后的《安全生产法》坚持以人为本、生命至上的理念，推进安全发展，确立了“安全第一、预防为主、综合治理”的安全生产工作十二字方针，明确了安全生产的重要地位、主体任务和实现安全生产的根本途径。“安全第一”要求从事生产经营活动必须把安全放在首要位置，不能以牺牲人的生命、健康为代价换取发展和效益。“预防为主”要求把安全生产工作的重点放在预防上，强化隐患排查治理“打非治违”，从源头上控制、预防和减少生产安全事故。“综合治理”要求运用行政、经济、法制、科技等多种手段，充分发挥社会、职工、舆论监督各方

面的作用,抓好安全生产。强化“三个必要”的要求,即管行业必须管安全,管业务必须管安全、管生产经营必须管安全。进一步明确生产经营单位的安全生产主体责任。把明确安全责任、发挥生产经营单位、安全生产管理机构和安全生产管理人员作用作为一项重要内容。进一步明确了安全监督部门的执法地位,并赋予其强有力的执法手段。

二、《安全生产法》的目的

制定《安全生产法》的目的,就是为了加强安全生产工作,防止和减少生产安全事故,保障人民群众生命和财产安全,促进经济社会持续健康发展。

三、从业人员的权利和义务

《安全生产法》第六条规定,生产经营单位的从业人员有依法获得安全保障的权利,并应当依法履行安全生产方面的义务。《安全生产法》第三章,共有十条,规定了从业人员的安全生产权利义务。

1. 生产经营单位不得以任何形式与从业人员订立协议,免除或者减轻其对从业人员因生产安全事故伤亡依法应承担的责任。

2. 从业人员有权了解其作业场所和工作岗位存在的危险因素、防范措施及事故应急措施,有权对本单位的安全生产工作提出建议。

3. 从业人员有权对本单位安全生产工作中存在的问题提出批评、检举、控告;有权拒绝违章指挥和强令冒险作业。

4. 从业人员发现直接危及人身安全的紧急情况时,有权停止作业或者在采取可能的应急措施后撤离作业场所。

5. 因生产安全事故受到损害的从业人员,除依法享有工伤保险外,依照有关法律尚有获得赔偿的权利的,有权向本单位提出赔偿。

6. 从业人员在作业过程中,应严格遵守本单位的安全生产规章制度和操作规程,服从管理,正确佩戴和使用劳动防护用品。

7. 从业人员应当参加安全生产教育和培训,掌握本职工工作所需的安全生产知识,提高安全生产技能,增强事故预防和应急处理能力。

第四节 《中华人民共和国环境保护法》基本要点

一、适用范围

《中华人民共和国环境保护法》1989 年 12 月 26 日通过,2014 年 4 月 24 日修订。《中华人民共和国环境保护法》(以下简称《环境保护法》)第三条规定了我国环境保护法的适用范围,即“本法适用于中华人民共和国领域和中华人民共和国管辖的其他海域”,这里的“中华人民共和国领域”包括我国的领陆、领水及领空。因此可以说,凡在中华人民共和国主权管辖的区域和依照国际法应由中华人民共和国管辖的大陆架、专属经济区、毗连区等海域内从事对环境有影响的活动的单位和个人,均应遵守《中华人民共和国环境保护法》的规定。

二、立法的目的

我国《环境保护法》第一条规定："为保护和改善生活环境与生态环境，防治污染和其他公害，保障人体健康，促进社会主义现代化建设的发展，制定本法。"此条包含了以下三个方面的内容：

第一，保护和改善生态环境，防治污染和其他公害，这一点是基础的直接的目的，这也是环境法的基本的任务。

第二，保障人体健康，这是环境法的根本任务，是最终目标之一，强调人的利益。

第三，促进社会主义现代化建设的发展。即保障经济社会的发展，这也是环境法的最终目标之一。

保护和改善生活环境与生态环境，防治污染和其他公害是环境保护法的直接目的；保障人民身体健康是环境保护法的根本任务，也是环境保护立法的出发点和归宿；促进经济增长是因为环境保护与经济发展有内在的相互制约和依存的关系。这三项立法目的之间有着内在联系。首先，社会生产水平决定人们的物质生活水平，并进而决定人们对环境质量的需求；同时，随着经济的发展和社会物质的丰富，人们会在要求提高物质文化生活水平的同时，要求进一步建设清洁、安静、优美、舒适的环境。因此，把发展经济同环境保护、维护人民身体健康三者联系起来作为《环境保护法》的立法目的，是社会主义社会发展与经济建设的客观规律的反映。

三、基本内容

1. 总则

保护环境是国家的基本国策。环境保护坚持保护优先、预防为主、综合治理、公众参与、损害担责的原则。一切单位和个人都有保护环境的义务。每年 6 月 5 日为环境日。

2. 环境监督管理

国务院环境保护主管部门制定国家环境质量标准。国务院环境保护主管部门根据国家环境质量标准和国家经济、技术条件，制定国家污染物排放标准。监测机构应急使用符合国家标准的监测设备，遵守监测规范。监测机构及其负责人对监测数据的真实性和准确性负责。

3. 保护和改善环境

国家鼓励和引导公民、法人和其他组织使用有利于保护环境的产品和再生产品，减少废弃物的产生。国家机关和使用财政资金的其他组织应当优先采购和使用节能、节水、节材等有利于保护环境的产品、设备和设施。

4. 防治环境污染和其他公害

国家促进清洁生产和资源循环利用。企业应当优先使用清洁能源，采用资源利用率高、污染排放量少的工艺、设备以及废弃物综合利用技术和污染物无害化处理技术，减少污染物的产生。排放污染物的企业应当按照国家有关规定和监测规定安装使用监测设备，保证监测设备正常运行，保存原始监测记录。

5. 法律责任

因污染环境和破坏生态造成损害的,应当依照《中华人民共和国侵权责任法》的有关规定承担侵权责任。

6. 附则

本法自2015年1月1日起施行。

第五节 《中华人民共和国放射性污染防治法》相关知识

一、适用范围

本法适用于中华人民共和国领域和管辖的其他海域在核设施选址、建造、运行、退役和核技术、铀(钍)矿、伴生放射性矿开发利用过程中发生的放射性污染的防治活动。

二、立法的目的

为了防治放射性污染,保护环境,保障人体健康,促进核能、核技术的开发与和平利用,制定《中华人民共和国放射性污染防治法》。

防治放射性污染,保护环境,保障人体健康。我国核能与核技术的开发利用在对维护国防安全,促进国民经济和社会发展,增强综合国力等方面起到巨大推动作用的同时,也产生了越来越突出的安全问题和放射性污染防治问题。主要表现在:一,我国已有近百座核设施,有些核设施已经进入退役阶段,如果监管不严或者处置不当,其遗留的放射性物质将对环境和公众健康构成威胁;二,我国现有放射源由于用户多而分散,有的单位管理不善等原因,近年来不断发生因放射源使用不当或者丢失放射源导致的放射性污染事故,造成严重后果。三,在铀(钍)矿和伴生放射性矿开发利用过程中,由于对放射性污染防治重视不够,缺乏对放射性污染防治的专项管理制度,乱堆、乱放放射性废矿渣的情况时有发生,由此造成的放射性污染事故威胁着环境安全和公众健康。四,我国已产生了不少放射性废物,虽然国家有放射性废物处置政策,但是,由于缺乏强制性的法律制度和措施,致使对放射性废物的处置监管不力,在一定程度上对环境和公众健康构成了威胁。因此,为了保证经济、社会的可持续发展,在促进核能、核技术开发利用的过程中,必须完善我国放射性污染防治的法律制度,加强对放射性污染的防治,保护环境,保障人体健康。

促进核能、核技术的开发与和平利用。当前,世界上的主要能源是煤、石油、天然气这些化石燃料,但化石燃料不是可再生能源,还要向大气排放大量的二氧化碳。为了实现可持续发展,人类迫切地需要新的替代能源。目前唯一达到工业应用、可以大规模替代化石燃料的能源,就是核能。核能在我国的能源消费中也发挥着越来越重要的作用。

在核技术应用方面,中国同位素与辐射技术的应用在经历了20世纪50年代的开创,60、70年代的应用开发和80年代以来全面发展三个阶段后,90年代进入商业化阶段,在农业、工业、医疗等方面的应用也越来越广泛。

因此,在确立立法目的时,既要考虑防治放射性污染,又必须考虑进一步促进核能、核技术开发与和平利用。切实处理好环境保护与经济建设、社会发展的关系,使防治放射性污染与促进核能、核技术开发与和平利用相协调。

三、基本内容

1. 总则

国家对放射性污染的防治，实行预防为主、防治结合、严格管理、安全第一的方针。国家鼓励、支持放射性污染防治的科学研究和技术开发利用，推广先进的放射性污染防治技术。

2. 放射性污染防治的监督管理

国家放射性污染防治标准由国务院环境保护行政主管部门根据环境安全要求，国家经济技术条件制定。国家放射性污染防治标准由国务院环境保护行政主管部门和国务院标准化行政主管部门联合发布。国家建立放射性污染监测制度。国家对从事放射性污染防治的专业人员实行资格管理制度；对从事放射性污染监测工作的机构实行资质管理制度。

3. 核设施的放射性污染防治

与核设施相配套的放射性污染防治设施，应当与主体工程同时设计、同时施工、同时投入使用。放射性污染防治设施应当与主体工程同时验收；验收合格的，主体工程方可投入生产或者使用。

4. 核技术利用的放射性污染防治

国家建立放射性同位素备案制度。生产、销售、使用、贮存放射源的单位，应当建立健全安全保卫制度，指定专人负责，落实安全责任制，制定必要的事故应急措施。

5. 放射性废物管理

核设施营运单位、核技术利用单位、铀（钍）矿和伴生放射性矿开发利用单位，应当合理选择和利用原材料，采用先进的生产工艺和设备，尽量减少放射性废物的产生量。向环境排放放射性废气、废液，必须符合国家放射性污染防治标准。

6. 法律责任

放射性污染防治监督管理人员违反法律规定，利用职务上的便利收受他人财物、谋取其他利益，或者玩忽职守，构成犯罪的，依法追究刑事责任。因放射性污染造成他人损害的，应当依法承担民事责任。

7. 附则

本法自 2003 年 10 月 1 日起施行。

第六节　《中华人民共和国消防法》基础知识

《中华人民共和国消防法》（以下简称消防法）于 1998 年 4 月 29 日第九届全国人民代表大会常务委员会第二次会议通过，2008 年 10 月 28 日修订通过，自 2009 年 5 月 1 日起施行。

一、制定《消防法》的目的

《消防法》作为我国历史上第一部完整、科学、权威的消防法律，立法目的就是为了预防火灾和减少火灾，保护公民人身、公共财产和公民财产的安全，维护公共安全，保障社会主义现代化建设的顺利进行。特别是《消防法》把保护公民人身安全放在首位，体现了生命第一的原则，同时也强调了“公民积极参与”是做好消防工作基础的重要性。

《消防法》规定任何人都有维护和保护消防设施，预防火灾，报告火警的义务；任何成年人都有参加有组织的灭火工作的义务；任何人不得损坏、挪用、停用消防器材，不得埋压、圈占、遮挡消火栓或者占用防火间距；不得占用、堵塞、封闭疏散通道、安全出口、消防车通道；任何人都有权对公安消防机构及其工作人员在执法中的违法、违纪行为进行检举、控告。

二、单位和个人的职责

消防安全工作涉及公民人身、公共财产和公民财产的安全，维护公共安全，国家制定了包括《中华人民共和国消防法》等在内的多部法律、法规和标准。

《中华人民共和国消防法》，明确了消防工作的方针，单位和个人的职责：

（1）消防工作贯彻预防为主、防消结合的方针，坚持专门机关与群众相结合的原则，实行防火安全责任制。

（2）任何单位、个人都有维护消防安全、保护消防设施、预防火灾、报告火警的义务。任何单位、成年公民都有参加有组织的灭火工作的义务。

（3）机关、团体、企业、事业单位应当履行下列消防安全职责：

1）制定消防安全制度、消防安全操作规程；

2）实行防火安全责任制，确定本单位和所属各部门、岗位的消防安全责任人；

3）针对本单位的特点对职工进行消防宣传教育；

4）组织防火检查，及时消除火灾隐患；

5）按照国家有关规定配置消防设施和器材、设置消防安全标志，并定期组织检验、维修，确保消防设施和器材完好、有效；

6）保障疏散通道、安全出口畅通，并设置符合国家规定的消防安全疏散标志。

（4）禁止在具有火灾、爆炸危险的场所使用明火；因特殊情况需要使用明火作业的，应当按照规定事先办理审批手续。作业人员应当遵守消防安全规定，并采取相应的消防安全措施。

（5）进行电焊、气焊等具有火灾危险的作业的人员和自动消防系统的操作人员，必须持证上岗，并严格遵守消防安全操作规程。

（6）任何单位、个人不得损坏或者擅自挪用、停用消防设施、器材，不得埋压、圈占消火栓，不得占用防火间距，不得堵塞消防通道。

（7）任何人发现火灾时，都应当立即报警。任何单位、个人都应当无偿为报警提供便利，不得阻拦报警。严禁谎报火警。

三、消防安全

消防安全主要包括两个方面：一是火灾的预防；二是灭火。对此，我们应该对工作中常见的几种火灾隐患有所了解，并掌握一些基本知识。

1. 火灾预防

焊接与切割是工作中经常要大量使用的一种工作方法，它们都是利用可燃性气体在纯氧中燃烧释放出来的大量热量去熔化金属，达到连接和切割工件的目的。常用的可燃气体主要有乙炔和氧气，极易发生火灾和爆炸。要求：

1）禁止在具有火灾、爆炸危险的场所吸烟、使用明火。因施工等特殊情况需要使用明火作业的，应当按照规定事先办理审批手续，采取相应的消防安全措施；作业人员应当遵守消防安全规定。

2）进行电焊、气焊等具明火灾危险作业的人员和自动消防系统的操作人员，必须持证上岗，并遵守消防安全操作规程。

2. 灭火的基本知识

（1）灭火的几种基本方法

1）冷却法：就是降低燃烧物质的温度使火熄灭。如：可用水直接喷洒在燃烧物上，吸收能量，使温度降低到燃点以下，就可以使火焰熄灭。忌水的物品着火，如油类着火，则不可以用水灭。

2）窒息法：就是阻止空气流入燃烧区，断绝氧气对燃烧物的助燃，最后使火焰窒息。使用干粉灭火器、二氧化碳灭火器灭火，都有窒息作用。核聚变装置装配试验场所只能选用这两种灭火器。

3）隔离法：就是要断绝可燃烧物。将燃烧点附近的可燃物移到远离燃烧点的地方，防止火势蔓延。切断流向燃点的可燃液体，如关闭煤气管阀门等。

4）抑制法：用有抑制作用的灭火剂射到燃烧物上，使燃烧停止。如使用干粉、1211 灭火器等。

（2）水的灭火应用

水是不燃液体，是一种天然灭火剂。水灭火主要有 4 个方面：

1）水能够冷却燃烧的物质，水的热容量和汽化热都比较大，为了加热 1 kg 水使它升高 1 ℃，需要 4 000 多焦耳热量，而当它蒸发汽化时，又需要吸收约 2.3 兆焦耳热量。因此，水能从燃烧物质中夺取大量热，降低燃烧物质的温度。

2）水能隔绝空气，使燃烧窒息。1 kg 水能够生成 1 700 L 蒸汽，大量蒸汽能够阻止空气进入燃烧区，并减少燃烧区空气中氧的含量，使其失去助燃作用。

3）水能够稀释某些液体，冲淡燃烧区内可燃气体的浓度。

4）水在机械作用下具有冲击力，水流强烈冲击火焰，使火焰中断而熄灭。

但水不适合高压电气灭火；不适合熔化的铁水灭火；不适合油类灭火；不适合碱金属灭火，如金属钾、金属钠等；不适合碳化碱金属灭火，如碳化钾、碳化钠、碳化钙、碳化铝、氰化镁、氰化钾等，因为它们遇水能生成乙炔气发生爆炸。

（3）灭火器的使用

1）干粉灭火器

干粉灭火器有手提式、贮压式。干粉灭火器筒体内装有干粉，使用时在压力的驱动下从喷嘴内向外喷出。干粉灭火器适用扑救液体火灾、带电设备火灾，特别适用于扑救气体火灾，这是其他灭火器所难以比拟的。它也能扑救仪器火灾，但扑救后要留下粉末，对精密仪器火灾不适宜。

2）1211 灭火器

1211 灭火器有手提式和推车式，装在灭火器筒体里 1211 灭火剂的是液态，喷出来遇到高温很快变成气态,具有不导电、无腐蚀性,灭火后不留痕迹的特点。它的应用范围较广,但价格比较贵。

1211灭火器可以扑灭液体、气体火灾和带电设备火灾,特别适合于扑救精密仪器、档案资料、文物等火灾。

3. 火灾报警

当发生火灾时,应视火势情况及时、准确地报警。在向周围人员报警的同时向消防队报警,同时还要向单位领导和有关部门报告。

(1) 向周围人员报警:应尽量使周围人员明白什么地方着火和什么东西着火,是通知人们前来灭火,还是告诉人们紧急疏散;向灭火人员指明火点的位置;向需要疏散的人员指明疏散的通道和方向。

(2) 向消防队报警:直接拨打119火警电话。拨通电话后应沉着、冷静,要讲明发生火灾的单位、地点、靠近何处;什么东西着火、火势大小、是否有人被围困;有无爆炸危险物品、放射性物质等情况。还要讲清报警人员姓名、单位和联系电话号码。注意倾听消防队的询问,准确、简洁地给予回答。报警后,应立刻派人到单位门口或交叉路口迎接消防车,并带领消防队迅速赶到火场。如消防队未到前火势扑灭,应及时向消防队说明火已扑灭。

第七节　《中华人民共和国国家秘密法》基础知识

一、基本概要

《中华人民共和国保守国家秘密法》(以下简称《保密法》),于1988年9月5日经第七届全国人民代表大会常务委员会第三次会议审议通过,自1989年5月1日起施行。

《保密法》是新中国成立以来我国第一部比较完备的、与形势相适应的管理保守国家秘密工作的法律,《保密法》共五章三十五条。

第一章"总则"是关于保守国家秘密工作的若干基本规定,共七条。包括立法宗旨,国家秘密的定义,保密工作的方针,保密工作的管理体制,保密义务的设定以及奖励。

第二章"国家秘密的范围和密级"是具体界定国家秘密及其密级的规定,共九条。它原则上规定了国家秘密的基本范围和国家秘密密级划分,对如何确定、变更密级和保密期限以及解密做出了具体规定,即"法定程序"的规定。

第三章"保密制度",根据客观需要和实践经验,对最必要的保密制度做出了具体规定,共十四条。这一章具有涉及面广、针对性强的特点,对主要泄密渠道、窃密途径提出了防范要求,为制定有关配套法规、规章奠定了基础。

第四章"法律责任",对违反《保密法》、危害国家安全和利益的行为以及行为人应当承担的法律后果做出了明确规定,共两条。有关机关、单位应依照这一章的规定追究违法行为人的法律责任。

第五章"附则",对总则做出了附属性、补充性的规定,共三条。它主要对《保密法实施办法》的制定、《中国人民解放军保密条例》的制定和《保密法》的施行日期作了规定。

二、保守国家秘密是每个公民的义务

“保守国家秘密”是每个公民应尽的一项基本义务。我国《宪法》第 53 条规定:“公民必须遵守宪法和法律,保守国家秘密”。《保密法》中也做出了明确规定:“一切国家机关、武装力量、政党、社会团体、企业事业单位和公民都有保守国家秘密的义务”。因此,凡是具有中华人民共和国国籍,根据我国《宪法》和法律规定享有一定权利并承担义务的人,都必须承担保守国家秘密的义务。《保密法》第 24 条明确要求每个公民:“不准在私人交往和通信中泄露国家秘密。携带属于国家秘密的文件、资料和其他物品外出不得违反有关保密规定。不准在公共场所谈论国家秘密。”因此,公民要认真履行自己的保密义务。

守法的前提是知法,保密法规要学,而且要学好。通过参加知识培训、专家讲座,逐步加深对保密工作重要性的认识。学习信息安全保密知识,提高防范技能,尽可能防范泄密问题的发生。

保密法规对保密工作以及措施都做了明确具体的规定。照章办事,不该说的不说,不该问的不问,不该看的不看,涉密资料及存储介质要严格保管,坚决做到“涉密不上网,上网不涉密”的保密基本要求。

保密法规是严肃的,谁不按制度办事,泄露了国家秘密,必会受到相应的处罚。所以我们在平时的工作中,养成良好的保密习惯,防止在不经意间,将国家秘密置于失控的状态。

三、保密工作的基本要求

全球信息化的迅猛发展给保密工作带来了许多新的严峻挑战,在给人们生活和工作带来巨大利益和方便的同时,也给保密工作带来了许多新的挑战。一张简单的图纸、一份简单的文件都可能含有涉密内容,它们的流失都可能给国家造成无法挽回的损失。因此,培养全体职工的保密意识,让保密成为一种习惯,这是做好保密工作最基本的要求。

(1) 妥善保管好涉密文件。对涉密资料的制作、收发、传递、复印、销毁等各个环节从严管控,做到有制度、有检查、有落实,严格控制发放范围,指定专人管理,实行专柜存放,定期进行销毁,切实将涉密文件的管理纳入有序轨道,防止发生失密泄密现象。

(2) 加强涉密信息存储载体的“妥善保管”。目前,一些人员使用的软盘、光盘、移动硬盘、U 盘等存储载体,自购、自用、自存的现象比较普遍,这些载体信息容量大,使用频繁,长期散存于个人手中容易失控,泄密渠道明显增多。所以,教育职工“妥善保管”是非常必要的。

(3) 对有可能成为发明创造或重大科研成果的阶段性资料进行“妥善保管”。一项发明创造或科研成果被鉴定为省部级以上重大科技成果,往往需要几年时间甚至更长,那么对阶段工作中所取得的重要数据和技术资料,进行“妥善保管”的最好方式就是及时交到档案室建档和归档,限定接触人员范围,有利于形成最终成果。

(4) 对核心软件(专用软件)实行专人“妥善保管”并在档案室留有备份,防止丢失或其他意外发生。

四、本工种的保密规定

保密工作要点:

(1) 有可能成为发明的阶段性研究成果；

(2) 试验工作中的关键技术；

(3) 试验技术的重大发展；

(4) 国外没有或国外虽有但系保密的试验技术、研究成果，如新工艺、新技术、新材料等；

(5) 试验技术的绝招和绝技应及时建档，归口保管，并严格履行借阅手续；

(6) 不得擅自向外国人提供保密的试验技术资料、样品、产品等，也不得向外国人许诺提供保密的资料、样品或产品等；

(7) 向新闻媒体发送拟公开报道、出版的试验技术信息时，特别对是否涉及国家秘密界限不清的信息，应按有关规定报送上级主管领导或主管业务部门审定；

(8) 禁止在非保密的渠道上谈论或传递试验保密信息，如需要在有线或无线信息上传递秘密信息，必须配备和实施加密技术措施，严禁在电话上讲述机密、绝密内容(包括使用保密机)，凡涉及秘密的也一律不准在无保密设施的传真机上传递；

(9) 必须坚持明电明复、密电密复的原则，严禁明密混用。防止载体上的秘密信息遭到破坏或被窃取；

(10)绝密文件和发文部门规定不准翻印的文件，不得自行复印；工作需要必须复印时，要经发文部门负责同志批准，且必须到国家秘密载体定点复制单位复制。

第八节　核安全法规相关知识

一、核安全相关法规的重要性

核安全相关的法规是政府安全监管部门依法行政的基础，是设计、建造、运行核设施的依据。法规规范了核设施营运单位、设计和建造单位，以及设备制造单位的行为准则，明确了设计标准和核安全目标，规定了核设施选址、设计、制造、土建、安装、调试、运行和定期试验及维修等的要求，这些要求纳入相关的安全许可证制度当中，对核设施的安全运行、保护工作人员和公众不会遭受过量放射性危害、保护环境等起到了重要作用。

核设施营运单位必须始终坚持“安全第一，质量第一”的方针，遵守国家的有关法律、行政法规和技术标准，自觉接受国家核安全监督部门的核安全监督和主管部门的安全管理，建立健全单位内部严格的安全管理制度和有效的管理体系，配备足够的安全管理资源，就能够保证核设施的安全运行，实现保护人员、社会和环境安全的目标，保证我国核能事业的可持续发展。

二、核安全相关法规的体系构成

我国政府十分重视核安全法规建设，从 1986 年 10 月国务院批准颁布《中华人民共和国民用核设施安全监督管理条例》至今，中国已发布了一系列的法规和导则，其范围覆盖了核电厂，使各类民用核设施的选址、设计、建造、运行和退役做到了有法可依，逐步确立了中国的核安全法规体系。已基本形成了纵向由国家法律、行政法规、部门规章、指导性文件、参考性文件等不同层次构成的国家核安全法律法规体系。其中，法律由全国人民代表大会常务委员会制定并发布，具有高于行政法规和部门规章的效力；行政法规由国务院根据宪法和法律制定并公布，具有法律约束力；部门规章由国务院有关部门根据法律和国务院行政法规在本部门权限范围内制定并发布，具有法律约束力。

法律：现有的适用于核安全领域的国家法律有《中华人民共和国宪法》《中华人民共和国环境保护法》《中华人民共和国核安全法》《中华人民共和国放射性污染防治法》和《中华人民共和国环境影响评价法》等。

行政法规：现有的适用于核安全领域的行政法规有《中华人民共和国民用核设施安全监督管理条例》《中华人民共和国核材料管制条例》《放射性废物安全管理条例》《核电厂核事故应急管理条例》《放射性物品运输安全管理条例》和《民用核安全设备监督管理条例》等 6 部。

核安全监管部门和相关部门规章 20 多项，相关导则 70 多项，法规性技术文件、综合报告和核安全法规译文等 180 多项。

我国的核安全法律法规体系除了纵向的法律法规直至技术文件的各层次文件，横向由通用系列、核动力系列、研究堆系列、核燃料循环设施系列、放射性废物管理系列、核材料管制系列、民用核安全设备系列、放射性物质运输系列、核技术应用系列等多系列组成的核与辐射安全法规体系。详见图 2-1。

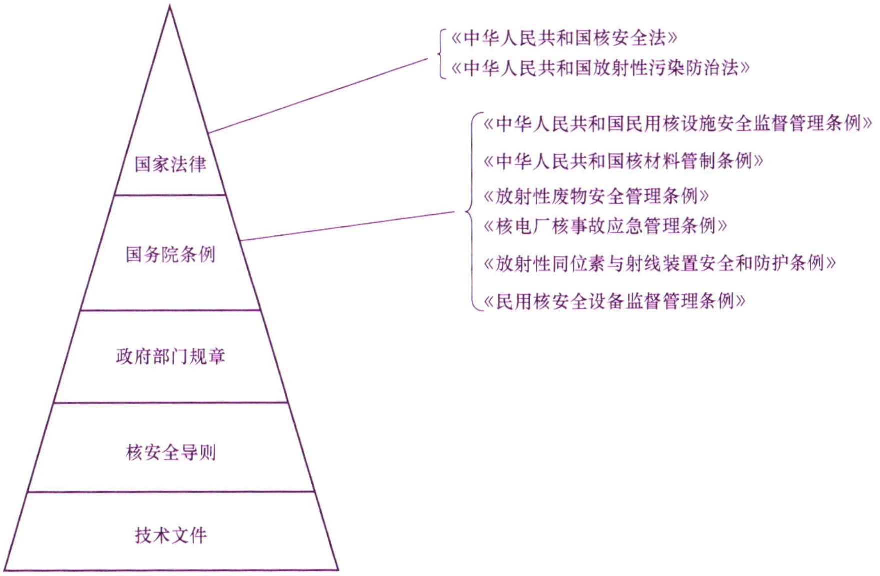

图 2-1　我国核安全法律法规层次图

这一法律法规体系基本上与国际原子能机构及许多相关国家的核安全法规体系接轨，基本满足当前开展与核相关的实践活动和核安全及辐射安全监管的需要。

核安全部门编制的部门规章主要分实施细则和核安全规定。实施细则：根据核安全管理条例规定具体实施办法的规章；核安全规定：规定核安全目标和基本安全要求的规章。核安全导则：说明和补充核安全规定以及推荐有关方法和程序的指导性文件。核安全法规技术文件：核电厂技术领域的参考性文件。

核安全法规按其所覆盖的技术领域划分为 8 个系列，标准格式为 HAFxxx/yy/zz，其中

“HAF”,为“核安全法规”汉语拼音的缩写,“xxx”的第1位为各系列的代码,第2,3位为顺序号;“yy/zz”为核安全条例或规定的相应的实施细则及其附件的代码。核安全法规各系列的编排分别为:

HAF0xx/yy/zz—通用系列

HAF1xx/yy/zz—核动力系列

HAF2xx/yy/zz—研究堆系列

HAF3xx/yy/zz—核燃料循环设施系列

HAF4xx/yy/zz—放射性废物管理系列

HAF5xx/yy/zz—核材料管制系列

HAF6xx/yy/zz—民用核承压设备监督管理系列

HAF7xx/yy/zz—放射性物质运输管理系列

其中通用系列、核动力系列、放射性废物管理系列、核材料管制系列、放射性物质运输管理系列、民用核承压设备监督管理系列与核电厂的选址、设计、建造、运行和退役密切相关。表2-1列出了核安全管理相关法规目录。

表2-1 核安全管理相关法规目录

类别	文件名	编码	发布时间
国家法律	《中华人民共和国放射性污染防治法》		2003年6月28日主席令颁布
行政法规	《中华人民共和国民用核设施安全监督管理条例》	HAF001	1986年10月29日国务院颁布
行政法规	《核电厂核事故应急管理条例》	HAF002	1993年8月4日国务院颁布
行政法规	《中华人民共和国核材料管制条例》	HAF501	1987年11月5日国务院颁布
行政法规	《放射性物品运输安全管理条例》		2009年9月7日国务院颁布
行政法规	《民用核安全设备监督管理条例》		2007年7月4日国务院颁布
行政法规	《放射性废物安全管理条例》		2011年12月20日国务院颁布

第三章　化学基础知识

学习目标：掌握放射性废物处理工应具备的化学基础知识，具备从事放射性废物处理工作的基本素质。

第一节　物质及变化

一、物质的组成

物质是由分子、原子等微观粒子构成的，这些粒子处于不停地运动之中，在物理变化中，分子不会变成其他分子；化学变化中，分子会变成其他分子。构成物质的分子是保持该物质化学性质的最小粒子；化学变化中，分子可以分为原子，原子又可以结合成新的分子，而原子不能再分，原子是化学变化中最小的粒子。

原子是由居于原子中心的原子核与核外电子构成。原子核是由质子和中子构成，每个质子带 1 个单位的正电荷，每个电子带 1 个单位的负电荷，中子不带电。

由于原子核内质子所带电荷与核外电子的电荷数量相等，电性相反，故原子不显电性，即：原子核内的质子数＝核电荷数＝核外电子数。

科学研究表明，在含有多个电子的原子中，核外电子具有不同的运动状态，离核近的电子能量较低，离核越远，电子的能量越高。离核最近的电子层为第一层，次之第二层，以此类推为三、四、五、六、七层，相对应的符号分别为 K、L、M、N、O、P、Q，离核最远的电子层也叫最外层。

带电的原子叫做离子，带正电的原子叫做阳离子，如钠离子（Na^+）；带负电的原子叫做阴离子，如氯离子（Cl^-）。带相反电荷的钠离子与氯离子相互作用就形成了氯化钠，可见，离子也是构成物质的粒子。

原子的质量很小。例如，1 个氢原子的质量约为 1.67×10^{-27} kg。由于原子质量的数值太小，国际上统一采用相对原子质量即以一种碳原子质量的 1/12 作为标准，其他原子跟它比较所得的值，作为这种原子的相对原子质量（符号 A_r）。

构成原子的质子、中子的相对质量都约等于 1，与质子、中子相比，电子的质量很小，整个原子的质量主要集中在原子核上。

一般计算中，相对原子质量约等于质于数加中子数，即：相对原子质量≈质于数＋中子数。

二、物质的分类

1. 单质：由同种元素组成的纯净物。
2. 化合物：由不同元素组成的纯净物。
3. 氧化物：由两种元素组成，其中有一种是氧元素的化合物。

三、有机化合物基础知识

1. 有机化合物的定义与特点

有机化合物简称有机物,通常指含碳元素的化合物,但一些简单的含碳化合物,如一氧化碳、二氧化碳、碳酸盐、金属碳化物、氰化物等,他们虽然含有碳元素,但属于无机化合物。在有机化合物中,除含碳元素外,绝大多数有机化合物分子中含有氢元素,有些还含氧、氮、卤素、硫和磷等元素。因此,常将有机化合物称为碳氢化合物及其衍生物。地球上所有的生命形式主要是由有机物组成的。例如:脂肪、氨基酸、蛋白质、糖、血红素、叶绿素、酶、激素等。生物体内的新陈代谢和生物的遗传都涉及到有机化合物的转变。此外,许多与人类生活有密切关系的物质,例如石油、天然气、棉花、染料、化纤、天然和合成药物等,均属有机化合物。

有机化合物的特点主要有:

(1) 数目繁多

虽然组成有机化合物的元素甚少,但有机化合物的数目却极为庞大,迄今已逾 1 500 万种,而且新合成或被新分离和鉴定的有机化合物还在与日俱增。有机化合物之所以数目众多,主要有两个原因:1)碳原子彼此之间能够进行多种方式的结合,生成稳定的、长短不同的直链、支链或环状化合物;2)碳是周期表中第二周期第四族的元素,不仅能与电负性较小的氢原子结合,也能与电负性较大的氧、硫、卤素等元素形成化学键。

(2) 热稳定性差,容易燃烧

有机化合物一般对热是不稳定的,容易燃烧,生成二氧化碳、水和其他气体氧化物,同时放出大量的热量。而大多数无机化合物,如酸、碱、盐、氧化物等都不能燃烧。因而有时采用灼烧试验可以区别有机物和无机物。

(3) 熔、沸点低

在室温下,绝大多数无机化合物都是高熔点的固体,而有机化合物通常为气体、液体或低熔点的固体。例如,氯化钠和丙酮的相对分子质量相当,但二者的熔、沸点相差很大,见表 3-1。

表 3-1　熔沸点比较

项目	NaCl(氯化钠)	CH_3COCH_3(丙酮)
相对分子质量	58.44	58.08
熔点/℃	801	−95.35
沸点/℃	1 413	56.2

大多数有机化合物的熔点一般在 400 ℃以下,而且它们的熔、沸点随着相对分子质量的增加而逐渐增加。因此,熔点和沸点是有机化合物的重要物理常数。

(4) 难溶于水、易溶于有机溶剂

水是一种强极性物质,所以以离子键结合的无机化合物大多易溶于水,不易溶于有机溶剂。而有机化合物一般都是共价键型化合物,极性很小或无极性,所以大多数有机化合物在水中的溶解度都很小,但易溶于极性小的或非极性的有机溶剂(如乙醚、苯、烃、丙酮等)中,这就是“相似相溶”规律。正因为如此，有机反应常在有机溶剂中进行。

(5) 反应速度慢

无机反应是离子型反应，一般反应速度都很快。如 H^+ 与 OH^- 的反应，Ag^+ 与 Cl^- 生成 AgCl 沉淀的反应等都是在瞬间完成的。

有机反应大部分是分子间的反应，反应过程中包括共价键旧键的断裂和新键的形成，所以反应速度比较慢。一般需要几小时，甚至几十小时才能完成。为了加速有机反应的进行，常采用加热、光照、搅拌或加催化剂等措施。随着新的合成方法的出现，改善反应条件，促使有机反应速度的加快也是很有希望的。

(6) 副反应多，产物复杂

有机化合物的分子大多是由多个原子结合而成的复杂分子，所以在有机反应中，反应中心往往不局限于分子的某一固定部位，常常可以在不同部位同时发生反应，得到多种产物。反应生成的初级产物还可继续发生反应，得到进一步的产物。因此在有机反应中，除了生成主要产物以外，还常常有副产物生成。为了提高主产物的收率，控制好反应条件是十分必要的。由于得到的产物是混合物，故需要经分离、提纯的步骤，以获得较纯净的物质。

2. 有机化合物的结构

有机化合物种类繁多是由碳的特殊性质决定的。

碳原子的最外层有四个电子，碳元素在形成化合物时，它既不易失去电子而形成正离子，又不易获得电子而形成负离子，而是以共价键与其他原子结合。即碳原子以四根键同其他元素结合形成分子。例如，CCl_4。

碳原子不仅能与其他原子形成共价键，碳原子与碳原子之间也能以共价键相结合。他们可以共用一个、两个或三个电子对，形成单键(C—C)、双键(C═C)或三键(C≡C)。

同时，碳原子之间还可以相互结合呈链状、环状、网状的有机化合物的基本骨架。

3. 有机化合物的分类

有机化合物有两种分类方法，一是按碳架不同分类，二是按官能团分类。

(1) 根据碳架不同分类

1) 开链化合物

在开链化合物中，碳原子互相结合形成链状。因为这类化合物最初是从脂肪中得到的，所以又称脂肪族化合物。如：

$CH_3CH_2CH_3$ 丙烷　　$CH_3CH═CH_2$ 丙稀　　$CH_2═CH-CH═CH_2$ 1,3－丁二烯　　CH_3CH_2OH 乙醇

$CH_3CH_2OCH_2CH_3$ 乙醚

2) 碳环化合物

碳环化合物分子中含有由碳原子组成的碳环。它们又可分为两类：

① 脂环化合物。它们的化学性质与脂肪族化合物相似，因此称脂环族化合物。如：

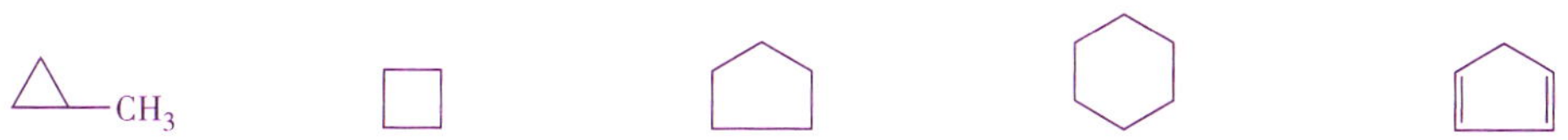

甲基环丙烷　　环丁烷　　环戊烷　　环己烷　　1，3-环戊二烯

② 芳香族化合物。这类化合物大多数都含有芳环，它们具有与开链化合物和脂环化合物不同的化学特性。如：

 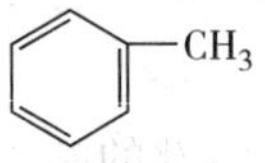 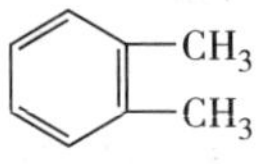 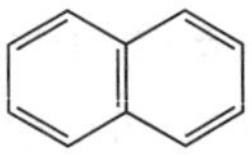 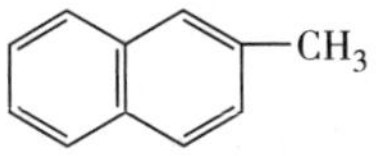

苯　　甲苯　　1,2-二甲萘　　萘　　2-甲基萘

③ 杂环化合物。在这类化合物分子中，组成环的元素除碳原子以外还含有其他元素的原子(如氧、硫、氮)，这些原子通常称为杂原子。如：

  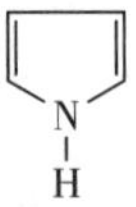 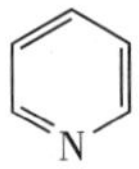 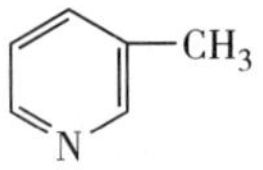

呋喃　　噻吩　　吡咯　　吡啶　　3-甲基吡啶

(2) 根据官能团不同分类

官能团是分子中比较活泼而又易起化学反应的原子或基团，它决定化合物的主要化学性质。含有相同官能团的化合物在化学性质上基本是相同的。因此，只要研究该类化合物中的一个或几个化合物的性质后，即可了解该类其它化合物的性质。

4. 有机化学中的术语和一些基本概念

(1) 有机化学中的几个化学用语

1) 最简式

用元素符号表示化合物分子中元素的种类和各元素的原子数最简单整数比的式子，称为最简式或实验式。不同的有机化合物会有相同的最简式。例如乙炔 C_2H_2 和苯 C_6H_6 的最简式都是 CH。分子式是最简式的整数倍。

2) 结构式

用一条短线连接有机化合物中各原子之间排列顺序的式子称为结构式。一条短线代表一对共用电子对。例如，乙烯的结构式可以写作：

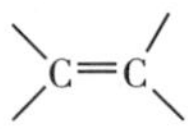

3) 结构简式

简化了的结构式叫做结构简式。它省略了表示单键的短线，保持分子中主要结构和官能团，能反映出各类有机化合物的主要特性。如乙烷和二甲醚的结构简式为：

$$CH_3—CH_3;CH_3—O—CH_3$$

4) 有机反应化学方程式

它与无机物反应的化学方程式稍有不同，反应物和生成物是有机物的用结构简式写出，而不写分子式，这是因为有机物中常有同分异构现象；反应物与生成物之间常用箭头号，而不用等号；在单箭头号上要注明反应条件，这是因为条件不同，产物可能不一样。

（2）有机化学中的一些基本概念

1）烃

含有碳和氢两种元素的有机化合物统称为碳氢化合物，简称烃。例如，甲烷、乙烯、乙炔、苯等。它可以进一步分为饱和烃、不饱和烃、脂肪烃和芳香烃。

① 饱和烃。烃分子中如果碳原子与碳原子之间都以单键相连，其余价键都为氢原子所饱和，这类烃叫做饱和烃。饱和烃中碳原子结合的碳链如果没有闭合，则称为烷烃；如果碳链闭合成环，则叫环烷烃，如环丙烷。

② 不饱和烃。在链状烃中，如果各键没有被氢原子占满，富余的键会和其他碳原子组成双键或三键，这类烃就叫不饱和烃。有双键的叫“烯”，如乙烯、丙烯等；有三键的为“炔”，如乙炔、丙炔等。

③ 脂环烃。在烃分子中，有一个或多个由碳原子组成的环，性质与脂肪族烃相似，这类化合物称为脂环烃。脂环烃分子中，组成环的碳原子最少是三个。根据碳环内有无饱和键可分为饱和脂环烃（又称为环烷烃）和不饱和脂环烃。饱和脂环烃如环丙烷、环丁烷等，不饱和脂环烃如环丁烯、环辛炔等。

④ 芳香烃。芳香烃简称“芳烃”，通常指分子中含有苯环结构的碳氢化合物。是闭链类的一种。根据结构的不同可分为三类：单环芳香烃（如苯的同系物）、稠环芳香烃（如萘、蒽、菲等）、多环芳香烃（如联苯、三苯甲烷）。

2）烃基和官能团

烃（碳氢化合物）分子中少掉一个或几个氢原子而成的基团叫做烃基。从不同的烃类可以得到不同类型的烃基。从芳香烃核上少掉一个或几个氢原子而成的烃基称为芳烃基。例如苯基 C_6H_5—。从脂肪烃分子中少一个或几个氢原子而成的烃基称为脂烃基。脂烃基可用 R 表示。脂烃基还可以再分成烷基、烯基、炔基。例如，CH_3—甲基（烷基）、CH_2═CH—乙烯基（烯基）、CH≡C—乙炔基（炔基）。烃基通常用 R 表示。烃基可分为一价基、二价基和三价基。例如，一价基：CH_3CH_2—（乙基）、$(CH_3)_2CH$—（异丙基）、CH≡C—CH_2—（2—丙炔基）。二价基：CH_3CH═（亚乙基）、—CH═CH—（1，2-亚乙烯基）。

决定某一类化合物一般性质的主要原子或原子团称为官能团或功能基。含有相同官能团的化合物，其化学性质基本上是相同的。卤代烃：卤原子（—X），X 代表卤族元素（F，Cl，Br，I）；醇、酚：羟基（—OH）；醛：醛基（—CHO）；羧酸：羧基（—COOH）；硝基化合物：硝基（—NO_2）；胺：氨基（—NH_2）；炔烃：三键（—C≡C—）；醚：醚键（—O—）磺酸：磺基（—SO_3H）；腈：氰基（—CN）酯：酯（—COO—）；酮：羰基（C═O）。

3）同系物和同系列

结构相似（有相同官能团，化学性质相似，物理性质发生规律性变化）、通式相同、在分子组成上相差一个或若干个 CH_2 原子团的物质，互称为同系物。由同系物组成的一系列物质群，称为同系列。例如，烷烃中的甲烷、乙烷、丁烷等，他们相差 n 个 CH_2，互为同系物。

4）同分异构体和同分异构现象

具有相同分子式而结构不同的化合物互为同分异构体，如乙醇和甲醚，他们的分子式完全相同，而结构完全不同。化合物具有相同分子式，但具有不同结构的现象，叫做同分异构现象。

5)衍生物

母体化合物分子中的原子或原子团被其他原子或原子团取代所形成的化合物,称为该母体化合物的衍生物。如:卤代烃,醇,醛,羧酸可看成是烃的衍生物,因为它们是烃的氢原子被取代为卤素、羟基、氧等的产物。常见的烃衍生物主要有卤代烃、醇、酚、醛、羧酸、脂和硝基化合物等。

四、物理变化与化学变化

物理变化,是指物质的状态虽然发生变化,但一般说来物质本身的组成成分却没有变化。例如:位置、体积、形状、温度、压强的变化,以及物质基本三态(气态、液态、固态)间相互转化等。还有物质与电磁场的相互作用,光与物质的相互作用都是物理变化。

从宏观角度讲,物理变化没有新物质的生成;从微观角度讲,物理变化是构成分子的原子之间的距离不变(化学键键长不变),物质形状大小变化,分子本身不变,原子的结合方式不变。

化学变化,是指发生变化时,生成了其他物质,又叫做化学反应。化学变化的基本特征是有其他物质生成,常表现为颜色改变、放出气体、生成沉淀等。化学变化不但生成其他物质,而且还伴随有能量的变化,这种能量变化常表现为吸热、放热、发光等。这些现象常常可以帮助判断物质是否发生了化学变化。

五、质量守恒定律

参加化学反应的各物质的质量总和等于反应后生成的各物质的质量总和。这个规律叫做质量守恒定律。

化学反应过程,实际上就是参加反应的各物质(反应物)的原子重新组合而生成其他物质(生成物)的过程。反应前后原子的种类不变,数目不变,原子质量也不变。

两个变化:物质种类变化,物质的粒子构成方式变化。

六、物质及变化的表示方法

在化学反应中,用元素符号来表示物质组成的式子叫做化学式。此外,常常还需要描述各物质之间的反应。化学家用化学式等国际通用的化学语言来表示反应物和生成物的组成,以及各物质间的量的关系。例如,木炭在氧气中燃烧生成二氧化碳的反应可表示为:

$$C + O_2 \xlongequal{\text{点燃}} CO_2$$

这种用化学式来表示化学反应的式子,叫做化学方程式。该式子不仅表明了反应物、生成物和反应条件,同时,通过相对分子质量(或相对原子质量)还可以表示各物质之间的质量关系,即各物质之间的质量比。

化学方程式能提供很多有关反应的信息,能将反应中的反应物、生成物及各种粒子的相对数量关系(即化学反应的质与量的关系)清楚地表示出来。

七、化学中常用的量

在日常生活、生产和科学研究中,常常根据不同需要使用不同的计量单位。例如用米、厘米等来计量长度；用千克、克来计量质量。同样，常用摩尔作为计量原子、离子或分子等微观粒子的“物质的量”的单位。

物质的量是一个物理量，表示含有一定数目粒子的集合体，符号为 n。物质的量的单位为摩尔，简称摩，符号为 mol。国际上规定，1 mol 粒子集体所含的粒子数与 0.012 kg ^{12}C 中含有的碳原子数相同，约为 6.02×10^{23}。把 1 mol 任何粒子的粒子数叫做阿伏伽德罗常数，符号为 N_A，通常用 $6.02\times10^{23}\ mol^{-1}$ 表示。

物质的量、阿伏伽德罗常数与粒子数（N）之间存在以下关系：$n=N/N_A$。作为物质的量的单位，mol 可以计量所有微观粒子（包括原子、分子、离子、原子团、电子、质子、中子等）。

1 mol 任何粒子或物质的质量以克为单位时，其数值都与该粒子的相对原子质量或相对分子质量相等。单位物质的量的物质所具有的质量叫做摩尔质量。摩尔质量的符号位 M，常用的单位为 g/mol。

物质的量（n）、质量（m）和摩尔质量（M）之间有以下关系：

$$n=m/M$$

在粒子数目相同的情况下，物质体积的大小主要取决于构成物质的离子的大小和粒子间的距离。1 mol 不同的固态物质或液态物质含有的粒子数相同，而粒子之间的距离非常小，使得固态或液态物质的体积主要取决于粒子的大小。因为粒子大小不同，故 1 mol 不同固态物质或液态物质的体积不同。

对于气体，粒子间的距离远大于粒子本身的直径，故当粒子数相同时，气体的体积取决于气体粒子间的距离。在相同温度、压力下，不同气体粒子间的距离可看成相等，因此，粒子数相同的任何气体都具有相同的体积。

也可以这样说，在相同的温度和压力下，相同体积的任何气体都还有相同数目的粒子。

单位物质的量的气体所占的体积叫做气体摩尔体积，符号为 V_m，常用的单位有 L/mol 和 m^3/mol。

物质的量（n）、体积（V）和摩尔体积（V_m）之间有以下关系：

$$V_m=V/n$$

气体摩尔体积的数值不是固定不变的，它决定于气体所处的温度和压强。例如，在 0 ℃ 和 101 kPa（标准状况）的条件下，气体摩尔体积约为 22.4 L/mol；在 25 ℃ 和 101 kPa 的条件下，气体摩尔体积约为 24.5 L/mol。

第二节　化学反应速率与化学平衡

一、化学反应速率

1. 化学反应速率

化学反应总是在一定时间间隔和一定大小的空间中进行。时间的长短度量了反应的快慢，空间的大小则决定了反应的规模。化学反应速率通常用单位时间内反应物浓度的减少量或生成物浓度的增加量（均为正值）来表示。浓度以 mol/L 为单位，时间常以 min 或 s 为单位，化学反应速率的单位相应为 mol/（L·min）或 mol/（L·s）。

2. 影响化学反应速率因素

1) 反应物浓度的影响。研究表明,其他条件相同时,增大反应物浓度反应速率增大,减小反应物浓度反应速率减小。对某一反应来讲,在其他条件不变时,反应物中活化分子的百分数是一定的,而单位体积内活化分子的数目与单位体积内反应物的总数成正比,即与反应物的浓度成正比。反应物浓度增大,活化分子数亦增多,有效碰撞的几率增加,反应速率随之增大。

2) 压强的影响。对于气体来说,在一定温度下,一定质量的气体所占的体积与压强成反比。相同温度下,压强越大,一定质量的气体其体积也就越小,单位体积内气体的分子数越多。对于气体反应来说,增大压强(减小容器容积)相当于增大反应物的浓度,反应速率加快;减小压强(增大容器容积)相当于减小反应物的浓度,反应速率减慢。对固体、液体来讲,由于它们粒子间的空隙小,增大压强几乎不能改变他们的浓度,故对于只有固体或液体参加的反应,压强的变化对于反应速率的影响可忽略不计。

3) 温度对反应速率的影响。其他条件不变时,升高温度,反应速率增大,降低温度反应速率减小。通过提高温度使分子获得更高的能量,活化分子百分数提高,较高能量分子间的碰撞频率也随之提高,导致分子间的有效碰撞的几率提高,故反应速率增大。

4) 催化剂对反应速率的影响。由于催化剂改变反应的路径,使反应所需的活化能降低,导致反应体系中含有的活化分子百分数提高,使得有效碰撞几率提高,反应速率增大。

总之,能向反应体系输送能量,如光辐照、放射线辐照、超声波、电弧等,都有可能改变化学反应的速率。

二、化学平衡

在一定条件下,当正、逆两个方向的反应速率相等时,反应体系中所有参加反应的物质的量或浓度恒定不变,此时体系中反应达到了“限度”。对于可逆反应体系来讲,称之为“化学平衡状态”。这时正逆反应仍在继续,宏观上体系长时间没有变化发生。由此可以总结出以下认识:

1. 构成化学平衡体系的基本要求是:反应物和所有产物处于同一反应体系中,宏观反应条件(温度、压强等)保持不变。

2. 达到化学平衡状态时,体系中所有反应物和生成物的质量(或浓度)保持不变,体系中反应并没有停止,只是正、逆反应的速率相等。

法国化学家勒夏特列总结出一条经验规律:如果改变平衡的条件之一(温度、压强,参加反应的化学物质的浓度),平衡将向着能够减弱这种改变的方向移动,这就是著名的勒夏特列原理。勒夏特列原理在化学工业和环境保护技术中都有重要的实际应用。

第三节　溶液和电解质

一、分散系

把一种(或多种)物质分散在另一种(或多种)物质中所得到的体系,叫做分散系。前者属于被分散的物质，称作为分散质；后者起容纳分散质的作用，称为分散剂。按照分散质或分散剂所处的状态（气态、液态、固态），他们之间有 9 种组合方式。

当分散剂是水或其他液体时，如果按照分散质粒子的大小来分类，可以把分散系分为溶液、胶体和浊液。溶液中溶质粒子通常小于 1 nm，浊液的粒子通常大于 100 nm，介于二者之间的粒子，其大小在 1～100 nm。

考察溶液、胶体、浊液这三类分散系的稳定性，发现溶液最稳定。不论多长时间，一般情况下溶质都不会自动与溶剂分离；浊液很不稳定，分散质将在重力场下沉降下来，如河水中夹带的泥沙会逐渐沉降；胶体则介于二者之间，在一定条件下能稳定存在，属于介稳体系。利用丁达尔效应（胶体粒子对光线的散射，光波偏离原来方向而分散传播）是区分胶体和溶液的常用物理方法。

二、饱和溶液和非饱和溶液

一种或几种物质分散到另一种物质里，形成均一、稳定的混合物，叫做溶液。能够溶解其他物质的物质叫做溶剂，被溶解的物质叫做溶质。溶液是由溶质和溶剂组成。例如，蔗糖溶液中，蔗糖是溶质，水试溶剂。

水能溶解很多种物质，是一种常见的溶剂。汽油、酒精等也可以做溶剂，如汽油能溶解油脂，酒精能溶解碘。

在一定温度下，向一定量的溶剂里加入某种溶质，当溶质不能继续溶解时，所得到的溶液称为这种溶质的饱和溶液；还能继续溶解溶质的溶液，叫做这种溶质的不饱和溶液。

在增加溶剂或升高温度的情况下，饱和溶液可以变成不饱和溶液。冷却热的饱和溶液、蒸发溶剂是获得晶体的常用方法，例如海水晒盐等。

三、溶解度

在一定温度下，在一定质量溶剂中溶质的溶解量是有一定限度的，化学上用溶解度表示这种溶解的限度。例如，在室温下，20 mL 水中溶解的硝酸钾的最大质量分别为 31.6 g。固体的溶解度表示在一定温度下，某固态物质在 100 g 溶剂里达到饱和状态时所溶解的质量。一般情况下，不指明溶剂，常说的溶解度是指物质在水里的溶解度。例如，在 20 ℃时，100 g 水里最多溶解 36 g 氯化钠，也就是说，在 20 ℃时，氯化钠在水里的溶解度是 36 g。

利用溶解度曲线，可以查到某种物质在不同温度时的溶解度；可以比较不同物质在同一温度时溶解度的大小，利用这一规律可以实现多种物质的提纯、分离等；可以比较不同物质的溶解度受温度变化影响的大小；可以得到物质溶解度随温度变化的规律等。

从图 3-1 中可以看出，多数固体物质的溶解度随温度的升高而增大，如 7 种物质 6 条曲线硝酸钾曲线、应为氯化钾等；少数固体物质的溶解度受温度变化的影响较小，如氯化钠；极少数固体物质的溶解度随温度的升高而减小，如氢氧化钙。

由于称量气体的质量比较困难，所以气体的溶解度常用体积表示。通常气体的溶解度，是指该气体的压强为 101 kPa 和一定温度时，在 1 体积水里溶解达到饱和状态时的气体体积。例如氮气的压强为 101 kPa 和温度为 0 ℃时，1 体积水里最多溶解 0.024 体积的氮气，也就是说，在 0 ℃时，氮气的溶解度为 0.024。

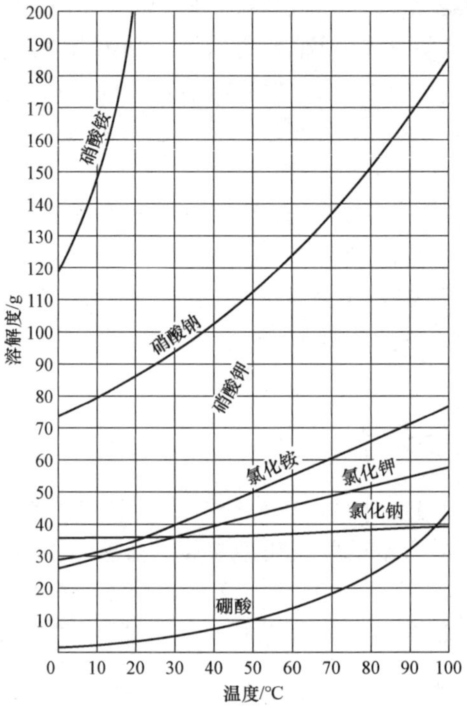

图 3-1　常见几种固体物质的溶解度曲线

四、电解质

1. 电解质的电离

(1) 电解质

酸、碱、盐在水溶液中能够导电，是因为它们在溶液中发生了电离，产生了能够自由移动的离子。不仅如此，如果将氯化钠、氢氧化钠等固体分别加热至熔融状态，发现它们亦能导电。这种在水溶液或熔融状态下能够导电的化合物叫做电解质。

研究发现，HCl 在稀水溶液中全部电离生成 H^+ 和 Cl^-；CH_3COOH 在水溶液中只有部分电离生成 CH_3COO^- 和 H^+。因此，电解质在水中并不都是全部电离的，在电离程度上有强弱之分。能够全部电离的电解质称为强电解质，反之称为弱电解质。强酸、强碱和强酸强碱盐，如盐酸、氢氧化钠和氯化钠等属于强电解质；弱酸和弱碱，如醋酸、一水合氨等都是弱电解质。

(2) 离子方程式

由于电解质在水溶液中全部或部分电离成离子，因此，电解质在水溶液中的反应，实质是离子之间的反应，用实际参加反应的离子符号来表示离子反应的式子，叫做离子方程式。离子方程式与一般方程式有所不同，它不但表示出反应的实质，而且表示所有同一类的离子反应。例如，酸碱中和反应都可以用同一离子方程式表示：

$$H^+ + OH^- = H_2O$$

从离子方程式可以看出，中和反应特征是生成 H_2O，其实质是 H^+ 与 OH^- 的反应。

书写离子方程式的方法如下：

① 先写出分子反应方程式；

② 无论是反应物还是生成物，凡属易溶的强电解质写成相对应的离子，凡属难溶物质、水、弱电解质或气体，都用分子式表示；

③ 消去反应两边不参加反应的相同数目离子，剩下的就是该反应的离子方程式；

④ 配平后式子两边各种元素的原子总数相等，反应物与生成物的电荷总数也相等。

例如：用离子反应方程式表示 $CuSO_4$ 和 H_2S 溶液的反应

$$CuSO_4 + H_2S \xlongequal{} CuS\downarrow + H_2SO_4$$

需要指出的是，不是在溶液中进行的反应，不宜写离子方程式。

2. 溶液的 pH

(1) 水的电离

纯水是很弱的电解质，电离时，只有极小部分解离成 H^+ 和 OH^-，而且是按以下方程电离：

$$2H_2O \xlongequal{} H_3O^+ + OH^-$$

简化为：

$$H_2O \xlongequal{} H^+ + OH^-$$

水的电离作用是很小的，在 22 ℃时，根据实验测定，在电离平衡时，1 L 纯水中仅有 10^{-7} mol 水分子被电离为离子，水中的 H^+ 和 OH^- 都为 10^{-7} mol/L。表示为：

$$C_{H^+} \xlongequal{} C_{OH^-} = 10^{-7}\ mol/L$$

(2) pH

在纯水溶液中，由于 H^+ 和 OH^- 离子总是同时存在的，且浓度相等，所以显中性。若某溶液显酸性，则溶液中 H^+ 离子浓度超过了 OH^- 离子浓度，即 $[H^+]>[OH^-]$。同理，若为碱性溶液，则 OH^- 离子浓度超过 H^+ 离子浓度，即 $[OH^-]>[H^+]$。溶液的酸碱性，习惯上用 $[H^+]$ 表示：

$[H^+]=[OH^-]=10^{-7}$ mol/L 时，水溶液呈中性；$[H^+]>10^{-7}$ mol/L 时，水溶液呈酸性；$[H^+]<10^{-7}$ mol/L 时，水溶液呈碱性。

如果对上述第一个等式取对数，则得：$\lg[H^+]=\lg 10^{-7}=-7$，即：$-\lg[H^+]=7$

用符号 pH 来表示上式，则：$pH=-\lg[H^+]=7$ 那么，pH 是氢离子浓度的负对数。

由此可以得出：中性溶液 pH=7；酸性溶液 pH<7；碱性溶液 pH>7。

(3) pH 的测定

在生产、科研中，控制和测定溶液的 pH 是非常重要的。溶液 pH 的测定可以用 pH 计或是借助指示剂来实现。指示剂是一种植物颜料或某种颜色的有机化合物，当溶液中 pH 改变时其颜色也发生改变。这种颜色突变是很鲜明、敏捷的，而且随氢离子浓度的变化而逆向变色。

常见酸碱指示剂的变色范围见表 3-2。

表 3-2 常见酸碱指示剂的变色范围

指示剂	pH 变色范围	颜色		
		酸色	中间色	碱色
甲基橙	3.1～4.4	红	橙	黄
石蕊	5～8	红	紫	蓝
酚酞	8～10	无	粉红	玫瑰红

从表 3-2 中指示剂的变色范围可以看出,指示剂一般只能粗略地表示溶液的酸碱性,要比较精确地知道溶液酸碱性,可用 pH 试纸。pH 试纸是由多种指示剂的混合液浸透的试纸,因此,它能在不同 pH 的溶液显示不同的颜色。用 pH 试纸测定溶液的 pH,方法简单,首先从 pH 试纸本撕下一条试纸,滴上一滴被测溶液,然后把试纸呈现的颜色与标准比色板对照,就可以比较准确地知道被测溶液的 pH。这种方法广泛地应用在生产和科研实验中。

第四节　化学反应的基本类型

一、化学反应基本类型

在化学反应中主要有以下几种类型。

化合反应:由两种或两种以上物质生成另一种物质的反应,叫做化合反应。例如:

$$H_2 + Cl_2 = 2HCl$$

分解反应:由一种反应物生成两种或两种以上其他物质的反应,叫做分解反应。例如:

$$2H_2O_2 = 2H_2O + O_2\uparrow$$

置换反应:由一种单质与一种化合物反应,生成另一种单质和另一种化合物的反应叫做置换反应。例如:

$$Mg + 2HCl = MgCl_2 + H_2\uparrow$$

复分解反应:由两种化合物互相交换成分,生成另外两种化合物的反应,叫做复分解反应。酸、碱、盐之间并不是都能发生复分解反应。只有当两种化合物互相交换成分,生成物中有沉淀或有气体或有水生成时,复分解反应才可以发生。例如

$$Na_2CO_3 + Ca(OH)_2 = CaCO_3\downarrow + 2NaOH$$

二、氧化还原反应

氧化还原反应:凡是有元素化合价升降的化学反应都是氧化还原反应。例如:

$$Zn + 2HCl = ZnCl_2 + H_2\uparrow$$

总之,有电子转移(得失或偏移)的反应,都是氧化还原反应。氧化反应表现为被氧化的元素化合价升高,其实质是该元素的原子失去(或偏移)电子的过程;还原反应表现为被还原的元素的化合价降低,其实质是该元素的原子获得(或偏向)电子的过程。

氧化剂和还原剂共同参与氧化还原反应。在反应中,电子从还原剂转移到氧化剂,即氧化剂是得到电子(或电子对偏向)的物质,在反应时所含元素的化合价降低。氧化剂具有氧化性,反应时本身被还原。还原剂是失去电子(或电子对偏离)的物质,在反应时所含元素的化合价升高。还原剂具有还原性,反应时本身被氧化。

在化学中,常用作氧化剂的物质有 O_2、Cl_2、$KMnO_4$、$FeCl_3$ 等;常用作还原剂的物质有活泼的金属单质如 Al、Zn、Fe,非金属物质有 C、H_2、CO 等。氧化还原反应广泛地存在于生产和生活中,例如,金属的冶炼、电镀,以及食物的腐烂、钢铁的锈蚀等。

第五节　常见元素及主要化合物

一、非金属元素及其重要化合物

1. 碳及其化合物

透明的金刚石、灰色的石墨和足球状 C_{60} 都是有碳元素组成的单质，由于原子排列方式不一样，它们的性质存在明显的差异。在常温下，碳的化学性质不活泼。碳受阳光照射、或与空气、水分接触，都不容易起变化。

当木炭充分燃烧时，与氧气反应生成二氧化碳，同时放出大量的热。

$$C + O_2 \xlongequal{点燃} CO_2$$

当燃烧不充分时，生成一氧化碳，同时放热。

$$2C + O_2 \xlongequal{点燃} 2CO$$

常见的化合物乙醇，无色、有特殊香味的液体。密度比水小，易于挥发，能与水任意比互溶。

另一化合物 C_2H_4，分子中存在碳碳双键，使得乙烯与酸性高锰酸钾、溴的四氟化碳溶液均能反应，表现出较活泼的化学性质，易于氧化和加成。

碳的化合物数量众多，分布极广。例如，汽油、煤油、柴油；建材中的木材、油漆等；日用品中的塑料、橡胶、纤维；食物中的营养素糖类、油脂、蛋白质等。

2. 硅及其化合物

无机非金属材料主角：硅。硅在地壳中含量为 26.3%，仅次于氧。硅在元素周期表中处于金属与非金属的过渡位置。硅原子和碳原子的最外层均有 4 个电子，其原子既不容易失去也不容易得到电子，主要形成四价化合物。单质硅分为晶体和无定形两种。晶体硅的结构与金刚石类似，它是带有金属光泽的灰黑色固体，熔点高达 1 440 ℃、硬度大、有脆性，在常温下，化学性质不活泼。

硅是一种亲氧元素，在自然界中，总是与氧相化合，硅主要以熔点高的氧化物及硅酸盐的形式存在。

SiO_2 是硅最重要的化合物，地球上存在的天然 SiO_2 约占地壳质量的 12%，其存在形态有结晶形和无定形两大类，统称硅石。

SiO_2 的化学性质很不活泼，HF 是唯一可以与之发生反应的酸：

$$SiO_2 + 4HF = SiF_4\uparrow + 2H_2O$$

玻璃中含有 SiO_2，故可用 HF 来刻蚀玻璃。

SiO_2 与强碱反应生成盐，例如：

$$SiO_2 + 2NaOH = Na_2SiO_3 + H_2O$$

其中硅酸钠（Na_2SiO_3），可溶于水，其水溶液俗称水玻璃，是制备硅胶和木材防火剂等的原料。硅酸 H_2SiO_2 是一种弱酸，溶解度很小。

3. 氯及其化合物

氯在自然界中以化合态存在，氯原子易于得到一个电子形成氯离子，表现为典型的非金属性。

氯气通常情况下呈黄绿色，是具有强烈刺激性气味的有毒气体。在低温、加压的条件下可以转变为液态(称为液氯)和固态。氯气是很活泼的非金属单质，具有很强的氧化性，能与大多数金属化合，生成金属氯化物(盐)。例如，钠、铁、铜等都能在氯气中燃烧：

$$2Na + Cl_2 \xlongequal{点燃} 2CaCl$$

$$2Fe + 3Cl_2 \xlongequal{点燃} 2FeCl_3$$

$$Cu + Cl_2 \xlongequal{点燃} CuCl_2$$

常温下，将氯气通入 NaOH 溶液中可以得到以次氯酸钠(NaClO)为有效成分的漂白液，方程式如下：

$$Cl_2 + 2NaOH \xlongequal{} NaCl + NaClO + H_2O$$

将氯气通入冷的消石灰[$Ca(OH)_2$]中可以制得以次氯酸钙[$Ca(ClO)_2$]为有效成分的漂白粉：

$$2Cl_2 + 2Ca(OH)_2 \xlongequal{} Ca(ClO)_2 + CaCl_2 + 2H_2O$$

如果氯气与 $2Ca(OH)_2$ 充分反应，并使次氯酸钙成为主要成分，则得到漂白精。

氯气是一种有毒气体，被列为“毒气”之列，其主要损伤人的喉黏膜和肺，严重时可窒息致死，故使用氯气要十分注意安全。

4．硫及其化合物

硫是一种重要的非金属元素，广泛存在自然界中。硫(俗称硫磺)是一种黄色晶体，质脆，易研成粉末。硫不溶于水，微溶于酒精，易溶于二硫化碳。硫或硫化物在空气中燃烧时首先生成二氧化硫，它是一种无色、有刺激性气味的有毒气体，密度比空气大，容易液化，易溶于水。

二氧化硫是一种酸性氧化物，它溶于水时生成亚硫酸(H_2SO_3)，溶液显酸性。亚硫酸不稳定，容易分解成水和二氧化硫，故二氧化硫与水反应生成亚硫酸是一个可逆反应，反应式如下：

$$SO_2 + H_2O \rightleftharpoons H_2SO_3$$

二氧化硫在适当温度并有催化剂存在的条件下，可以被氧气氧化成三氧化硫。三氧化硫也是一种酸性氧化物，它溶于水生成硫酸，工业上利用这一原理生产硫酸。

$$2SO_2 + O_2 \underset{催化剂}{\overset{\Delta}{\rightleftharpoons}} 2SO_3$$

$$SO_3 + H_2O \xlongequal{} H_2SO_4$$

三氧化硫与碱性氧化物或碱反应时生成硫酸盐。

$$SO_3 + CaO \xlongequal{} CaSO_4$$

$$SO_3 + Ca(OH)_2 \xlongequal{} CaSO_4 + H_2O$$

硫化氢是一种无色、有臭鸡蛋味的气体，有剧毒。

5．氮及其化合物

在通常情况下，氮气与氧气不发生反应，但在放电条件下，他们可以直接化合，生成无色的一氧化氮(NO)。此外，在高温条件下，氮气也能与氧气反应生成一氧化氮。一氧化氮不溶于水，在常温下很容易与空气中的氧气结合，生成二氧化氮(NO_2)。

$$2NO + O_2 = 2NO_2$$

二氧化氮是红棕色、有刺激性气味的有毒气体，密度比空气大，易液化，易溶于水，故在闪电时，大气中常有少量 NO_2 产生，并随雨水落下。大气中的二氧化硫和二氧化氮溶于水后形成酸性溶液，随雨水降下，就可能成为酸雨。由于溶解了二氧化碳，正常雨水的 pH 值为 5.6，酸雨的 pH 小于 5.6。

氨是无色、有刺激性气味的气体，极易溶解于水且溶解速率快。在常温下，1 体积水大约克溶解 700 体积的氨。氨的水溶液叫做氨水。氨溶于水时，大部分与水结合成一水合氨($NH_3 \cdot H_2O$)。$NH_3 \cdot H_2O$ 很不稳定，受热易分解氨和水。

$$NH_3 + H_2O \rightleftharpoons NH_3 \cdot H_2O$$

$$NH_3 \cdot H_2O \xlongequal{\triangle} NH_3\uparrow + H_2O$$

氨水有弱碱性，能使酚酞变红或使湿润的红色石蕊试纸变蓝。同时，氨很容易液化，液化时放热。液氨汽化时要吸收大量的热，使周围温度急剧降低，因此常作为制冷剂。

氨与酸反应生成铵盐。如氨遇到氯化氢时，迅速反应生成氯化铵晶体。

$$NH_3 + HCl = NH_4Cl$$

农业上常用的化肥，如硫酸铵、碳酸氢铵、硝酸铵等都是铵盐。

二、主要金属及其化合物

1. 钠及其化合物

金属钠很软，可以用刀切割。切开外皮后，可以看到钠具有银白色的金属光泽。钠是热和电的良导体。钠的密度是 0.97 g/cm^3，比水的密度小，钠的熔点是 97.81 ℃，沸点是 882.9 ℃。

钠原子的最外层只有 1 个电子，很容易失去。因此，钠的化学性质非常活泼，主要表现在：

(1) 钠跟氧气反应

常温下，钠与氧气反应生成氧化钠：

$$4Na + O_2 = 2Na_2O$$

点燃时，钠与氧气反应生成过氧化钠：

$$2Na + O_2 = Na_2O_2\text{（淡黄色）}$$

(2) 钠跟硫等非金属反应

钠除了能跟 Cl_2 直接化合外，还能跟很多其他非金属直接化合，如跟硫化合时甚至发生爆炸。

$$2Na + S = Na_2S$$

(3) 钠跟水反应

钠与水反应剧烈，并放出氢气：

$$2Na + 2H_2O = 2NaOH + H_2\uparrow$$

钠的化学性质很活泼，所以它在自然界里不能以游离态存在，因此，在实验室中通常将钠保存在煤油里。

钠的化合物很多,主要介绍以下几种:

(1) 氢氧化钠

氢氧化钠具有碱的通性,碱性很强,腐蚀性也很强,所以人们给它的俗称是烧碱、火碱、苛性钠。纯品为无色透明的晶体,密度为 2.13 g/cm³,熔点 318.4 ℃,沸点 1 390 ℃。工业品含有少量的氯化钠和碳酸钠为白色不透明固体,有粒、块、片、棒等各种形状。氢氧化钠吸湿性很强,极易溶于水,暴露在空气中,最后会溶化成粘稠状液体,溶解时放出大量的热,其水溶液是无色透明的液体,水溶液滑腻呈碱性,易溶于乙醇和甘油,不溶于丙酮。氢氧化钠腐蚀性极强,对皮肤、织物、纸张等侵蚀力很大。易自空气中吸收二氧化碳逐渐变成碳酸钠。氢氧化钠与酸类起中和作用,生成多种盐类。氢氧化钠固体可以作干燥剂,比如干燥氢气、氧气等等,但是不能用来干燥二氧化碳气体,因为氢氧化钠能跟二氧化碳发生化学反应。氢氧化钠除了具有强碱性外,还有下列化学性质:

与非金属化物反应,如:

与 CO_2 反应:

$$2NaOH + CO_2 = Na_2CO_3 + H_2O$$

与 SO_2 反应:

$$2NaOH + SO_2 = Na_2SO_3 + H_2O$$

与盐反应,如:

$$2NaOH + CuSO_4 = Cu(OH)_2 \downarrow + Na_2SO_4$$

(2) 碳酸钠和碳酸氢钠

碳酸钠俗称苏打、纯碱,是一种重要的化工基本原料,纯碱工业的主产品。通常为白色粉末,高温下易分解,易溶于水,水溶液呈碱性。碳酸钠与水生成 $Na_2CO_3 \cdot 10H_2O$、$Na_2CO_3 \cdot 7H_2O$、$Na_2CO_3 \cdot H_2O$ 三种水合物,其中 $Na_2CO_3 \cdot H_2O$ 最为稳定,且溶于水的溶解热非常小,多应用于照相行业。$Na_2CO_3 \cdot 10H_2O$ 又称晶碱或洗涤碱,溶于水时呈吸热反应,在空气中易风化。$Na_2CO_3 \cdot 7H_2O$ 不稳定,仅在 32.5～36 ℃范围内才能从碳酸钠饱和溶液中析出。

碳酸钠的主要化学性质如下:

溶液显碱性,能与酸反应。如:

$$Na_2CO_3 + 2HCl = 2NaCl + H_2O + CO_2 \uparrow$$

能与碱反应。如:

$$Na_2CO_3 + Ca(OH)_2 = CaCO_3 \downarrow + 2NaOH$$

还能与盐反应。如:

$$Na_2CO_3 + BaCl_2 = BaCO_3 \downarrow + 2NaCl$$

碳酸钠广泛应用于玻璃、制皂、纺织、工业用水的软化等工业生产,日常生活中也用它。

碳酸氢钠俗称小苏打,它是一种白色粉末,或不透明单斜晶系细微结晶。相对密度为 2.159,无臭、味咸,可溶于水,微溶于乙醇。其水溶液因水解而呈微碱性,受热易分解,在 65 ℃以上迅速分解,在 270 ℃时完全失去二氧化碳,在干燥空气中无变化,在潮湿空气中缓慢分解。储于干燥通风的室内仓库,运输中小心防止袋破或散包。

碳酸氢钠的化学性质如下:

与 HCl 反应,放出 CO_2:

$$NaHCO_3 + HCl = NaCl + H_2O + CO_2\uparrow$$

与 NaOH 反应，生成碳酸钠：

$$NaHCO_3 + NaOH = Na_2CO_3 + H_2O$$

遇热会放出 CO_2：

$$2NaHCO_3 = Na_2CO_3 + H_2O + CO_2\uparrow$$

碳酸氢钠溶于水后呈弱碱性，是治疗胃酸过多的常见药物，也是发酵粉的主要成分。

2. 铝及其化合物

铝是银白色金属，熔点 660.4 ℃，沸点 2 467 ℃，密度 2.70 g/cm^3。它的硬度比较小，具有良好的延展性，可以拉成细丝，也可以辗压成铝箔，后者常用来包装糖果、香烟。它还有良好的导电导热性，电力工业上用它制造电线、电缆，日常生活中用它制造炊具。它可以跟镁、铜、锌、锡、锰、铬、锆、硅等元素形成多种合金，广泛用作制造飞机、汽车、船舶、日常生活用品的材料，也用于建筑业制造门窗。铝是热和光最好的反射体之一，它被用做绝热材料和用于制造反射望远镜中的反射镜。

铝是第三周期ⅢA 族元素，容易失去电子，因此它是比较活泼的金属元素。它能跟非金属、酸和碱作用。常温下铝能跟空气中的氧起反应，生成一层致密的氧化膜，它可以阻止铝继续被氧化。高温下，铝可以跟空气中的氧剧烈反应，将铝粉或铝箔放在氧气中加热，则能发生燃烧，放出大量的热：

$$4Al + 3O_2 = 2Al_2O_3 + Q$$

铝还能跟卤素、硫等非金属起反应。铝是两性金属，既能跟酸，也能跟碱起反应。铝跟稀酸反应，放出氢气；跟热的、浓的氧化性酸反应，不放出氢气：

$$2Al + 6HCl = AlCl_3 + 3H_2\uparrow$$

$$2Al + 6H_2SO_4(浓) = Al_2(SO_4)_3 + 3SO_2\uparrow + 6H_2O$$

但是铝跟冷的、浓的氧化性酸如硝酸、硫酸不起作用，因为这些酸能使铝的表面钝化（生成致密的氧化膜）。根据这种性质，常用铝罐装运浓硫酸、浓硝酸。铝跟碱起反应，也放出氢气：

$$2Al + 2NaOH + 2H_2O = 2NaAlO_2 + 3H_2\uparrow$$

这个反应是由于铝的表面氧化膜（Al_2O_3）容易跟碱起反应而引起的：

$$Al_2O_3 + 2NaOH = 2NaAlO_2 + H_2O$$

由于铝的表面有一层致密的氧化膜，因此通常情况下铝不与水起作用。但是如果破坏掉氧化膜（如使它生成铝汞齐），则铝可以跟热水起作用，生成氢氧化铝，并放出氢气：

$$2Al + 6H_2O = 2Al(OH)_3 + 3H_2\uparrow$$

由于铝有强烈的亲氧性，冶金工业上用铝作还原剂来制取某些难以还原的金属：

$$Cr_2O_3 + 2Al = Al_2O_3 + 2Cr$$

$$3V_2O_5 + 10Al = 5Al_2O_5 + 6V$$

这种冶金方法叫做铝热法。利用反应生成大量的热将金属熔化，就可以把金属分离出来。铁路工程上用铝热法焊接铁轨：

$$Fe_2O_3 + 2Al = Al_2O_3 + 2Fe + Q$$

铝的化合物较多，重要的有其氧化物和氢氧化物。

(1) 三氧化二铝

三氧化二铝通常称为“铝氧”，是一种白色无定形粉状物，俗称矾土，属原子晶体，其熔点为 2 050 ℃，沸点为 3 000 ℃，真密度为 3.6 g/cm^3。它的流动性好，不溶于水，能溶解在熔融的冰晶石中。它是铝电解生产的中的主要原料。Al_2O_3是典型的两性氧化物，跟酸和碱都能作用生成盐和水：

$$Al_2O_3 + 6HCl = 2AlCl_3 + 3H_2O$$

$$Al_2O_3 + NaOH = 2NaAlO_2 + H_2O$$

(2) 氢氧化铝

氢氧化铝又称水合氧化铝，是一种白色胶状物，难溶于水，属于两性化学物，既能跟酸反应，又能跟碱反应：

$$Al(OH)_3 + 3HCl = AlCl_3 + 3H_2O$$

$$Al(OH)_3 + NaOH = NaAlO_2 + 2H_2O$$

3. 铁及其化合物

纯铁具有银白色金属光泽，质软，有良好的延展性，是电和热的良导体。日常生活中常见的铁锅是黑色的，是因为其中含有杂质。铁的密度是 7.86 g/cm^3，熔点是 1 535 ℃，沸点 2 750 ℃。

铁的化学性质比较活泼，常温下，在干燥空气中不会与氧气发生作用，但在 500 ℃以上的高温下，能与氧气发生反应，放出大量的热，并生成黑色的 Fe_3O_4 固体。

$$3Fe + 2O_2 = Fe_3O_4$$

铁与稀 H_2SO_4或稀 HCl 都能发生反应生成 H_2。如：

$$Fe + H_2SO_4 = FeSO_4 + H_2\uparrow$$

铁也能置换盐中比它不活泼的金属。如：

$$Fe + CuSO_4 = FeSO_4 + Cu$$

(1) 氧化物

铁有三种氧化物：氧化亚铁(FeO)，黑色粉末；三氧化二铁(Fe_2O_3)，红棕色粉末，是铁锈的主要成分；四氧化三铁(Fe_3O_4)，又称磁性氧化铁、吸铁石等。他们均不溶于水，但溶于酸。

(2) 氢氧化物

铁的氢氧化物包括两种：氢氧化亚铁，白色或灰绿色；氢氧化铁，红褐色。氢氧化亚铁化学性质不稳定，在空气中与氧作用生成氢氧化铁。氢氧化铁受热会脱水而析出三氧化二铁。

第六节　化学基本计算

一、有关物质的量的计算

1 mol 物质的质量通常也叫该物质的摩尔质量。摩尔质量的单位为“克/摩尔”，物质的摩尔质量在数值上等于物质的分子量。如物质的量用 n(mol)表示，物质的质量用 m(g)表示，物质的摩尔质量用 M(g/mol)表示，则摩尔质量与物质的量之间的关系可表示为：

$$n=\frac{m}{M}$$

需要注意的是:1) 物质的摩尔质量和阿佛加德罗常数已知;2) 摩尔可以为分数、整数、小数。

例 1　32 g O_2,约含多少 O_2分子?

解: $n(\text{mol})=32/32=1(\text{mol})$

O_2 分子数:$1\times6.02\times10^{23}=6.02\times10^{23}$ 个

答:32 克 O_2,约含有 6.02×10^{23}个 O_2分子。

二、气态物分子量的计算

1. 根据气体密度计算其分子量

在标准状况下,每升体积(V)中所含气体的质量(m),称之为气体的密度(ρ)。用数学表达式可表示为:

$$\rho=\frac{m}{V}$$

密度的单位为 g/L,或 kg/m^3。

若以气体的摩尔质量 M 表示气体的质量,则气体的密度 ρ 应为:

$$\rho=\frac{M}{22.4}$$

在标准状况下,22.4 L 某气体(或蒸汽)质量,单位为 g/mol 时,其数值等于它的分子量。

例如,某气态有机物在标准状况下的密度为 0.7 g/L,则该气态有机物的分子量为:$22.4\times0.7=15.68$。

2. 根据标准状况下,一定质量气体的体积计算分子量

在标况下,某气体的分子量可按下式计算:

$$M=\frac{22.4\times m}{V}$$

其中,m/V 为标准状况下的气体密度。

例如,某气态烷烃在标准状况下,250 mL 质量为 0.5 g,则该烷烃的分子量为

$$0.5/0.25\times22.4=44.8$$

3. 根据气体相对密度计算分子量

在同温同压下,相同体积(1 L)的气体质量(m)对另一气体质量(m')之比,即两种气体密度之比,称之为该气体对另一气体的相对密度。用数学表达式可表示为:

$$d=\frac{m}{m'}\ 或\ d=\frac{\rho}{\rho_1}$$

由上式可知,相对密度没有单位。用气体的摩尔质量表示气体的质量,则气体的相对密度应为:

$$M=d\times M'$$

即某气体分子量等于该气体对另一气体的相对密度乘上另一气体的的分子量。

例如,某气态有机物对空气(空气分子量约为 29)的相对密度为 1.5,则该气态有机物的分子量为 $1.5\times29=43.5$。

三、根据分子式计算

根据化合物的分子式及其成分元素的原子量,可以计算分子量以及质量百分含量。

化合物的化学式中各元素原子的原子质量之和的最简单的整数比就是化合物中各组成元素的质量比。

例如,H_2SO_4中氢元素、硫元素、氧元素的质量比为:$2:32:16\times4=1:16:32$。

根据某化合物的分子式,将各成分元素的原子量或原子量的倍数加起来,就得到该化合物的分子量。

例如:$NH_3\cdot H_2O$ 的分子量为:$14+1\times3+1\times(1\times2+16)=35$。

化合物的化学式中,某元素原子的原子量之和与该化合物分子量之比,就是化合物中该元素的质量分数。即

$$\text{化合物中某元素的质量分数}=\frac{\text{化合物中某元素的原子量}\times\text{原子个数}}{\text{化合物的分子量}}\times100\%$$

例 1 计算 $NH_3\cdot H_2O$ 中氮元素的质量分数。

解: $NH_3\cdot H_2O$ 的分子量= 的分子量 $=14+1\times3+1\times(1\times2+16)=35$

硝酸钾中氮元素的质量分数:

$$\frac{N}{NH_3\cdot H_2O}\times100\%=\frac{14}{35}\times100\%=40\%$$

答:硝酸铵中氮元素的质量分数为 40%。

四、根据化学方程式计算

用元素符号和分子式表示化学反应的等式,称之为化学方程式,它不仅表示反应物转化为生成物的变化关系,而且还表示反应物与反应物之间,以及反应物、生成物彼此之间的量的比例关系,若是气体物质,还存在体积的比例关系。其计算关键是:① 正确写出反应的化学方程式;② 明确化学方程式所表示出的化学反应中物质之间的质量关系;③ 明确反应物与生成物之间的质量比;④ 列出正确比例,根据格式求解。

五、有关反应物、生成物的计算

例 1 将 11.2 克铁粉与足量的盐酸起反应,能生成氢气多少克?这些氢气在标准状况下的体积是多少升?(标准状况下,氢气密度为 0.09 克/升)

解:设能生成氢气的质量为 x

$$\begin{array}{lcr} Fe & +2HCl = FeCl_2 + & H_2\uparrow \\ 56 & & 2 \\ 11.2\text{克} & & x \end{array}$$

$$\frac{56}{11.2\text{克}}=\frac{2}{x}$$

$$x=\frac{2\times11.2\text{克}}{56}=0.4\text{克}$$

氢气的体积：

$$\frac{0.4\ 克}{0.09\ 克/升}=4.4\ 升$$

答：能生成氢气 0.4 克，体积 4.4 升。

六、有关含有一定量杂质的反应物或生成物质计算

例 2　高温煅烧 450 吨石灰石，其中 $CaCO_3$ 的质量分数为 90%，问可得到质量分数为 95%的生石灰（主要成分为 CaO）多少吨？

解：设可得 CaO 的质量分数为 95%的生石灰的质量为 x

$$CaCO_3 \xlongequal{煅烧} CaO + CO_2\uparrow$$

$$\begin{matrix} 100 & & 56 \\ 450\ 吨\times 90\% & & x\times 95\% \end{matrix}$$

$$\frac{100}{450\ 吨\times 90\%}=\frac{56}{x\cdot 95\%}$$

$$x=\frac{56\times 450\ 吨\times 90\%}{100\times 95\%}=239\ 吨$$

答：可得到质量分数为 95%的生石灰 239 吨。

七、溶液浓度的计算

1. 质量百分含量

所谓质量百分含量是指溶质的质量占全部溶液质量的百分比。可用下式表示：

$$P_{质}=\frac{m}{m_1}\times 100\%$$

式中，m 为溶质的质量，g；m_1 为溶液的质量，g。

例 1　欲配制质量百分数为 40%的氢氧化钠溶液 1 500 g，需要氧氧化钠溶液及水各多少克？

解：$m_1=P_{质}\cdot m=40\%\times 1\ 500=600(g)$

水的量为：$1\ 500-600=900(g)$

答：需氢氧化钠和水各 600 g 和 900 g。

2. 物质的量的浓度

所谓物质的量的浓度是指单位体积所含溶质 B 物质的量，常用 C_B 表示。

$$C_B=\frac{n_B}{V}$$

式中，n_B 为溶质 B 的物质的量，mol；V 为溶液的体积，L；C_B 为 B 物质的量的浓度，mol/L。

溶液的稀释或混合法：该方法是指将某一浓度的溶液进行稀释或用两种不同浓度的溶液相混合进行配制某一浓度溶液。溶液的稀释或混合存在以下关系，即稀释前溶质的量等于稀释后溶质的量，混合前溶质的量等于混合后溶质的量。用公式可分别表示如下：

1) 百分含量的稀释或混合

稀释：$m_{浓} \times P_{浓} = m_{稀} \times P_{稀}$。其中：$m$ 表示质量，$m_{浓}$ = 浓溶液的质量 + 水的质量 。

混合：$m_1 \times P_1 + m_2 P_2 = (m_1 + m_2) P_{混}$

2) 物质的量浓度的稀释或混合

稀释：$C_{浓} \cdot V_{浓} = C_{稀} \cdot V_{稀}$

混合：$C_1 \cdot V_1 + C_2 \cdot V_2 = C_{混} \cdot V_{混}$

例 2 用 100 ml 毫升质量分数为 98% 的浓硫酸溶液(其密度为 1.84 g/cm³)和 116 ml 的水配制成的溶液密度为 1.50 g/cm³。求：

① 配制成的硫酸溶液中 H_2SO_4 的质量分数是多少？

② 配制成后的溶液的体积是多少？

解：① 溶液中 H_2SO_4 的质量分数为：

$$\frac{1.84\ g/cm^3 \times 100\ ml \times 98\%}{1.84\ g/cm^3 \times 100\ ml + 1\ g/cm^3 \times 116\ ml} \times 100\% = 60.1\%$$

② 设溶液的体积为 x

$$1.84\ g/cm^3 \times 100\ ml \times 98\% = 1.50\ g/cm^3 \times x \times 60.1\%$$

$$x = \frac{1.84\ g/cm^3 \times 100\ ml \times 98\%}{1.50\ g/cm^3 \times 60.1\%} = 200\ ml$$

答：配制成的硫酸溶液中 H_2SO_4 的质量分数为 60.1%，配制成后的溶液的体积为 200ml 。

例 3 将 10 克氢氧化钠溶于水中制成 250 毫升溶液，试求该溶的摩尔浓度。

解：1 mol/l NaOH 为 40 克。

10 克 NaOH 的摩尔数为：10/40=0.25(mol)

因此，NaOH 的摩尔浓度为 0.25/0.25=1(mol/L)

答：溶液的浓度为 1 mol/L。

物质的量的浓度与百分比浓度有如下关系：

$$C_B = \frac{1000 \times \rho \times C_{质}}{溶质\ B\ 的摩尔质量} (mol/L)$$

因此，可以根据溶质的百分比浓度计算溶质的物质的量的浓度。

八、溶解度的计算

前面已讲述了溶解度的基本概念。在饱和溶液中，溶质的质量分数和溶解度之间存在以下关系：

$$P = \frac{S}{100 + S} \times 100\%$$

式中，S 为某温度下某物质的溶解度。

例 1 某物质的水溶液，蒸发掉 10 克水后，冷却到 20 ℃，有晶体析出，此时溶液中溶质的质量分数为 30%，求 20 ℃时该物质的溶解度？

分析：20 ℃时有晶体析出，说明此时的溶液即为饱和溶液，溶质的质量分数又可知，故而利用上述公式即可求解。

解:设 20 ℃时该物质的溶解度为 S。

$$30\% = \frac{S}{100 + S} \times 100\%$$

$$S = 42.86 \text{ 克}$$

答:20 ℃时该物质的溶解度为 42.86 克。

第四章　化工基础知识

学习目标：基本掌握放射性废物处理必备的化工知识，熟悉废物处理过程中涉及的化工单元操作，初步具备解决问题的能力。

第一节　流体流动

一、流体静力学

1. 静止流体的压力

流体垂直作用于单位面积上的力，称为流体的静压强，简称压强，习惯上称为压力，常用 P 表示。

在 SI 制中，压力的单位是 N/m^2，称为帕斯卡，以 Pa 表示。但在石油加工和石油化工生产中所用的压力单位是多种多样的，除了用 N/m^2 计量外，还常用标准大气压(atm)、工程大气压(at)、某流体柱高度如米水柱(mH_2O)和毫米汞柱(mmHg)等来计量。它们之间的换算关系为：

$$1\ \text{atm}=1.013\times10^5\ \text{Pa}=10.33\ \text{mH}_2\text{O}=760\ \text{mmHg}$$

同时还有 $1\ \text{at}=1\ \text{kgf/cm}^2=9.807\times10^4\ \text{Pa}=10\ \text{mH}_2\text{O}=735.6\ \text{mmHg}$

此外，压力还可以以不同的基准来表示和计量，如以绝对真空（即零大气压）为基准计量的压力称为绝对压力，是流体的真实压力；以当地大气压为基准计量的压力称为表压力或真空度。当被测流体的绝对压力大于外界大气压力时，所用的测压仪表叫做压力表。压力表上的读数表示被测流体的绝对压力高出当地大气压力的数值，称为表压力。表压力与绝对压力的关系为：

$$表压力=绝对压力-大气压力$$

当被测流体的绝对压力小于外界大气压力时，所用的测压仪表叫做真空表。真空表上的读数表示被测流体的绝对压力低于当地大气压力的数值，称为真空度，它与绝对压力的关系为：

$$真空度=大气压力-绝对压力$$

$$绝对压力=大气压力-真空度$$

显然，设备内流体的绝对压力越低，则其真空度就越高。

2. 流体静力学基本方程

流体静力学基本方程式是用于描述静止流体内部的压力沿着高度变化的数学表达式。

对于不可压缩流体，密度不随压力变化，其静力学基本方程可用下述方法推导。在静止液体的内部的不同高度处，任取两平面 Z_1 及 Z_2，设两平面处的压力分别为 P_1 和 P_2，见图 4-1，则有：

$$\frac{p_1}{\rho}+gz_1=\frac{p_2}{\rho}+gz_2$$

$$或\ p_2=p_1+\rho gh$$

式中 $h=z_1-z_2$ 为两平面的垂直距离。

如果将 Z_1 面取在液面上，设液面上方的压力为 p_0，Z_2 处的压力为 p，则上式可改写为：

$$p=p_0+\rho gh$$

上式称为静力学基本方程式，它反映的是在重力场下，静止流体内部压力的变化规律。

3. 流体静力学基本方程式用于压力测量

(1) U 形管压差计

如图 4-2 所示的流体流动的水平管路中，由于截面 1、2 处的压力不等($p_1>p_2$)，则指示液在 U 形管的两侧产生高度差 R。

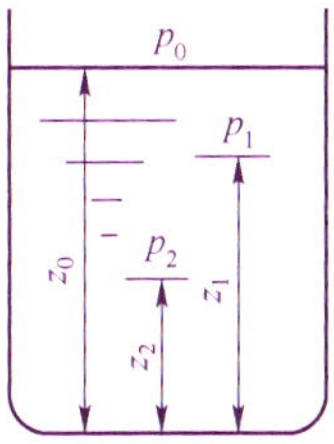

图 4-1 静止液体内部压力分布

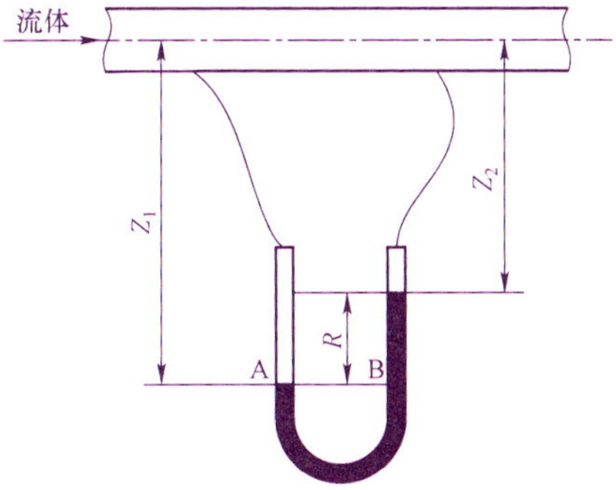

图 4-2 U 形管压差计

为了使得读数 R 大小适当，就要选用密度适当的指示液，常用的指示液有水银、四氯化碳、水、酒精、煤油等。测量液体的压差时，可选用密度大的指示液，如水银、四氯化碳等。测量气体压差时，一般用水作为指示液，并加一点红色染料，以便于观察和读数。

U 形管压差计不但可以用来测量流体流动管路或设备两截面间的压力差，也可以用来测量某一处的压力。若把 U 形管一端与设备或管路的某一截面连接，另一端与大气相通，这时读数 R 所反映的就是管路中某一截面处流体的表压力(即绝对压力与大气压力之差)。

U 形管压差计具有构造简单、测压准确、价格便宜的优点。但玻璃管易破碎、耐压不高、测量范围小，故通常用在测量压力差不大或真空度不太高的场合。

(2) 多 U 形管测压计

当流体流动管路或设备中被测流体的压力或压力差较大时，除了用有关测压仪表测量外，还可使用由若干个 U 形管串联而成的多 U 形管测压计，如图 4-3 所示。

(3) 倒装 U 形管压差计

如图 4-4 所示，这种压差计的特点是指示液为管路中的液体，而指示液上方一般为气体(如空气或氮气)，其密度以 ρ_g 表示。流动管路截面 1、2 间的压差(p_2-p_1)，可根据液柱高度差 R 进行计算。

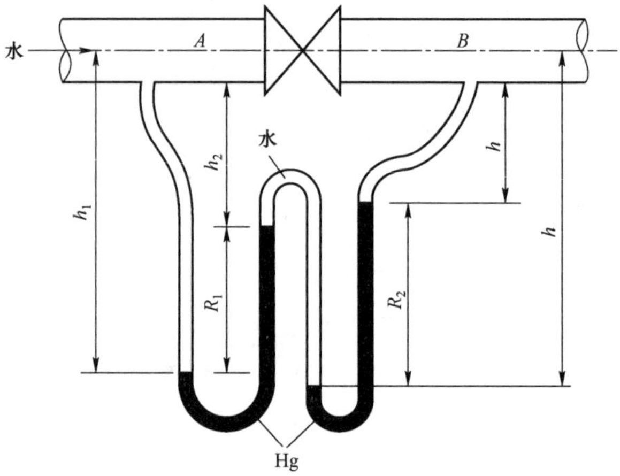

图 4-3　多 U 形管测压计

(4) 液封

液封在实际工程中应用十分广泛,如各种气液分离器的后面、气体洗涤塔底以及气柜等为了防止气体泄漏和安全等目的,都要采用液封(或称水封),如图 4-5 所示。

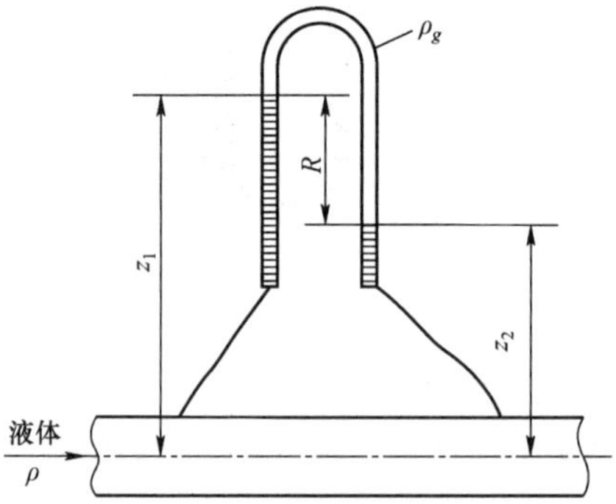

图 4-4　倒装 U 形管压差计

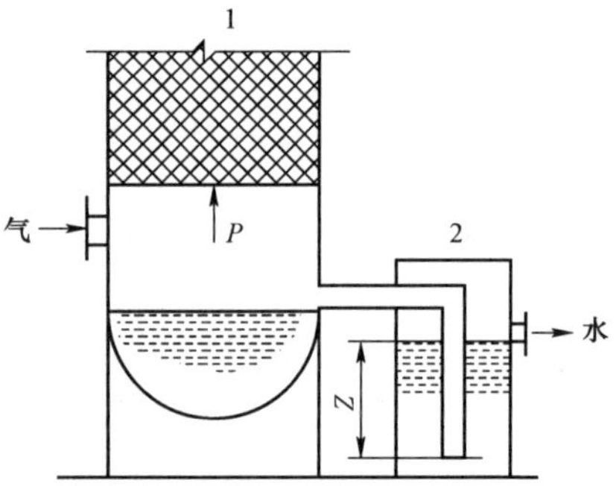

图 4-5　液封

二、流动动力学

1. 流量和流速

(1) 流量

1) 体积流量　单位时间内流体流过管路任一截面的体积,称为体积流量,以 V 表示,其单位为 m^3/s 或 m^3/h。

2) 质量流量　单位时间内流体流过管路任一截面的质量,称为质量流量,以 W 表示,其单位为 kg/s 或 kg/h。

体积流量与质量流量的关系为

$$W=\rho \cdot V$$

式中　ρ——流体的密度,kg/m^3。

（2）流速

1）平均流速　单位时间内流体在流动方向上流过的距离，称为流速。实践证明，流体在管路内流动时，由于流体具有黏性，管路截面上流体的流速沿半径是变化的。流体在管路中心流速最大，愈靠近管壁流速愈小，在管内壁处流速为零。在工程上，平均流速一般是以 $u=\frac{V}{A}$，式中 A——管路的截面积，m^2。

显然，W、V 和 u 三者关系为

$$W=\rho V=\rho uA$$

2）质量流速　单位时间内流体流过管路单位截面积的质量，称为质量流速，以符号 G 表示，常用单位为 $kg/m^2 \cdot s$，其表达式为

$$G=\frac{W}{A}=\frac{V\rho}{A}=u\rho$$

由于气体为可压缩性流体，其体积随温度、压力而发生变化，那么气体的体积流量、流速和密度也将随之变化，但其质量流速不变化，或者气体的流速 u 和密度 ρ 成反比例变化，故其质量流速 G 不变。因此，在气体管路的分析和计算中，采用质量流速比较方便。

（3）管径估算

流体的流量一般为生产任务所决定，所以计算管径的关键是选择流速。工厂内部的工艺管路通常比较短，管内流速可选用经验数据，某些流体在管路中的常用流速范围列于表 4-1 中以供估算管径时选用。由表 4-1 可知，流体在管路中的适宜流速与流体的性质和操作条件有关。

表 4-1　某些流体在管道中的常用流速范围

流体的类别及情况	流速范围/(m/s)
自来水(3×10^5 Pa)	1～1.5
水及低粘度液体(1×10^5～1×10^6 Pa)	1.5～3.0
高粘度液体	0.5～1.0
工业供水(8×10^5 Pa 以下)	1.5～3.0
锅炉供水(8×10^5 Pa 以下)	＞3.0
饱和蒸汽	20～40
过热蒸汽	30～50
蛇管、螺旋管内的冷却水	＜1.0
低压空气	12～15
高压空气	15～25
一般气体(常压)	10～20
鼓风机吸入管	10～15
鼓风机排出管	15～20
离心泵吸入管(水一类液体)	1.5～2.0
离心泵排出管(水一类液体)	2.5～30
往复泵吸入管(水一类液体)	0.75～1.0

续表

流体的类别及情况	流速范围/(m/s)
往复泵排出管(水一类液体)	1.0～2.0
液体自流速度(冷凝水等)	0.5
真空操作下气体流速	<10

2. 稳定流动与不稳定流动

在流动系统中，若流体在各个截面上的流速、密度、压强等只随位置改变，而不随时间改变，则我们称为稳定流动。反之，若流体在各截面上的有关物理量既随位置变化，也随时间变化，则称为非稳定流动。例如水自变动水位的贮水槽中经小孔流出，则水的流出速度依槽内水面的高低而变化。在化工厂中，流体的流动情况大多为稳定流动。

流体在稳定流动时，遵循连续性方程。如图 4-6 所示。

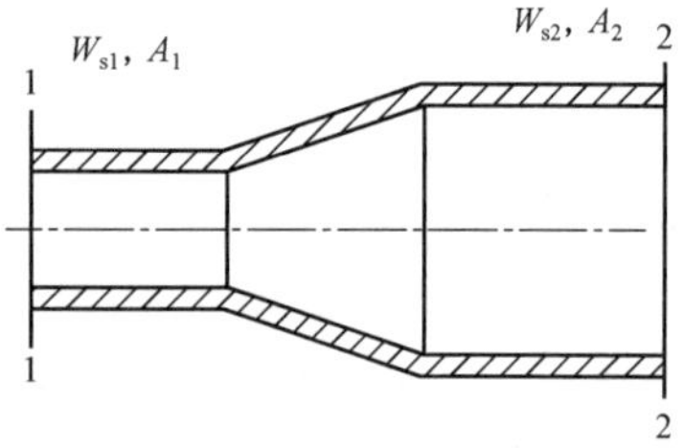

图 4-6 连续性方程的推导

根据质量守恒定律，有：

$$W_{s1}=W_{s2}$$

而

$$W_{s1}=u_1\cdot A_1\cdot\rho_1$$

$$W_2=u_2\cdot A_2\cdot\rho_2$$

$$A_1=d_1^2\cdot\pi/4$$

$$A_2=d_2^2\cdot\pi/4$$

代入有：$\frac{u_1}{u_2}=\frac{d_2^2}{d_1^2}$，此式即为连续性方程。连续性方程反映了在稳定流动系统中，流体流经各截面的质量流量不变时，管路各截面上流速的变化规律。此规律与管路的安排以及管路上是否装有管件、阀门或输送设备等无关。

3. 稳定的连续流动系统的机械能守恒——柏努利方程

流体在做定态流动时，根据能量守恒定律，可以对任意截面进行能量衡算。

稳定流动时的总能量衡算：

(1) 内能。物质内部能量的总和，用 U 表示。单位是：kJ/kg。

(2) 位能。物体因受重力作用，在不同的高度所具有的能量。位能$=m\cdot g\cdot z$，单位：kJ/kg。

(3) 动能。物体因运动而具有的能量。$m$kg 流体所具有的动能为$\frac{1}{2}mu^2$，单位：kJ 或 J。

(4) 静压能。流体的静压强是推动流体流动的动力，即静压强对流体做的功：$p\cdot V_s$。静压能的单位与动能的单位一样，为 kJ 或 J。

(5) 热。流体温度变化而带来的热能的变化，加热为正，冷却则为负。用 Q 来表示，单位为 kJ/kg。

(6) 功。流体流动获得机械能为正(用 W_e 来表示)；流体损失机械能为负(用 h_f 表示)。

4. 稳定流动时的机械能衡算和柏努利方程

如图 4-7 所示，对 1-1′和 2-2′截面进行能量衡算。

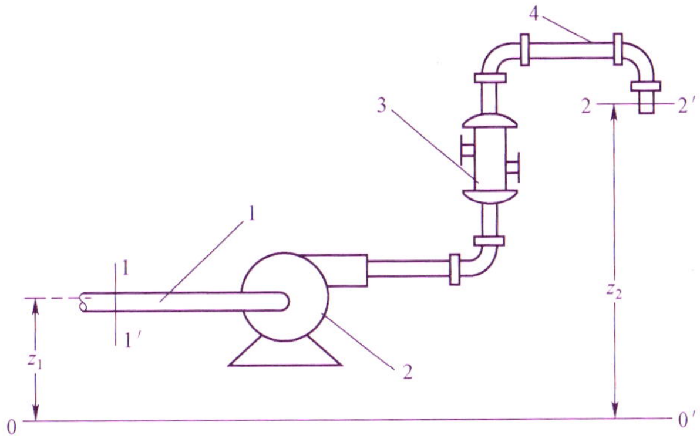

图 4-7　流动系统的总能量衡算

衡算范围：1-1′与 2-2′截面间。基准水平面：0-0′平面。

输入截面 1-1′的总能量：$E_1=U_1+mZ_1g+m\frac{1}{2}u_1^2+\frac{mp_1}{\rho_1}+W_e+Q$

从截面 2-2′输出的总能量：$E_2=U_2+mZ_2g+\frac{1}{2}mu_2^2+\frac{mp_2}{\rho_2}+\sum h_f$

根据能量守恒定律，连续稳定流动系统的能量：$E_1=E_2$。所以，

$$U_1+mZ_1g+m\ \frac{1}{2}u_1^2+\frac{mp_1}{\rho_1}+W_e+Q=U_2+mZ_2g+\frac{1}{2}mu_2^2+\frac{mp_2}{\rho_2}+\sum h_f$$

若物质的内能无变化(即流体的温度不变)，则 $U_1=U_2$，则：

$$mZ_1g+m\ \frac{1}{2}u_1^2+\frac{mp_1}{\rho_1}+W_e=mZ_2g+\frac{1}{2}mu_2^2+\frac{mp_2}{\rho_2}+\sum h_f$$

如果以单位质量(1 kg)流体为衡算基准，在流体流动过程中，对于不可压缩流体而言，$\rho_1=\rho_2=\rho=$常数。

$$Z_1g+\frac{1}{2}u_1^2+\frac{p_1}{\rho}+W_e=Z_2g+\frac{1}{2}u_2^2+\frac{p_2}{\rho}+\sum h_f$$

上式即为柏努利方程。

5. 柏努利方程的讨论

(1) 流体流动时无能量损失，又无外加能量，则柏努利方程可以简化为：

$$Z_1g+\frac{1}{2}u_1^2+\frac{p_1}{\rho}=Z_2g+\frac{1}{2}u_2^2+\frac{p_2}{\rho}$$

从上式可以看出，在管路任意截面上流动流体的各项机械能之和相等，即总机械能为一常数；但是不同截面上每一种机械能不一定相等，各项机械能可以相互转换。

(2) 对于可压缩流体的流动，若截面间系统的压力变化，小于原来压力的 20%时，仍可以使用柏努利方程进行计算，但流体的密度要用两截面间的平均值代替。

(3) 外加能量 E 或外加压头 H 是确定流体输送机械功率的重要依据。在单位时间内输送机械对流体所作的有效功称为有效功率，用符号 N 表示，单位为 NJ/s 或 W。

(4) 损失能量的数值永远是正值,是输出系统的能量。应用柏努利方程时,要加在流动系统的下游侧截面上。

(5) 如果系统中的流体是静止的,即 $u=0$,流体自然没有阻力,也不需要外加能量。因此,柏努利方程可以写成

$$Z_1g+\frac{p_1}{\rho}=Z_2g+\frac{p_2}{\rho}$$

此式是静力学基本方程式的又一表达形式。由此可见,柏努利方程不仅表达了流体流动的基本规律,而且还包含了流体静止状态的基本规律。流体静止状态不过是流动状态的一种特殊形式。

三、流动阻力

流体流动时会遇到阻力,简称流动阻力。流体阻力的大小与流体动力学性质(粘度)以及流速、管壁粗糙度等因素有关。

1. 流体的黏度

在外力的作用下,流体内部各层之间产生相对运动。有相对运动则就有相互作用力,该作用力起到"抗拒"相对运动的作用,此特性就是流体的黏性。

衡量黏性大小的物理量是黏度,黏度越大,则流体的流动性就越差。黏度用符号 μ 表示。

流体的黏度可以通过实验或从手册上查找。在国际单位制中,黏度的单位用[N・s/m²]或[Pa・s]表示。黏度的专用名称为[泊],用符号 P 表示,也有用厘泊来表示。其关系为:1 Pa・s=10 P=1 000 Cp=1 000 mPa・s。

影响流体黏度的因素包括:

(1) 液体。压强 p 对液体黏度的影响可以忽略不计,随着温度的升高,液体的黏度 μ 下降。

(2) 气体。气体的黏度随压强增加而增加得很少,在一般工程计算中可予以忽略,只有在极高或极低的压强下,才需考虑压强对气体黏度的影响。温度对气体的黏度较大,随着温度的升高,气体的黏度随之增大。

对于理想流体(实际不存在)而言,它没有黏性,即 $\mu=0$。

对混合物的黏度,如缺乏实验数据时,可选用适当的经验公式进行估算。

2. 黏性流体流动类型

(1) 雷诺准数

1883 年雷诺通过实验揭示了流体流动有两种不同的流动类型:层流和湍流。

当流体在管中流动时,若其质点始终沿着与管轴平行的方向作直线运动,质点之间互不混合。因此,充满整个管的流体就如一层一层的同心圆筒在平行地流动,这种流动状态称为层流或滞流。

当流体在管道中流动时,如有色液体与水迅速混合,则表明流体质点除了沿着管道向前流动外,各质点的运动速度在大小和方向上都有时发生变化,于是质点间彼此碰撞并互相混合,这种流动状态称为湍流。

根据不同的流体和不同的管径所获得实验结果表明:影响液体类型的因素,除了流体的

流速外，还有管径 d，流体密度 ρ 和流体的粘度 μ。u、d、ρ 越大，μ 越小，就越容易从层流转变为湍流。雷诺得出结论：上述中四个因素所组成的复合数群 $du\rho/\mu$，是判断流体流动类型的准则。这数群称为雷诺准数或雷诺数，用 Re 表示。

(2) 流型的判据-雷诺数 Re

大量实验证明：

1) 当 $Re \leqslant 2\,000$ 时，必定出现层流，此为层流区；

2) 当 $2\,000 < Re < 4\,000$ 时，有时出现层流，有时出现湍流，依赖于环境，此为过渡区；

3) 当 $Re \geqslant 4\,000$ 时，一般都出现湍流，此为湍流区。

当 Re 小于 2 000 时，任何扰动只能暂时地使之偏离层流，一旦扰动消失，层流状态必将恢复。

当 Re 数超过 2 000 时，层流不再是稳定的，但是否出现湍流，决定于外界的扰动。如果扰动很小，不足以使流型转变，则层流仍然能够存在。

当 $Re > 4\,000$ 时，则微小的扰动就可以触发流型的转变，因而一般情况下总出现湍流。

根据 Re 的数值将流动划为三个区：层流区、过渡区及湍流区，但只有两种流型。过渡区不是一种过渡的流型，它只表示在此区内可能出现层流也可能出现湍流，需视外界扰动而定。

3. 流体阻力的计算

流体在管道中流动，由于受到阻力的作用，必然要克服阻力而做功，对流体而言就是能量损失。根据阻力产生部位的不同，可以分为直管阻力和局部阻力。直管阻力是流体流经一定管径的直管时，由于流体的内摩擦力（即粘性力）而产生的阻力。局部阻力主要是由于流体流经管路中管件、阀门及管截面形状和尺寸突然扩大和缩小等局部地方引起流体边界层分离造成的阻力。

流体在管路中流动的总阻力 $\sum h_f$ 由直管阻力 h_f 与局部阻力 h'_f 两部分构成，即

$$\sum h_f = h_f + h'_f$$

流动阻力消耗了机械能，表现为静压能的降低，称为压强降，用 Δp_f 表示，即：$\Delta p_f = \rho \sum h_f$，是指单位体积流体流动时损失的机械能，值得指出的是。Δp_f 它是一个符号，并不代表增量。

(1) 流体在直管中的流动阻力

直管阻力的计算式由实验得知

$$h_f = \lambda \frac{l}{d} \frac{u^2}{2}$$

式中，l 为直管长度，m；d 为直管的内径，m；λ 为比例常数，称为摩擦系数。

摩擦系数 λ 没有单位，与流体的流动状态和管壁的粗糙度有关。因此 λ 是 Re 和粗糙度的函数，可从 $\lambda - Re$ 的关联图上查得。

(2) 流体在管路中的局部阻力

局部阻力计算方法有局部阻力系数法和当量长度法：

1) 阻力系数法

克服局部阻力所引起的能量损失，也可以表示成动能 $u^2/2$ 的倍数，即：

$$h'_f=\zeta \cdot u^2/2$$

式中 ζ 称为局部阻力系数,一般由实验测定。

2) 当量长度法

为了便于管路计算,把局部阻力折算成一定长度直管的阻力:

$$h_f=\lambda \frac{l_e}{d}\frac{u^2}{2}$$

式中 l_e 称为管件或阀门的当量长度,其单位为 m,表示流体流过某一管件或阀门的局部阻力,相当于流过一段与其具有相同直径、长度为 l_e 之直管阻力。

各种管件阀门的 l_e 值可查有关资料。

(3) 管路总阻力的计算

管路总能量损失又常称为总阻力损失,是管路上全部直管阻力与局部阻力之和。对于流体流经直径不变的管路时,如果把局部阻力都按当量长度的概念来表示,则管路的总能量损失为:

$$\sum h_f=\lambda \cdot \frac{l+\sum l_e}{d} \cdot \frac{u^2}{2g}$$

式中 $\sum h_f$ ——管路的总能量损失,J/kg;

l——管路上各段直管的总长度,m;

$\sum l_e$ ——管路上全部管件与阀门等的当量长度之和,m;

u——流体流经管路的流速,m/s。

第二节 化工单元操作

一、化工单元操作基本概念

1. 单元操作的概念——化工生产中共有的物理操作

化工生产过程包括原料的预处理、化学反应和反应产物的分离与提纯,即由化学反应和若干个单元操作串联而成。化工原理研究各个独立的单元操作。

2. 单元操作的特点

1) 所有的单元操作都是物理性操作,只改变物料的状态或物理性质,并不改变化学性质。

2) 单元操作是化工生产过程中共有的操作,只是不同的化工生产中所包含的单元操作数目、名称与排列顺序不同。

3) 单元操作作用于不同的化工过程时,基本原理相同,所用的设备也是通用的。

3. 单元操作的分类

根据单元操作所遵循的基本规律,分为三类:

流体动力过程——遵循流体动力基本规律,用动量传递理论研究,如:流体输送、沉降、过滤、固体流态化。

热过程——遵循传热基本规律,用热量传递理论研究,如:传热、冷凝、蒸发等。

传质过程——遵循传质基本规律，用质量传递理论研究，如：蒸馏、吸收、萃取、结晶、干燥等。

二、流体和固体的输送

1．流体输送设备

叶片式泵：这类泵主要是依靠高速旋转的叶轮来输送液体，如离心泵、旋涡泵等；

容积式泵（正位移泵）：这类泵是依靠工作室容积间隙的改变来输送液体，如往复泵、旋转泵（如齿轮泵、螺杆泵等）等；

由于离心泵在核化工的应用十分广泛，因此本节重点讨论离心泵。

（1）离心泵

1）离心泵的结构和主要部件

离心泵是一种叶片式泵。离心泵的主要部件为叶轮、泵壳、轴封装置和轴向推力平衡装置。

① 叶轮

离心泵的叶轮通常由 6 至 12 片弯曲形式的叶片和轮盖所组成，叶轮安装在泵轴上，并置于泵壳内。叶轮是离心泵直接对液体作功的部件，因而是离心泵的核心部件。叶轮通常有 3 种类型，按结构分为敞式（开式）叶轮、闭式叶轮、半闭式叶轮；按吸液方式分为单吸式叶轮、双吸式叶轮。为了使离心泵适应较大压头的要求，泵轴上可以装 2 个和 2 个以上的叶轮。离心泵的级数就是泵轴上的叶轮数。

② 泵壳

结构：离心泵的泵壳（亦称泵体）多做成蜗壳形，其特点是沿着叶轮旋转方向，泵壳与叶轮之间形成一个截面逐渐扩大的通道，直至出口截面最大。这样就会使从叶轮四周甩出的高速液体在通道内逐渐降低速度，使液体的大部分动能转换为压力能，又可减少液体因速度过大而引起泵体内部的能量损失。因此，泵壳既可将叶轮封闭在一定的空间，以便叶轮吸入和排出液体，又是一个汇集液体和能量转换的装置。

作用：汇集液体，能量转换。

泵壳上有两个接口，一个在泵壳中央为吸入口，它与吸入管相接，另一个接口位于泵壳外缘切线方向，为排出口，它与排出管相接，如图 4-8 所示。

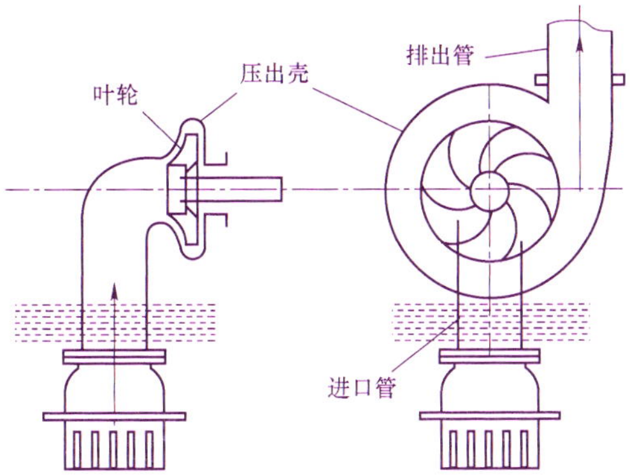

图 4-8　离心泵

有些离心泵为了减少液体进入泵壳时发生剧烈碰撞,在叶轮外周安装一个带叶片的固定导轮。导轮上的叶片弯曲方向与叶轮上的叶片弯曲方向相反,其弯曲角度恰好与液体从叶轮流出方向相适应,故导轮具有许多逐渐转向的孔道,使高速液体流过时能均匀而平缓地降低流速,调整方向,以减少机械能损失。

2) 离心泵的工作原理

当电动机带动叶轮高速旋转(1 000～3 600 r/min)运动时,迫使叶片之间的液体随叶轮一起旋转,在离心力的作用下,使液体从叶轮中心向叶轮的外缘运动。在此过程中,叶轮对液体作功,液体获得了能量,提高了压力能,同时也具有很大的动能,并以高速(15～25 m/s)离开叶轮外缘进入蜗形通道。由于通道的截面积逐渐扩大,则液体流速逐渐降低,便使其中大部分动能转换为压力能,这样就进一步提高了液体的压力能,于是液体以较高的压力进入排出管。当液体从叶轮中心被甩出后,叶轮的入口处就形成了一定的真空,与吸入端贮液槽液面上的压力形成了一定的压差,再此压差推动下,液体经底阀、吸入管进入泵内,填补了液体被甩出后的空间。这样,只要叶轮不断的旋转时,液体就源源不断地被吸入和排出。

3) 离心泵的主要性能参数

为了正确选择和使用离心泵,就需要了解离心泵的性能。离心泵的主要性能参数包括:流量、扬程、功率和效率等。

① 流量

离心泵的流量系指离心泵在单位时间内所排送液体的体积,以 Q 表示,单位为 L/s 或 m^3/h。离心泵的流量取决于泵的结构、尺寸(主要是叶轮的直径与叶片的宽度)和转速。

② 扬程

离心泵的扬程系指离心泵对单位质量液体所提供的有效能量,以 H 表示,单位为 N·m/N或 m 液柱。泵的扬程又称压头,不要把扬程误认是液体的升举高度,升举高度是指液体经过泵之后位能增加值。离心泵扬程的大小,取决于泵的结构(如叶轮直径的大小、叶片的弯曲情况等)、转速及流量。

③ 效率

液体在泵内流动的过程中,有各种能量损失,即:

(a) 容积损失

离心泵在运转过程中,有一部分已获得能量具有较高压力的液体从排出口通过叶轮与泵壳之间的间隙或通过平衡孔漏回吸入口,因此从泵排出的实际液体流量要比理论流量小,其比值称为容积效率,以 η_Q 表示。显然,容积损失是由于泵的泄漏所造成的。

(b) 水力损失

水力损失系指液体流过叶轮、泵壳时,由于其流速大小和方向均发生变化,产生冲击,在叶片之间由于形成环流,产生涡流以及摩擦阻力等原因所造成的能量损失。所以,泵的实际压头要比泵的理论压头低,两者比值称为水力效率,以 η_k 表示。显然,水力损失是由于液体在泵内的摩擦阻力和局部阻力所引起的。

(c) 机械损失

机械损失系指泵在运转时,由于泵轴与轴承、泵轴与轴封之间的机械摩擦所引起的能量损失,它直接增大了泵的轴功率,理论功率(即理论压头与理论流量所对应的功率)与由于机械摩擦所增大的轴功率之比称为机械效率，以 η_M 表示。为了减少机械损失，轴承不可缺油，填料压盖的松紧程度要适当等。

泵的总效率(简称效率)等于上述三种效率的乘积，即

$$\eta=\eta_Q \cdot \eta_k \cdot \eta_M$$

显然，由于泵内的各种损失，所以泵的轴功率不可能全部转化为泵的有效功率。有效功率与轴功率的比值即为泵的效率 η，其值由实验测定。离心泵的效率与泵的大小、类型、制造精密程度和所输送的液体性质有关，也与泵的使用、维修的好坏有关。离心泵的效率一般约为 0.6～0.85 左右，大型泵可达 0.9。

④ 功率

功率是指单位时间内所作的功，单位为 J/s 或 W。泵的功率分有效功率、轴功率及电动机功率。现分述如下。

(a) 有效功率

离心泵的有效功率是指单位时间内流体从泵的叶轮获得的能量，称为泵的有效功率，即 $N_e=QH\rho g$。

(b) 轴功率

离心泵的轴功率是泵轴所需的功率。当离心泵直接由电动机带动时，也就是电动机传给泵轴的功率，以 N 表示，单位为 W 或 kW。因为泵的效率为泵的有效功率与轴功率的比值，那么轴功率即为

$$N=\frac{N_e}{\eta}=\frac{QH\rho}{102\eta}$$

应该注意，泵的铭牌上或泵的样本中列举的是指轴功率，除特殊说明外，均指输送清水时的数值。

(c) 电动机功率

系指电动机所需的功率 $N_{电}$，由于电动机内的损失和电动机与泵轴之间的能量损失，电动机的功率大于泵的轴功率，即

$$N_{电}=\frac{N}{\eta_{传}}$$

式中，$\eta_{传}$ 为电动机与泵之间的传动效率，反映了传动损失，其值随传动方式而异。如为联轴器直接相联，则 $\eta_{传}$ 取 0.96。

为防止电动机超负荷，给泵选配电动机时，还应考虑电动机功率有 10%～20%的安全余量。

4) 离心泵的气蚀现象和安装高度

① 气蚀现象

由离心泵的工作原理可知，叶片间的液体从离速旋转的叶轮中心甩出之后，在叶轮入口处便形成真空，贮液槽中的液体就是靠贮液槽液面上的压力与叶轮入口处的真空之间的压力之差推动进入泵内。显然，叶轮入口处的压力越低，促使液体进入泵内的推动力就越大。但如果叶轮入口附近的最低压力等于或低于操作温度下液体的饱和蒸气压力 P_V 时，该处的液体就会气化并产生气泡。这些气泡流到叶轮内高压处时，气泡受压而迅速凝结或破裂，瞬时间周围的液体以极高的速度冲向原来气泡所占据的空间，液体质点互相撞击，产生极大

的冲击压力,且冲击频率每秒高达几万次之多。叶轮在连续冲击下金属表面出现斑痕和裂缝,逐渐因疲劳而破坏,这种现象称为气蚀现象。

当离心泵的压头较正常值降低3%以上时,即预示着气蚀现象发生。当气蚀现象发生时,因冲击使泵体振动,发生噪音;因大量气泡的产生与破裂,导致泵的流量、扬程及效率明显下降,严重时,使泵抽空,破坏泵的正常工作。为了保证离心泵的使用寿命和正常运转,应避尽量免气蚀现象的发生。为此,应使叶轮入口附近的最低压力大于操作温度下液体的饱和蒸气压。

② 离心泵的安装高度

离心泵的安装高度不是任意的,而是要受到气蚀现象的限制。反映这一限制的因素,从泵本身的吸上性能考虑,常采用允许吸上真空高度表示。

允许吸上真空高度因为在实际操作中,不易测出叶轮入口附近的最低压力,所以往往是测出泵入口处的压力,再加上一个安全余量,作为泵入口处允许的最低绝对压力,以 p_1 表示,单位为 Pa。习惯上常把 p_1 表示为真空度,并以所输送液体的液柱高度为单位,称为允许吸上真空高度,以 $H\mathrm{s}$ 表示,其表达式为

$$H\mathrm{s}=\frac{p_a-p_1}{\rho g}$$

允许吸上真空高度是离心泵的一个重要性能参数,由实验测定,也可从泵样本中查得。

③ 离心泵的选择

选择离心泵的基本原则,一般可按下列方法步骤进行:

(a) 根据所输送液体的性质和操作条件,确定泵的类型,如B型泵、F型泵、Y型泵等。

(b) 根据所输送液体的流量 Q 和所需压头 H 的大小从泵样本上或产品目录中选择合适的型号。若没有正好合适的型号时,为适应操作条件的变化和留有余地的要求,在保证泵在较高效率下工作的前提下,应使所选择的泵的压头和流量均稍大一些。

④ 离心泵的操作

(a) 灌泵　启动前,必须使泵内充满被输送的液体,以保证泵体和吸入管内没有气体存在,以防止“气缚”。

(b) 关出口阀启动　启动时,应先将出口阀关闭,使泵在流量为零的情况下启动。这样泵所需要的功率最小,以免电动机过载而烧坏。当泵启动,并达正常转速,压力表和真空表有正常稳定的指示后,就应逐渐打开出口阀,直至达到所要求的流量为止。在关出口阀的情况下,泵运转的时间一般不要超过3分钟,否则将引起泵体发热。

(c) 检查　在泵运转过程中,要经常检查压力表和真空表读数是否正确,轴承的润滑情况是否良好,以及泄漏、机器振动、声响等情况,如发现异常现象,应查明原因,并及时处理。

(d) 停泵　停泵前,应先关闭出口阀再断电停泵。否则,突然停泵,会使排出管路中的高压液体倒流回泵体内,导致叶轮倒转,甚至于打坏叶轮。如属长期停泵,应将泵体及管路中的液体放净,以免锈蚀和冬季结冰冻裂。

(2) 往复泵

如图4-9所示,为往复泵装置示意图,主要有泵缸、活塞、活塞杆、吸入阀和排出阀。吸入阀和排出阀均为单向阀,因此也叫单向活门。活塞在泵缸内左右移动所达到的顶点称为

左右死点，如泵缸中的虚线所示，活塞在两死点间的行程，称为冲程。泵缸内活塞与阀门之间的空间称为工作室。

往复泵是一个典型的容积式泵，其工作原理与离心泵不同，它是靠活塞在泵缸内往复运动，使工作室容积的变化来输送液体的。当活塞自左向右移动时，工作室容积增大，形成低压。这样，排出阀受排出管中的液体压力而关闭，而吸入阀便被泵外的液体的压力推开，将液体吸入泵内，这就是吸液过程。当活塞移至右死点时，吸液过程即结束。当活塞自右向左移动时，由于活塞的挤压使泵内液体压力增大，吸入阀受压而关闭，排出阀则被推开，将液体排出泵外，这就是排液过程。当活塞移至左死点时，排液过程即告结束。因此活塞不断地往复运动，工作室就交替地吸液和排液。可见，往复泵是通过活塞将机械能以静压能的形式传递给液体的。

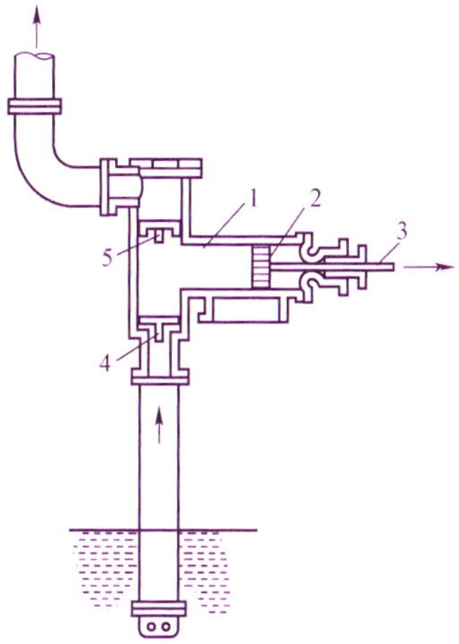

图 4-9 往复泵结示意图
1—泵缸；2—活塞；3—活塞杆；
4，5—活动件

(3) 其他类型的泵

1) 旋转泵

旋转泵的主要部件是泵壳和其内的转子，它的工作原理与往复泵类似，是通过转子旋转使工作室容积的变化来吸入和排出液体的，又称转子泵。因此，它也属于容积式泵。旋转泵的形式很多，下面介绍化工厂常见的旋转泵，即齿轮泵和螺杆泵。

① 齿轮泵

齿轮泵的结构示意图如图 4-10 所示，其主要部件为泵体和两个啮合的齿轮。其中一个为主动轮，固定在与电动机直接相联的泵轴上，另一个为从动轮，安装在另一个轴上，两齿轮把泵体内分成吸入空间和排出空间。当泵启动后，两齿轮按图中箭头方向反向旋转，在吸入空间，由于两轮啮合的齿互相分开，空间增大，形成低压，将液体吸入。吸入的液体在齿缝间被齿轮推着，分两路沿泵体内壁推送到排出空间。在排出空间，两齿轮的齿互相合拢，空间缩小，挤压液体，形成高压，将液体排出。如此连续进行，以达到输送液体的目的，它的流量调节和操作与往复泵相同。

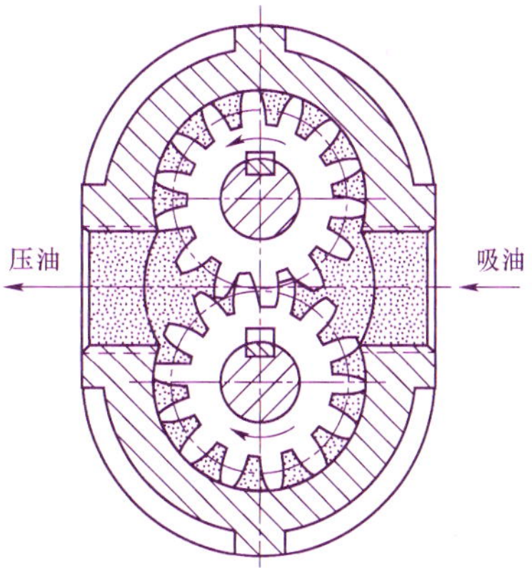

图 4-10 齿轮泵示意图

齿轮泵的压头高、流量小、成本低、工作可靠、有自吸能力、维修方便。但与其他类型泵相比，效率较低，操作时振动、噪音较大。石油加工和石油化工厂常用来输送黏度较大的液体(如润滑油、燃烧油、甘油等)和膏状物料，但不宜用于输送含有固体颗粒的悬浮液。

② 螺杆泵

螺杆泵主要由泵壳和一个或一个以上的螺杆所组成。有单螺杆泵、双螺杆泵和三螺杆泵，如图 4-11 所示为双螺杆泵简图。单螺杆泵的工作原理是靠螺杆在具有内螺旋的泵壳中偏心转动，将液体沿轴向前推进，挤压到排出口排出。双螺杆泵与窗轮泵十分相似，它是利用两根相互啃合、反向转动的主动螺杆和从动螺杆来挤压、排送液体的。当所需要的压头很高时,还可采用多螺杆泵。

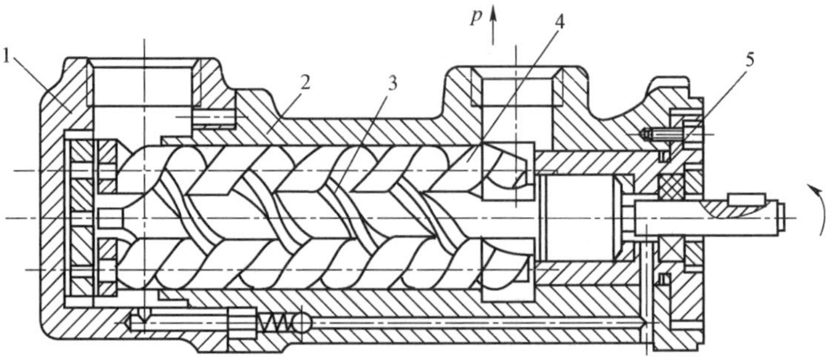

图 4-11　螺杆泵示意图

1—后盖;2—壳体;3—主动螺杆;4—从动螺杆;5—前盖

螺杆泵的转速在 3 000 r/min 以下,最大出口压力可达 1.72×10^{7} Pa,流量范围为 1.5～500 m^3/h。与齿轮泵相比,螺杆泵效率高,无噪音,无振动流量均匀。特别适用于在高压下输送粘稠性液体。

2) 旋涡泵

旋涡泵是一种特殊类型的离心泵。

旋涡泵的流量小,压头高,体积小。结构简单,容易加工,但效率较低。因此,旋涡泵适用于流量小、压头高的场合及输送无悬浮颗粒、黏度不高的液体。

旋涡泵与离心泵一样,启动时泵内也需要充满液体(即灌泵);但与离心泵所不同的是启动时不能关闭出口阀,且调节流量时不能用改变出口阀的开度来调节,而要采取旁路调节,这一点又与往复泵的操作方法一样,如图 4-12 所示。

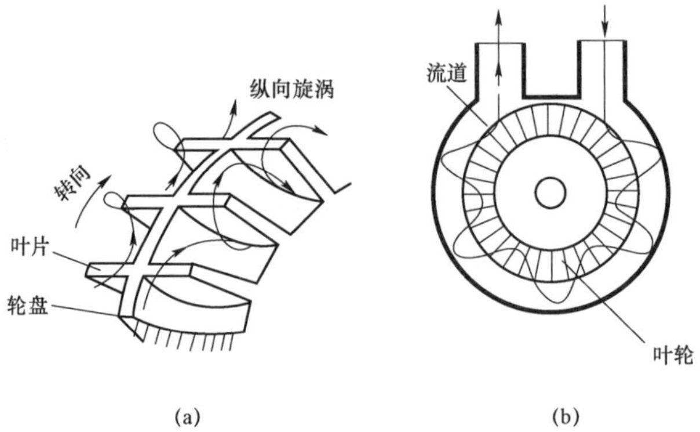

图 4-12　旋涡泵示意图

2. 固体的输送

大批量固体原料除了可以使用运输车辆输送外,一般可以分为重力输送、机械输送和流体携带输送等三种方式。

(1) 重力输送

利用物体的重力作用可以将其从高处输送至低处。如果被输送固体的特性和生产工艺允许，可以采用自由降落的方法。

（2）机械输送

输送机械主要包括带式输送机、提升式料斗和螺旋输送机。

带式输送是一种以摩擦力为驱动力连续运输物料的方式。该方式由电动机驱动齿轮，带动皮带轮或滚筒。使传送带向一个方向运动，达到输送块状或粒状固体物料的目的。

提升式料斗机是将固体物料垂直或倾斜地连续从低处提升到高处。这种提升机的提升高度大，具有良好的密封性。

螺旋输送机是利用旋转的螺旋叶片将物料推移而进行输送。使物料不与螺旋输送机叶片一起旋转的力是物料自身重力和螺旋输送机机壳对物料的摩擦阻力。它适于各个物料环节的中间运卸，充当加料装置和出料装置。该方法的动力消耗高，对物料磨损较大。

（3）流体携带输送

流体携带输送方式按所使用的携带介质不同，分为气力输送和液力输送。

所谓流体携带输送就是利用流体流动的性质，在一定的压力条件下，通过管道将固体物质输送至需要的部位。

三、传热

1. 传热的基本方式

热量从高温区向低温区移动的过程称为热量传递，简称传热，热力学第二定律指出，凡是有温度存在的地方，就必然有热量传递，故几乎所有的工业部门，如化工、能源、冶金、机械、建筑等都涉及传热问题。其中尤以化学工业与传热的关系最为密切，这是因为化工生产中的很多过程和单元操作，都需要进行加热或冷却，例如化学反应通常都是在一定温度下进行的，为此就需要向反应器输入或移出热量以使其达到并保持一定的温度；又如在蒸馏操作中，为使塔釜达到一定温度并产生一定量的上升蒸气，就需要向塔釜内的液体输入一定的热量，同时为了使塔顶上升蒸气冷凝以得到液体产品，亦需从塔顶冷凝器中移出一定的热量；此外化工设备的保温，生产过程中热能的合理利用以及废热的回收等都涉及传热问题。

通常化工生产中对传热过程的要求主要有以下两种情况：其一是强化传热过程，如各种换热设备中的传热；其二是削弱传热过程，如对设备或管道的保温，以减少热损失。

化工传热过程既可连续进行，亦可间歇进行。对于前者，传热系统中能量不发生积累，称为稳态传热，稳态传热的特点是传热速率在任何时刻都为常数，并且系统中各点的温度仅随位置变化而与时间无关；对于后者，传热系统中各点的温度既随位置又随时间而变，称为非稳态传热。本章节主要讨论稳态传热。

根据传热机理的不同，热量传递有三种基本方式：热传导、热对流、热辐射，在实际传热过程中，热量传递可以一种方式进行，亦可以两种或三种方式同时进行。

2. 传热过程中，冷、热流体交换方式

化工中的传热过程，常常是在冷流体与热流体之间进行的。冷、热流体有三种基本的接触方式：即直接混合式、间壁式及蓄热式。

（1）混合式换热

混合式换热是冷、热两流体在直接接触和混合中进行的。例如，乙醇水溶液的精馏塔，

塔釜中液体可以采取间接蒸汽加热,也可采用直接蒸汽加热。当采用直接蒸汽加热时,即把蒸汽直接通入釜内液体中,用蒸汽冷凝放出的热量来加热液体。生产中常用的混合式换热器有凉水塔、湿式混合冷凝器等。

由此可见,混合式换热方法仅适用于无需回收的蒸汽冷凝,或其凝液不要求很纯的物料,允许冷热两种流体直接接触混合的场合。混合式换热具有传热速度快、效率高、设备简单等优点。

(2) 蓄热式换热

蓄热式换热器又称蓄热器,蓄热式换热就是在蓄热器中进行。蓄热器内装有耐火砖之类的蓄热介质(填充物)。通常有两个蓄热器交替使用,即切换操作。当热流体通过蓄热器时,是加热期,热量被蓄热介质吸收,其温度升高,即储蓄了热量;当冷流体流过时,为冷却期,蓄热介质把所储蓄的热量又传给冷流体。这样反复交替进行,利用蓄热介质蓄热和放热来达到冷、热两流体交换热量的目的。这种换热方式在冶金工业和石油裂解中多见,而在石油化工生产中用的并不多,因为在石油化工生产中多数情况下不允许换热的两流体在换热过程中有混合现象发生。

(3) 间壁式换热

间壁式换热就是冷、热两流体被一个固体壁(多用金属)隔开,当两流体在壁面两侧流动时,热量由热流体的一侧通过壁面传给另一侧的冷流体,这样既可避免两种流体混合,又能达到冷、热流体换热的目的。实现这种换热方式的设备,称为间壁式换热器。套管式换热器是一种间壁式换热器,它是由两根直径不同的管子套在一起组成的。两流体分别流经内管和内、外管形成的环隙空间,通过管壁进行换热。间壁换热器换热器在核工业和石油化工工业中的应用极为广泛。

3. 热传导

(1) 热传导的基本定律——傅立叶定律

只要物体内部有温差存在,就有热量从高温部分向低温部分传导。所以,热传导与物体内部的温度分布密切相关。

任一瞬间物体内部或空间中各点温度的分布,称为温度场。既然温度场与时间、空间位置有关,因此可用下列函数关系表示,即

$$t=f(x,y,z,\tau)$$

式中　t——任一点的温度;

x,y,z——该点的空间坐标;

τ——时间。

不稳定的温度场:温度场内各点温度随时间而改变。

稳定温度场:温度场内各点温度不随时间而改变。

等温面:将温度场中同一时刻相同温度的各点联接起来形成的面,因为空间同一点不能同时具有两个不同的温度,所以不同的等温面彼此不能相交。

温度梯度:温度差 Δt 与两等温面间距离 Δx 比值的极限称为温度梯度,即

$$\lim_{\Delta x\to 0}\frac{\Delta t}{\Delta x}=\frac{\partial t}{\partial x}$$

温度梯度是向量,其方向垂直于等温面,且以温度增加的方向为正。

对导热的研究表明，单位时间内传导的热量，即导热速率与温度梯度及垂直于热流方向的截面积成正比，即

$$dQ=-\lambda dA\frac{\partial t}{\partial x}$$

式中 Q——导热速率，W；

A——垂直于热流方向的表面积，即导热面积，m^2；

λ——比例系数，称为物质的导热系数，W/(m·K)；

式中的负号是指热流方向与温度梯度方向相反。热量是从高温向低温传递，该式为导热速率方程，也称傅立叶定律。

(2) 导热系数

导热系数是衡量物质导热能力的一个物理量，其表达式可由上式得

$$\lambda=-\frac{dQ}{dA\frac{\partial t}{\partial x}}$$

由上式可见，导热系数的物理意义为单位温度梯度下、在单位传热面积、单位时间内传导的热量。故导热系数是表征物质导热能力的一个参数，为物质的一种物理性质。其值与物质的组成、结构、密度、温度和压力等因素有关。各物质的导热系数值，可用实验测定。一般来说，金属的导热系数最大，非金属的固体次之，液体的较小，而气体的导热系数最小。

1) 固体的导热系数

在所有的固体中，金属是最好的导热体。纯金属的导热系数一般随温度的升高而降低。金属的导热系数大都随其纯度的增加而增大，如含碳为1%的普通碳钢的导热系数为45 W/(m·K)，而不锈钢(即合金钢)的导热系数约为16 W/(m·K)。

非金属建筑材料或绝热材料的导热系数与温度、组成和结构的紧密程度有关。通常其 λ 值随密度的增加而增大，也随温度的升高而增大。

对大多数均质固体材料，其导热系数与温度近似成直线关系，即

$$\lambda=\lambda_0(1+at)$$

式中 λ——固体在温度为t℃时的导热系数，W/(m·K)

λ_0——固体在0 ℃时的导热系数，W/(m·K)

a——温度系数，1/℃。对大多数金属材料为负值，而对大多数非金属材料为正值。

在工程计算中，对于各处温度不同的固体，其导热系数可以取固体两侧面温度的 λ 的算术平均值，即 $\lambda=(\lambda_1+\lambda_2)/2$，这在导热系数随温度呈线性关系时，可得到足够正确的结果。此外，导热系数也可由物体温度 t 的算术平均值从有关图和表中查得。在工程计算中，一般都采用平均导热系数。

2) 液体的导热系数

液体分金属液体和非金属液体两类，前者导热系数较高，后者较小。在非金属液体中，水的导热系数最高，除水和甘油外，绝大多数液体的导热系数均随温度的升高而略有减小。一般说来，溶液的导热系数低于纯液体的导热系数。

3) 气体的导热系数

气体的导热系数很小，对导热不利，但对保温有利。在工程上可利用气体的这一特点进

行保温和绝热,如玻璃棉等,就是因其空隙中有气体,所以其导热系数较小,是良好的保温材料。一般情况下,大多数气体的导热系数与压强无关。

(3) 稳定导热计算

所谓稳定导热,系指在导热的过程中导热面上的温度不随时间而变化的情况,其特点是稳定导热的导热速率是一个常量;相反,若在导热的过程中,导热面上的温度随时间而变化,这就是不稳定导热。显然,不稳定导热的导热速率也是随时间变化的。石油加工和石油化工生产过程中的导热多属稳定导热,故下面只讨论稳定导热计算。

(4) 在工程上的导热通常是以平壁和圆筒壁的导热进行的,现分述如下。

1) 平壁的稳定导热计算

如图 4-13 所示为稳定的一维平壁热传导。设平壁材质均匀,λ 取平均温度下的值(为常数),两壁面的两侧面温度分别为 t_1 和 t_2,且 $t_1>t_2$,即平壁内的温度仅沿垂直于壁面的 x 方向变化。平壁的厚度为 b,平壁面积为 S。实践总结了这样的规律:单位时间内由高温面以热传导的方式传递给低温面的热量 q 与面积 S 成正比,也与传热温度差(t_1-t_2)成正比,与壁厚 δ 成反比。引入一个比例系数 λ,则可得:

$$Q=\lambda \frac{S}{b}(t_1-t_2)$$

上式就是热传导方程式,也称为傅立叶定律。式中 λ 称为导热系数,其单位为 J/(s·m·K) 或 W/(m·K)。

将上式改写为:

$$Q=\frac{t_1-t_2}{\frac{b}{\lambda S}}=\frac{\Delta t}{R}$$

上式中,$\Delta t=t_1-t_2$,即温度差,称为导热推动力。$R=b/\lambda S$,称为导热热阻。因此,导热速率

$$Q=\frac{\Delta t}{R}=\frac{\text{导热推动力}}{\text{导热热阻}}$$

由此可知,平壁材料的导热系数越小、平壁厚度越厚,则导热热阻越大。为了提高传热效率,一方面要选择导热系数较大的材料,另一方面要降低平壁的厚度。

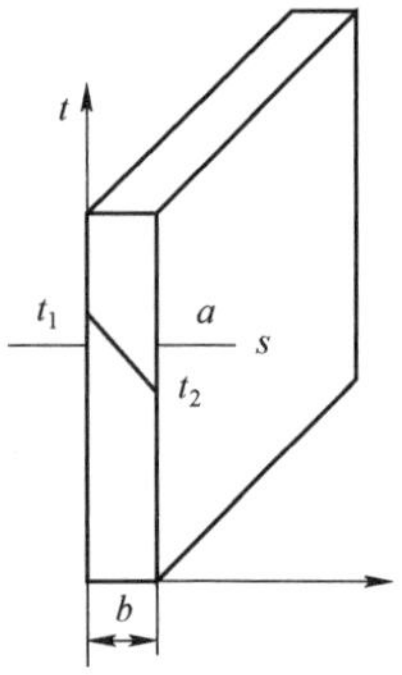

图 4-13 单层平壁的热传导

2) 圆筒壁的稳定导热计算

单层圆筒壁的热传导如图 4-14 所示。若圆筒壁很长,沿轴向散热可忽略,则通过圆筒壁的热传导可视为定态热传导。设圆筒的内半径为 r_1,外半径为 r_2,长度为 L。圆筒内、外壁面温度分别为 t_1 和 t_2,且 $t_1>t_2$。

根据导热速率方程:

$$Q=\lambda \frac{S}{b}(t_1-t_2)$$

由于圆筒壁的导热面积 S 是一个变量,故导热速率可以改写为:

$$Q=\lambda \frac{S_m}{b}(t_1-t_2)=\lambda \frac{S_m(t_1-t_2)}{r_2-r_1}$$

由上式可以看出,计算传热速率的关键是计算圆筒壁的平均面积 S_m。化工上,用两种

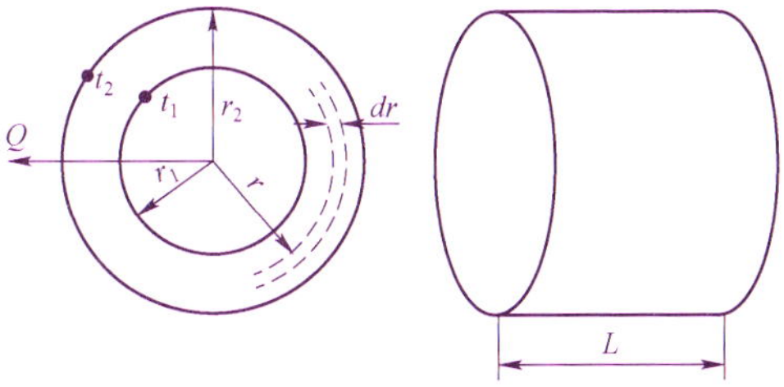

图 4-14　单层圆筒壁的热传导

方法计算 S_m：

(a) 当 r_2 与 r_1 的比值小于 2(即壁很薄)时,可采用算术平均值,即:

$$S_m=\frac{2\pi r_2L+2\pi r_1L}{2}=\pi L(r_2+r_1)$$

(b) 当 r_2 与 r_1 的比值大于或等于 2(即壁较厚)时,必须采用对数平均值,即:

$$S_m=\frac{A_{外}-A_{内}}{\ln\frac{A_{外}}{A_{内}}}=\frac{2\pi r_2L-2\pi r_1L}{\ln\frac{2\pi r_2L}{2\pi r_1L}}=\frac{2\pi L(r_2-r_1)}{\ln\frac{r_2}{r_1}}$$

4. 对流传热

(1) 对流传热过程分析

对流是三种基本传热方式之一,指由于流体的宏观运动而引起的热量传递,或者说由于流体质点的相对位移,而引起的热量传递。

对流 $\begin{cases}\text{自然对流:由于密度差引起的对流}\\\text{强制对流:外力作用下引起的对流}\end{cases}$

在工程上,对流传热是指流体与固体壁面间的传热过程,即由热流体将热传给壁面,或由壁面将热传给冷流体。这种对流传热多是在流体流动的过程中发生的热量传递过程,所以与流体的流动状况密切相关。

当流体作层流时,由于各层流体质点平行流动,在垂直于流体流动方向上的热量传递,主要以导热(也有较弱的自然对流)的方式进行。当流体在管道内作湍流流动时,热量传递不完全是以导热的方式进行的,但是无论湍流程度多大,紧邻壁面处总有一薄层流底层存在,层流底层内的热量传递也是导热的方式进行的。由于大多数流体的导热系数较小,致使层流底层中的导热热阻就很大,因此温差也较大。在湍流主体中,由于流体质点的剧烈混合,使湍流主体中的温度基本上相同。

对流传热的热阻主要集中在层流底层中,因此该层所需要的传热推动力(即温度差)就比较大。故减薄层流底层的厚度,是强化对流传热的重要途径。

(2) 对流传热速率方程式

由以上分析可知,对流传热是一个复杂的过程,其影响因素很多。因此,对流传热的纯理论计算是相当困难的。为了计算方便起见,目前采用了一种简化处理的方法,即将对流传热时流体的全部热阻集中在厚度为 δ_t 的有效膜内。这样,就可以用比较简单的有效膜内导热来近似表示流体与壁面间的复杂对流传热。因此,对流传热速率可表示为:

$$Q=\lambda A\frac{t_W-t}{\delta_t}\text{或}Q=\lambda A\frac{T-T_W}{\delta_t}$$

由于有效膜的厚度难以测定，所以通常以 α 代替上式中的 $Q=\lambda/\delta_t$，则

$Q=\alpha A(T-T_W)$ 是对流传热速率方程式，又称牛顿冷却定律。

牛顿冷却定律并非理论推导的结果，而是一种推论，即对流传热速率与对流传热面积大小、流体与壁面之间的平均温度差成正比。大量实践证明，这一推论是正确的。但该定律并未揭示对流传热过程的机理和本质，只是把影响对流传热的复杂因素都集中在对流传热系数 α 中了。因此，如何确定各种具体情况下的对流传热系数 α 的值，是对流传热计算的关键。

(3) 影响对流传热系数的主要因素

影响对流传热系数的因素很多。实验证明，主要的影响因素有：

1) 流体的状态：液体、气体、蒸气的对流传热系数 α 值不同；流体在传热过程中是否有相变，其对流传热系数 α 值也不同，有相变时的对流传热系数比无相变时大得多；

2) 流体的物理性质：影响较大的物理性质有比热 C_γ，导热系数 λ、密度 ρ 和黏度 μ；

3) 流体的流动状态：层流、过渡流或湍流；

4) 流体对流的状况：当设备中的流体因泵、风机或搅拌器等外力作用发生强制对流时，质点互相掺混，对流传热系数一般较大；自然对流的对流传热系数较小，且与流体由于自然对流的作用而产生的浮力 $\beta g\Delta t$ 的大小有关，其中 β 为体积膨胀系数，Δt 为壁面和流体间温差；

5) 传热表面的形状、位置及大小：如管、板、管束、管径、管长、管子排列方式、垂直放置或水平放置等。

5. *传热平均温度差*

根据冷、热两种流体沿传热壁面流动时温度是否发生变化，可将传热过程分为两种，即恒温传热和变温传热。

(1) 恒温传热时的平均温度差

在整个传热过程中，当传热面两侧的冷、热流体的温度均保持不变时，则两流体间的温度差亦保持不变，即

$$\Delta t_m=T-t$$

例如，换热器内间壁一侧为液体沸腾，另一侧为蒸气冷凝时，属于恒温传热。

(2) 变温传热时的平均温度差

在传热过程中，间壁一侧或两侧的流体沿着传热壁面，在不同位置时温度不同，但各点的温度皆不随时间而变化，即为稳定的变温传热过程。该过程又可分为下列两种情况：

1) 一侧流体恒温另一侧流体变温。如用蒸汽加热另一流体。蒸汽冷凝放出潜热，冷凝温度 T 不变，另一流体被加热，由 t_1 升温至 t_2。

2) 间壁两侧流体皆发生温度变化，这时参与换热的两种流体沿着传热两侧流动，其流动方式不同，平均温度差亦不同。即平均温度差与两种流体的流向有关。生产上换热器内流体流动方向大致可分为下列四种情况：

并流：换热的两种流体在传热面的两侧分别以相同的方向流动。

逆流：换热的两种流体在传热面的两侧分别以相对的方向流动。

错流：换热的两种流体在传热面的两侧彼此呈垂直方向流动。

折流：换热的两种流体在传热面的两侧，其中一侧流体只沿一个方向流动，而另一侧的

流体则先沿一个方向流动，然后折回以相反方向流动，如此反复地作折流，使两侧流体间有并流与逆流的交替存在。此种情况称为简单折流。

6. 传热系数

(1) 传热基本方程

在工业生产中，常采用间壁式换热器，当两种流体分别在管内和管外流动进行热交换时，热流体的温度由 T_1 降至 T_2；冷流体温度从 t_1 升至 t_2，由于热流体和冷流体有温度差 Δt_m，则热量通过间壁从热流体传给冷流体。单位时间内的传热量，即传热速率与传热面积 S 及两流体的温度差 Δt_m 成正比，即

$$Q = KS\Delta t_m$$

式中 K——比例系数，称为总传热系数，W/(m^2·K)或 W/(m^2·℃)；

Q——传热速率，J/s(或 W)；

S——传热面积，m^2；

Δt_m——两流体的平均温度差，K(或℃)。

$Q = KA\Delta t_m$ 称为传热速率方程式或传热基本方程式，它是换热器设计最重要的方程式。当所要求的传热速率 Q、温度差 Δt_m 及总传热系数 K 已知时，可用传热速率方程式计算所需要的传热面积 S。

(2) 强化传热途径

所谓换热器传热过程的强化就是力求使换热器在单位时间、单位面积传递的热量尽可能的增多。其意义在于：在设备投资及输送功耗一定的条件下，获得较大的传热量，从而增大设备容量，提高劳动生产率；在设备容量不变的情况下使其结构更加紧凑，减少占地面积，节约材料，降低成本；在某种特定技术过程中使某些特殊工艺要求得以实施等。

换热器传热的基本关系式揭示了换热器中传热速率 Q_T 与传热系数 K、平均温度差 ΔT_m 以及传热面积 S 之间的关系。据此可知，要使 Q_T 增大，无论是增加 K、ΔT_m，还是 S 都能收到一定的效果，工艺设计和生产实践中大多是从这方面进行传热过程的强化。

增大传热面积，是指从设备的结构入手，通过改进传热面的结构来提高单位体积的传热面积，而非靠增大换热器的尺寸。目前已研制出并成功使用了多种高效能传热面，它不仅使传热面得到充分的扩展，而且还使流体的流动和换热器的性能得到改善。现介绍几种主要的型式：

1) 翅化面　用翅片来扩大传热面积和促进流体的湍动，从而提高传热效率，是最早提出的方法之一。

2) 异形表面　用轧制、冲压、打扁或爆炸成型等方法将传热面制造成各种各样凹凸形、波纹形、扁平状等，使流道截面的形状和大小均发生变化。这不仅使传热表面有所增加，还使流体在流道中的流动状态不断改变，增加扰动，减少边界层厚度，从而强化传热。

3) 多孔物质结构　将细小的金属颗粒烧结或涂敷于传热表面或是填充于传热表面间，以实现扩大传热面积的目的。这种多孔表面，不仅增大传热面积，而且还改善了换热状况，对于沸腾传热过程的强化特别有效。

4) 采用小直径管 在管壳式换热器设计中，减小管子直径，可增加单位体积的传热面积。另一方面，减小管径后，使管内湍流换热的层流内层减薄，有利于传热的强化。

应予指出，上述方法可提高单位体积的传热面积，使传热过程得到强化。但同时由于流

道的变化,往往会使流动阻力有所增加,故设计时应综合比较,全面考虑。

四、蒸发

在化工生产和核燃料后处理工业中,经常遇到需要提高溶液中溶质浓度(浓缩)的问题。例如料液的准备,废液的浓缩贮存等,通常采用蒸发的方法来达到这一目的。所用设备称蒸发器。

蒸发器有自然循环蒸发器和强制循环蒸发器两种。溶液在蒸发器内的循环是由于溶液重度不同而致的叫自然循环蒸发器;溶液在蒸发器内的循环是由于依靠外界加入动力(如泵)所导致的强制运动,这样的蒸发器较强制循环蒸发器。

蒸发器的种类很多,包括:

(1) 自然循环蒸发器,内有:夹套式、蛇管式、标准式(中央循环管式)、悬筐式、外加热式、列文式;

(2) 强制循环蒸发器;

(3) 单程蒸发器(液膜蒸发器);

(4) 其他类型的蒸发器,如带回转刷子的、离心薄膜式的、浸没燃烧式的等。

1. 单效蒸发的蒸发量

单效蒸发是蒸发时二次蒸汽移除后不再利用,只是单台设备的蒸发。对于单效蒸发,在给定生产任务和确定了操作条件后,通常需要计算水分蒸发量、加热蒸汽消耗量和蒸发器的传热面积。

单效蒸发设计计算内容有:

(1) 确定水的蒸发量;

(2) 加热蒸汽消耗量;

(3) 蒸发器所需传热面积。

在给定生产任务和操作条件,如进料量、温度和浓度,完成液的浓度,加热蒸汽的压力和冷凝器操作压力的情况下,上述任务可通过物料衡算、热量衡算和传热速率方程求解。

对图 4-15 所示蒸发器进行溶质的物料衡算,可得

$$Fx_0=(F-W)x_1=Lx_1$$

由此可得水的蒸发量

$$W=F\left(1-\frac{x_0}{x_1}\right)$$

完成液的浓度

$$x_1=\frac{Fx_0}{F-W}$$

式中:F——原料液量,kg/h;

W——蒸发水量,kg/h;

L——完成液量,kg/h;

x_0——原料液中溶质的浓度,质量分数;

x_1——完成液中溶质的浓度,质量分数。

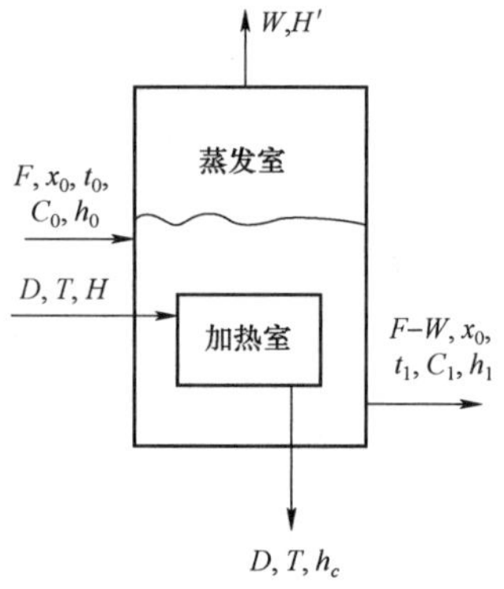

图 4-15　单效蒸发器

加热蒸汽用量可通过热量衡算求得,即对图 4-15 作热量衡算可得:

$$DH+Fh_0=WH'+Lh_1+Dh_c+Q_L \text{ 或}$$
$$Q=D(H-h_c)=WH'+Lh_1-Fh_0+Q_L$$

式中：H ——加热蒸汽的焓，kJ/kg；

H'——二次蒸汽的焓，kJ/kg；

h_0——原料液的焓，kJ/kg；

h_1——完成液的焓，kJ/kg；

h_c——加热室排出冷凝液的焓，kJ/h；

Q ——蒸发器的热负荷或传热速率，kJ/h；

Q_L——热损失，可取 Q 的某一百分数，kJ/kg；

c_0、c_1——为原料、完成液的比热，kJ/(kg·℃)。

考虑溶液浓缩热不大，并将 H'取 t_1 下饱和蒸汽的焓，则上式可写成：

$$D=\frac{FC_0(t_1-t_0)+Wr'+Q_L}{r}$$

式中：r、r'分别为加热蒸汽和二次蒸汽的汽化潜热，kJ/kg。

若原料由预热器加热至沸点后进料（沸点进料），即 $t_0=t_1$，并不计热损失，则上式可写为：

$$D=\frac{Wr'}{r}$$

或
$$\frac{D}{W}=\frac{r'}{r}$$

式中：D/W 称为单位蒸汽消耗量，它表示加热蒸汽的利用程度，也称蒸汽的经济性。由于蒸汽的汽化潜热随压力变化不大，故 $r=r'$。对单效蒸发而言，$D/W=1$，即蒸发一千克水需要约一千克加热蒸汽，实际操作中由于存在热损失等原因，$D/W\approx1$。可见单效蒸发的能耗很大，是很不经济的。

2. *多效蒸发*

通常，无论在常压、加压或真空下进行蒸发的，在单效蒸发器中每蒸发一千克的水需要消耗比一千克多一些的加热蒸汽。因此在大规模工业生产过程中，蒸发大量的水分必须消耗大量的加热蒸汽。为了减少加热蒸汽消耗量，可采用多效蒸发操作。

将加热蒸汽通入一效蒸发器，则液体受热而沸腾，所产生的二次蒸汽，气压力和温度比原加热蒸汽高（为了易于区别，在多效蒸发中常将第一效的加热蒸汽称为生蒸汽）。因此可引入前效的二次蒸汽作为后效的加热介质，即后效的加热室成为前效二次蒸汽的冷凝器，仅第一效需要消耗生蒸汽，这就是多效蒸发的操作原理，一般多效蒸发装置的末效或后几效总是在真空下操作。将多个蒸发器这样连接起来一同操作，即组成一个多效蒸发器。每一蒸发器称为一效，通入生蒸汽的蒸发器称为第一效，利用第一效的二次蒸汽以加热的，称为第二效，依此类推。由于各效（末效除外）的二次蒸汽都作为下一效蒸发器的加热蒸汽，故提高了生蒸汽的利用率，即单效蒸发或多效蒸发装置中所蒸发的水量相等，则前者需要的生蒸汽量远大于后者。若第一效为沸点进料，并忽略热损失、各种温度差损失以及不同压力下蒸发潜热的差别，则理论上在双效蒸发中，一千克的加热蒸汽在第一效中可以产生一千克的二次蒸汽，后者在第二效中又可蒸发一千克的水，因此一千克的加热蒸汽在双效中可以蒸发 2 千克的水,则 $D/W=0.5$ 同理,在三效蒸发器中,1 千克的加热蒸汽可蒸发 3 千克的水,则 $D/W=0.333$。但实际上由于热损失,温度差损失等原因,单位蒸汽消耗量并不能达到如此经济的数值。

多效蒸发操作的加料,可有四种不同的方法:并流法、逆流法、错流法和平流法。最常用的为并流加料法,如图 4-16 所示,溶液流向与蒸汽相同,即由第一效顺序流至末效。因为后一效蒸发室的压力较前一效的低,故各效之间可毋须用泵输送溶液,此为并流法的优点之一。其另一优点为前一效的溶液费电较后一效的高,因此当溶液自前一效进入后一效内,即成过热状态而自行蒸发,可以产生更多的二次蒸汽,能再次一效蒸发更多的溶液。

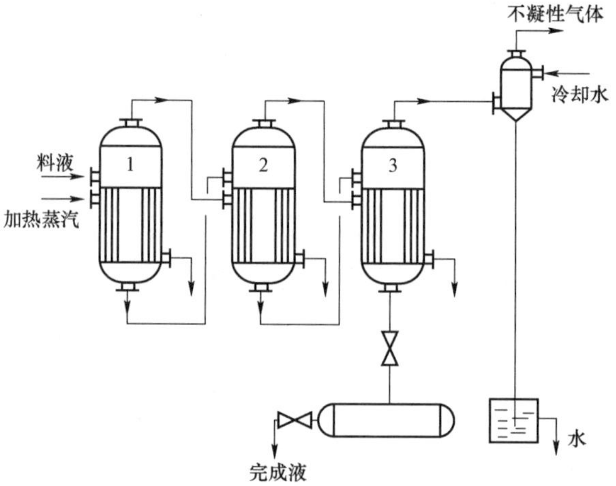

图 4-16 并流加料料流程

五、吸收

1. 概述

气体吸收是典型的化工单元操作过程。吸收按性质分为物理吸收、化学吸收;按温度是否变化分为等温吸收、非等温吸收。气体吸收的原理是,根据混合气体中各组分在某液体溶剂中的溶解度不同而将气体混合物进行分离。吸收操作所用的液体溶剂称为吸收剂,以 S 表示;混合气体中,能够显著溶解于吸收剂的组分称为吸收物质或溶质,以 A 表示;而几乎不被溶解的组分统称为惰性组分或载体,以 B 表示;吸收操作所得到的溶液称为吸收液或溶液,它是溶质 A 在溶剂 S 中的溶液;被吸收后排出的气体称为吸收尾气,其主要成分为惰性气体 B,但仍含有少量未被吸收的溶质 A。在核行业,吸收主要用于废气处理等过程。

吸收的工艺流程示意图如图 4-17 所示。

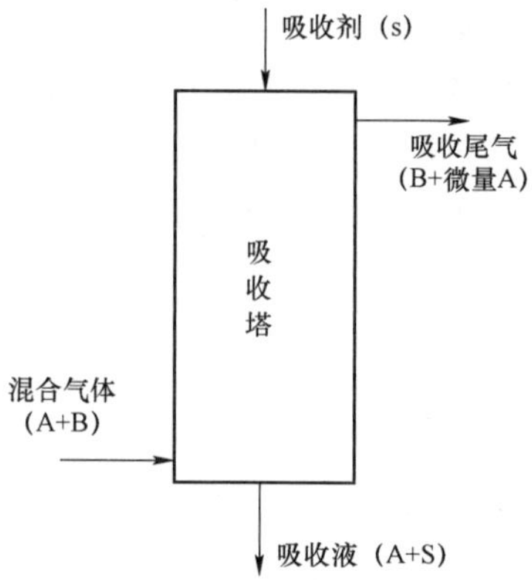

图 4-17 吸收的工艺流程示意图

2. 汽液相平衡

(1) 平衡溶解度

在一定温度下气液两相长期或充分接触后,两相趋于平衡。此时溶质组分在两相中的浓度服从某种确定的关系，即相平衡关系。

气相溶质分压称平衡分压（饱和分压）P_A；液相溶质浓度称平衡浓度（饱和浓度）c_A^*，又称溶解度或极限浓度。随着温度 T 的升高，氧气的溶解度下降，由此可见，加压、降温有利于吸收；升温、减压有利于解吸。

（2）亨利定律

1）当总压不高，在一定温度下，稀溶液上方溶质的平衡分压与其在液相中的浓度之间存在如下关系：

$$P_A^* = Ex_A \tag{1}$$

式中：P_A^*——溶质气体在溶液面上方的平衡分压；单位 kPa；

x——溶质在液相中的摩尔分率

E——亨利系数；单位 kPa

E 越大，说明在相同的液相摩尔分率下，气相的饱和分压越大，即气体的溶解度越小，所以有：易溶气体的 E<能溶气体的 E<难溶气体的 E。另外，因为气体的溶解度随温度的升高而降低，所以 E 随温度的升高而升高。

2）亨利定律还有另一种表达形式：

$$c_A^* = HP_A \quad 或者 \quad P_A^* = \frac{c_A}{H} \tag{2}$$

其中：H 为溶解度系数等于$[c_A^*]/[P_A]$，$kmol/m^3 \cdot kPa$。H 越大，说明在相同的气相分压下，液相的饱和浓度越大，即气体的溶解度越大，所以有：难溶气体的 H<能溶气体的 H<易溶气体的 H。另外，因为气体的溶解度随温度的升高而降低，所以 H 随温度的升高而降低。

P_A 和 c_A^*：气相溶质的分压和与之平衡的液相饱和浓度；

c_A 和 P_A^*：液相溶质的摩尔浓度和与之平衡的气相饱和分压。

因为(1)式中 $x_A = \frac{c_A}{c}$，将其代入(2)可以得到：

$$P_A^* = \frac{c_A}{H} = \frac{x_A c}{H} = \frac{c}{H} x_A$$

所以　$E = \frac{c}{H}$　式中 $c = c_A + c_{SL} = \frac{\rho_{溶液}}{M_{溶液}}$

对于稀溶液：M 可以取溶剂 S 的分子量，如对稀 NH_3 溶液，$\rho = 1\ 000\ kg/m^3$，$c \approx \frac{\rho}{18} = \frac{1\ 000}{18} = 55.5\ kmol/^3$

3）气液浓度均用摩尔分率表示

$$y_A^* = mx_A \quad 或者\ x_A^* = \frac{y_A}{m} \quad m—相平衡常数$$

由 $P_A^* = \frac{c_A}{H} = Ex_A$ 等式两边同时除以总压 P，可以得到：

$$\frac{P_A^*}{P} = \frac{E}{P} x_A \quad 即\ y_A^* = \frac{E}{P} x_A \quad 令\ m = \frac{E}{P}，则有\ y_A^* = mx_A$$

y_A^* 和 x_A:气相溶质的摩尔分率和与之平衡的液相饱和摩尔分率;

x_A^* 和 y_A:溶质的液相摩尔分率和与之平衡的气相饱和摩尔分率。

m 越大,说明在相同的液相摩尔分率下,气相的饱和摩尔分率越大,即气体的溶解度越小,所以有:易溶气体的 m<能溶气体的 m<难溶气体的 m。另外,因为气体的溶解度随温度的升高而降低,所以 m 随温度的升高而升高。

3. 相平衡与吸收过程的关系

(1) 吸收过程的方向

将气相的浓度与液相的浓度换算成同一种浓度的表示方法(利用相平衡关系换算),再比较一下大小。若气相浓度>液相的平衡浓度,则发生解吸;反之,则发生吸收。如比较 y_A 和 y_A^*、x_A 和 x_A^*、c_A 和 c_A^*、P_A 和 P_A^* 的大小。

(2) 指明过程的极限

当某一相的浓度=另一相的平衡浓度时,两相达到平衡,即为传质过程达到了极限。

在实际操作中,相平衡限制了溶剂离塔时的最高浓度和气体离塔时的最低浓度。

(3) 计算过程的推动力

只有不平衡的两相接触后才会发生传质,过程的推动力可用实际浓度与平衡浓度的偏离程度来表示(但不是两相的浓度直接相加减,而要先换算成同一种浓度而后计算),如吸收的推动力可用$(y_A-y_A^*)$、$(x_A^*-x_A)$、$(c_A^*-c_A)$、$(P_A-P_A^*)$来表示,而解吸的推动力则用其相反数来表示。

值得注意的是:浓度在相内或相间是连续变化的,所以不同的起始点,浓度差值也不同,所以推动力的大小要与传质的距离或范围(起始点)一一对应,是某相内的推动力,还是相内某一段的推动力,还是相间的总推动力,要标明范围。

4. 吸收机理简介

吸收过程的简化描述可用双膜理论(膜模型或停滞膜理论),这个理论是惠特曼(Whiteman)于 1923 年提出的,是最早的传质模型。它作了以下的简化:

(1) 两相相接触时,存在有稳定的相界面,界面两侧各有一很薄的停滞膜(有效膜),溶质 A 在两膜层内的传质只能以分子扩散的形式进行。

(2) 每相的传质阻力集中在这两侧假设的膜层内,推动力也集中在其中,湍流主体的阻力相对而言可忽略不计,流体的强烈湍动使各处的浓度趋于一致,也无推动力,这样,复杂的相际间的传质可简化为两停滞膜内的分子扩散。

(3) 气液界面的阻力可以忽略,所以界面上的两相浓度成平衡。

根据以上假设,等摩尔相互扩散时,液相分传质系数 $k_L=D/\delta_L$,气相分传质系数 $k_G=D/RT\delta_G$;单向扩散时,液相分传质系数 $k_L=(c/c_{Sm})(D/\delta_L)$,气相分传质系数 $k_G=(P/P_{Bm})(D/RT\delta_G)$。其计算很简便,但从式中可得出 $k\propto D$,与实际中 $k\propto D^{0.67}$不符。

此模型为传质模型奠定了初步的基础,与有固定相界面的系统及低速的两流体间的传质大致符合。用此理论确定的传质速率方程,仍是设计的主要依据,缺点是过于简单,与高效高速设备不符。

5. 吸收速率方程式

为了避免界面浓度的不确定性或求解的麻烦,用两相主体的浓度差来表示总推动力,写出的速率方程式叫总吸收(传质)速率方程,相应的传质系数叫总传质系数,用 K 表示。但由于气液组成的表示方法不一样,所以推动力不能直接相加减,要通过平衡关系将它们转化为同一种形式的浓度后再相加减,此时有:

总推动力＝任一相的主体浓度－另一相的平衡浓度

总阻力＝气膜阻力＋液膜阻力＝1/总传质系数

以单向扩散为例,当系统的平衡关系可用亨利定律表示时:

(1) 以气相分压差($P_G-P_L^*$)表示总推动力时

$$\begin{aligned} N_A &=(P_G-P_i)/(1+k_G)=(c_i-c_L)/(1/k_L)=(HP_i-HP_L^*)/(1/k_L) \\ &=(P_i-P_L^*)/(1/Hk_L)=(P_G-P_i+P_i-P_L^*)/[(1/k_G)+(1+Hk_L)] \\ &=(P_G-P_L^*)/[(1/k_G)=(1/Hk_L)]=(P_G-P_L^*)/(1/K_G) \end{aligned}$$

其中 K_G:以气相分压差为推动力时对应的总传质系数,单位为 kmol/(m^2·s·kPa);

$K_G=1/[(1/k_G)+(1/Hk_L)]=1/$(气膜阻力＋液膜阻力)

P_L^*:与液相浓度 c_L 相平衡的气相分压。

(2) 以液相摩尔浓度差($c_G^*-c_L$)表示总推动力时

$$\begin{aligned} N_A &=(P_G-P_i)/(1/k_G)=(c_G^*-c_i)/(H/k_G)=(c_i-c_L)/(1/k_L) \\ &=(c_G^*-c_i+c_i-c_L)/[(H/k_G)+(1+k_L)] \\ &=(c_G^*-c_L)/[(H/k_G)+(1/k_L)]=(c_G^*-c_L)/(1/K_L) \end{aligned}$$

6. 吸收塔的操作方程与操作线(图 4-18)

(1) 物料衡算

用填料塔吸收时,若为逆流的稳定操作,则任一截面上气、液浓度不随时间变化而变化,只沿塔高(即截面位置)变化而变化。设塔顶的参数由下标 a 表示,塔底的参数由下标 b 表示。在塔内进行吸收时,溶质不断地从气相传到液相,使气体流量不断下降,而液体流量不断增加,由于 G、L 不断变化,若以之为计算基准,会给计算带来很大麻烦。但若惰性气体在液相中溶解度很小,溶解量可忽略不计,可认为惰性气体流量 G_B 在全塔范围内是一常数;若溶剂 S 挥发量很小,挥发量也可忽略不计,可认为纯溶剂流量 L_S 在全塔范围内是一常数;所以可以惰性气体流量 G_B 和纯溶剂流量 L_S 为计算基准。

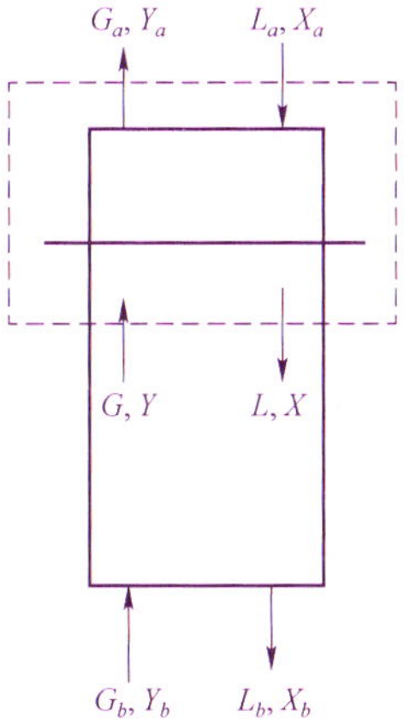

图 4-18　吸收塔示意图

则在全塔范围内作物料衡算,有:

单位塔截面积,单位时间内输入的溶质 A 的量＝$G_b y_b+L_a x_a=G_B Y_b+L_S X_a$;

单位塔截面积,单位时间内输出的溶质 A 的量＝$G_a y_a+L_b x_b=G_B Y_a+L_S X_b$;

塔稳定操作时,输入＝ 输出,则有:

$$G_B(Y_b-Y_a)=L_S(X_b-X_a) \text{或者} G_a y_a+L_b x_b=G_b y_b+L_a x_a$$

吸收任务中一般给出 G、y_b(G_B、Y_b),x_a(X_a)及有关 y_a(Y_a)的数据(或直接给出 y_a,或给出吸收率 ϕ,$\phi=1-Y_a/Y_b$,要求 x_a 及 L(L_S 和 X_a)的值。

(2) 操作线方程和操作线

在塔内任一截面与塔顶之间作物料衡算,可得:

$$G_B(Y-Y_a)=L_S(X-X_a)$$

即

$$Y=(L_S/G_B)X+[Y_a-(L_S/G_B)X_a]$$

或者

$$Y=(L_S/G_B)X+[Y_b-(L_S/G_B)X_b]$$

从上式可看出,在逆流稳定吸收操作中,任一截面上的气液组成 X、Y 之间成一一对应的直线关系,直线的斜率$=L_S/G_B$,截距$=Y_a-(L_S/G_B)X_a$。

如图 4-19 所示,为操作线示意图塔顶的组成为(X_a,Y_a),塔底的组成为(X_b,Y_b),所以此直线通过点 $A(X_a,Y_a)$和点$B(X_b,Y_b)$。所以分别以 X、Y 为横、纵坐标时,操作线为一条直线,其端点为 A、B 两点,线段中任一点表示的是塔内任一截面上气、液相的组成 X 和 Y。B 点的气、液组成都较高,称为"浓端";A 点的气、液组成都较低,称为"稀端"。

并流时,也可得到相应的一条直线操作线,其方程式为:

$$Y=(L_S/G_B)X+[Y_b+(L_S/G_B)X_a]$$

从操作线方程的推导可看出,操作线方程仅为物料衡算的结果,与系统平衡关系、系统参数(温度、压力等)、设备尺寸结构均无关。

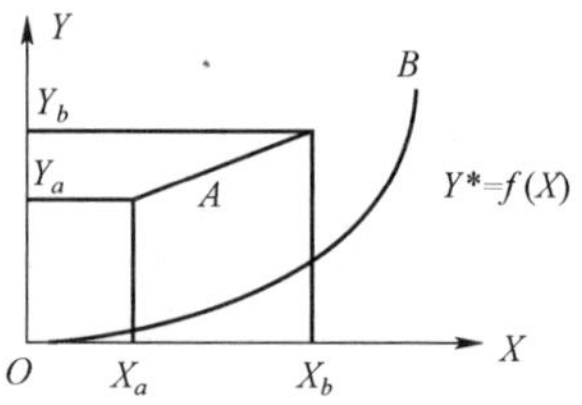

图 4-19　操作线

另外,在吸收时,塔内任一截面上,气相的浓度总是高于液相的平衡浓度的,所以操作线永远位于平衡线的上方,极限情况是操作线与平衡线交于一点后停止,而脱吸时正好相反,操作线位于平衡线的下方。

特别在低浓度吸收($y_b<0.1$)时,由于气、液两相中 A 所占的分率较小,可认为 G、L 在全塔范围内近似为常数,所以逆流时操作线方程可写成:

$$y=(L/G)x+[y_a+(L/G)x_a]$$

$$\text{并流时}\ y=(L/G)x+[y_b+(L/G)x_a]$$

由于很多情况下,吸收可近似为低浓度吸收,所以上面两式更常用一些。

7. 解吸

(1) 概念及操作

吸收的逆过程,又称解吸(见图 4-20)。

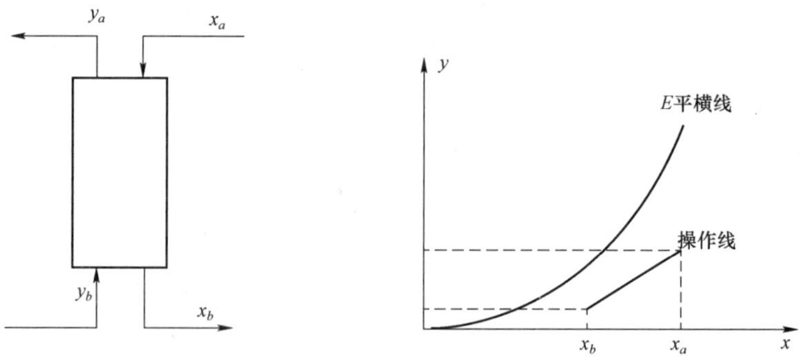

图 4-20　解吸

$y_a>y_b$,浓端在顶;$x_a>x_b$,稀端在底。

溶质由液相进入气相，使溶剂再生或回收溶质。

操作条件：与吸收相反，高温、低压(减)。

三种方式：

1) 气提：惰性气体($y=0$)，$y^*>y$，溶质由液相进入气相，用于溶剂回收。

2) 汽提：通入蒸汽(水蒸气)，若溶质不溶于水，可得溶质，同时回收溶剂——汽提或提馏。

3) 减压(闪蒸)。

六、溶液的蒸馏

蒸馏是分离液体混合物最常用、最早实现工业化的典型单元操作。它是通过加热液体混合物造成气、液两相体系，利用混合物各组分挥发度的差异而实现组分的分离与提纯的操作过程。蒸馏广泛应用于化工、石油、生物、医药、食品、环保等领域。

1. 蒸馏的分类

工业上，蒸馏操作可按如下方法分类：

(1) 按蒸馏操作方式可分为单级蒸馏(平衡蒸馏、简单蒸馏等)和多级蒸馏(精馏和特殊蒸馏)

对于含高沸点杂质的液体混合物，若它与水不互溶，可采用水蒸气蒸馏，从而降低操作温度。对于热敏性物料，则可采用高真空下操作的分子蒸馏。

若蒸馏过程中混合液组分间发生化学反应，称为反应精馏，这是化学精馏与分离操作相耦合的新型操作过程。

(2) 按操作压力可分为加压、常压和真空蒸馏

常压下为气体(空气、石油气等)或常压下泡点为室温的混合物，常采用加压蒸馏；常压下泡点为室温至 150 ℃的混合物，一般采用常压蒸馏；当常压下泡点较高或热敏性的混合物，宜采用真空蒸馏，以降低操作温度。从理论上讲，降低压力对蒸馏分离有利。

(3) 按混合物中组分数目可分为两组分蒸馏和多组分蒸馏

在工业生产中，绝大多数为多组分蒸馏，但两组分蒸馏(精馏)的原理和计算原则同样适用于多组分蒸馏，只是在处理多组分物系时更加复杂些。

(4) 按操作流程可分为连续蒸馏和间歇蒸馏。

连续蒸馏具有生产能力大、产品质量稳定、操作方便等优点，工业中以连续蒸馏为主。间歇蒸馏主要应用于小规模、多品种或有某些特殊要求的场合。连续蒸馏为稳态操作，间歇蒸馏为非稳态操作。

2. 挥发度和相对挥发度

蒸馏分离的基本依据是混合液中各组分挥发度的差异。通常，纯组分的挥发度是指在一定温度下的饱和蒸气压，而溶液中各组分的挥发度可以表示为

$$\nu_A=\frac{p_A}{x_A},\ \nu_B=\frac{p_B}{x_B}$$

式中　p_A、p_B——汽液平衡时，组分 A、B 在汽相中的分压；

x_A、x_B——汽液平衡时，组分 A、B 在液相中的摩尔分率；

ν_A、ν_B——溶液中，组分 A、B 在溶液中的挥发度。

对于理想溶液，则有

$$\nu_A = p_A{}^*$$

$$\nu_B = p_B{}^*$$

式中　p_A^o、p_B^o——在溶液中温度下组分 A、B 的饱和蒸气压 Pa。

溶液中组分的挥发度随温度而变，为方便起见，引出相对挥发度的概念。习惯上，用易挥发组分的挥发度与难挥发组分的挥发度之比来表示相对挥发度，以 α 表示，即

$$\alpha = \frac{\nu_A}{\nu_B} = \frac{p_A/x_A}{p_B/x_B}$$

若操作压强不高，气相遵循道尔顿分压定律，上式可改写为

$$\alpha = \frac{p_{总}\ y_A/x_A}{p_{总}\ y_B/x_B} = \frac{y_A x_B}{y_B x_A}$$

通常，将上式作为相对挥发度的定义式。对理想溶液，则有

$$\alpha = \frac{p_A^*}{p_B^*}$$

由于 p_A^o 与 p_B^o 随温度沿着相同方向变化，因而 α 随温度变化不大，计算时一般将 α 视作常数或取操作温度范围内的平均值。

将 $y_B = 1 - y_A$ 及 $x_B = 1 - x_A$ 代入下式，并略去下标。

整理得到：

$$y = \frac{\alpha x}{1 + (\alpha - 1)x}$$

称为相平衡方程。

根据 α 数值的大小可判断该混合物是否能用一般蒸馏方法分离及分离的难易程度。

若 $\alpha > 1$，表示组分 A 较 B 易挥发，α 偏离 1 的程度越大，越容易分离。

若 $\alpha = 1$，则 $y = x$，即气相组成与液相组成相同，不能用普通蒸馏方法加以分离，需要采用特殊精馏或其他分离方法(萃取，结晶或膜分离)。

第五章　化工设备与材料基础知识

学习目标：基本掌握放射性废物处理必备的设备、材料基本知识，熟悉放射性废物处理过程中所涉及的重要化工设备及材料。

第一节　化工管路

化工管路是管子、各种管件、阀门及管架的总称。在化工生产中，必须通过管路来输送和控制流体介质。除此之外，在某些情况下，管路本身也同化工设备一样完成一些化工过程（如吸收、冷却），即所谓"化工生产管道化"。所以，化工管道同一切化工机械设备一样是化工生产中不可缺少的组成部分。

一、管路的分类

管路的分类方法较多，化工生产过程中的管路通常以是否分出支管来分类。

1. 简单管路

简单管路可以分为单一管路和串联管路。所谓单一管路是指管径不变、无分支的管路，如图 5-1(a)所示。串联管路是指无分支但管径多变的管路，如图 5-1(b)所示。

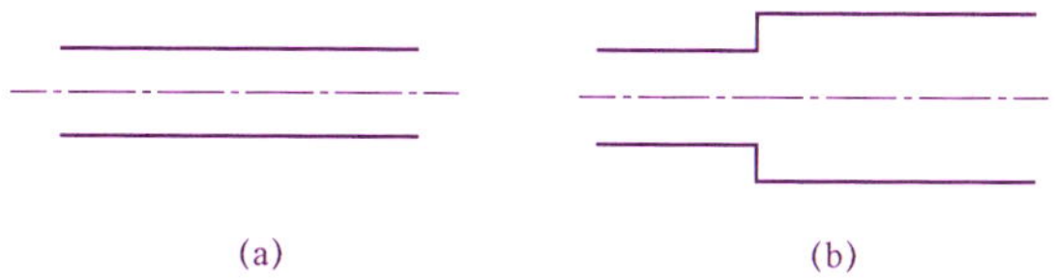

图 5-1　简单管路

(a) 单一管路（等径）；(b) 串联管路（变径）

2. 复杂管路

复杂管路又可分为分支管路和并联管路。所谓分支管路是指流体由主管分流到支管，且各分支管路出口不同的管路，如图 5-2(a)所示。并联管路与分支管路相反，分支管路最终又汇合到总管，如图 5-2(b)所示。

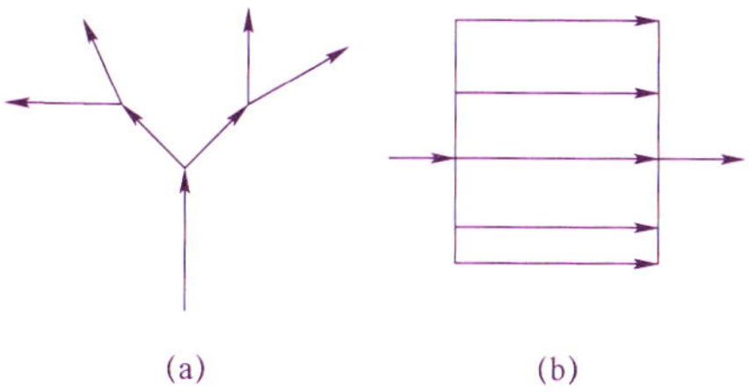

图 5-2　复杂管路

(a) 分支管路；(b)并联管路

对于重要管路系统，如全厂或大型车间的动力管线（包括蒸汽、煤气、上水及其他循环管道等），一般均应按并联管路铺设，以有利于提高能量的综合利用、减少因局部故障所造成的影响。

另外，化工管路也可以按照输送介质的压力来分类，如真空管路（管路内绝对压力小于 1 atm）、常压管路（工作压力小于 0.1 MPa）、低压管路（工作压力在 0.11～1.6 MPa）、中压管路(工作压力在 1.6～10 MPa)、高压管路(工作压力在 10～100 MPa)、超高压管路(工作压力大于 100 MPa)。还可以按输送介质性质的不同来分类,如输送水、蒸汽、空气、油类等介质的管路和输送碱、酸、盐等腐蚀性介质的管路。

二、管路的基本构成

管路是由管子、管件和阀门等按一定的排列方式构成,也包括一些附属于管路的管架、管卡、管撑等辅件。由于生产中输送的流体是各种各样的,输送条件与输送量也各不相同,因此,管路也必然是各不相同的。工程上为了避免混乱,方便制造与使用,实现了管路的标准化。

1. 管子

管子的规格一般用"ϕ 外径×壁厚"来表示,例如 $\phi 32\times 2.5$,则该管子的外径为 32 mm,管壁厚度为 2.5 mm,由此可得管子的内径为 $32-2.5\times 2=27$ mm。

管子是管路的主体,由于生产系统中的物料和所处工艺条件各不相同,所以用于连接设备和输送物料的管子除需满足强度和通过能力的要求外,还必须满足耐温、耐压、耐腐蚀以及导热等性能的要求。根据所输送物料的性质(如腐蚀性、易燃性、易爆性等)和操作条件(如温度、压力等)来选择合适的管材,是化工生产中经常遇到的问题之一。

管材通常按制造管子所使用的材料来进行分类。可分为金属管、非金属管和复合管,其中以金属管占绝大部分。复合管指的是金属与非金属两种材料组成的管子。

2. 管件

管件是用来连接管子以达到延长管路、改变管路方向或直径、分支、合流或封闭管路的附件的总称。最基本的管件如图 5-3 所示,其用途包括:

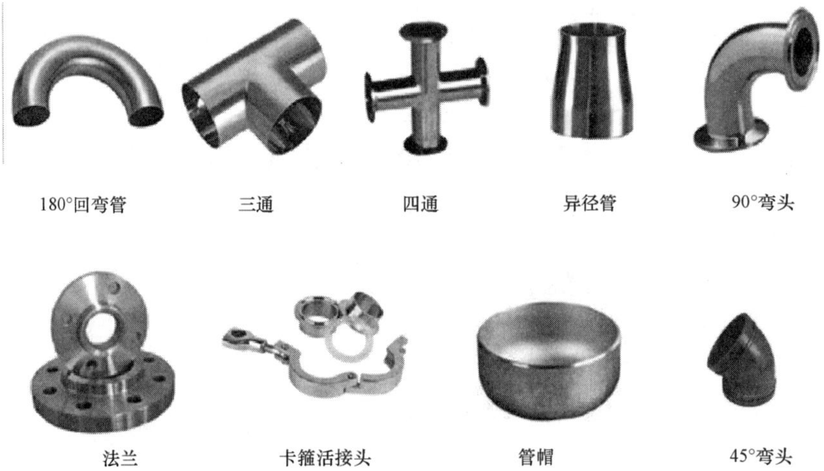

图 5-3　常用管件

(1) 用以改变流向:90°弯头、45°弯头、180°回弯头等;

(2) 用以堵截管路:管帽、丝堵(堵头)、盲板等;

(3) 用以连接支管:三通、四通,有时三通也用来改变流向,多余的一个通道接头用管帽或盲板封上,在需要时打开再连接一条分支管;

(4) 用以改变管径：异径管、内外螺纹接头(补芯)等；

(5) 用以延长管路：管箍(束节)、螺纹短节、活接头、法兰等。法兰多用于焊接连接管路，而活接头多用于螺纹连接管路。在闭合管路上必须设置活接头或法兰，尤其是在需要经常维修或更换的设备、阀门附近必须设置，因为它们可以就地拆开，就地连接。

3. 阀门

阀门是用来启闭和调节流量及控制安全的部件。通过阀门可以调节流量、系统压力、及流动方向，从而确保工艺条件的实现与安全生产。

(1) 阀门的基本参数

阀门的基本参数是：公称通径(DN)、公称压力(PN)、压力—温度等级、适用温度(℃)、适用介质等。

1) 阀门的公称通径

公称通径是指阀门与管道连接处通道的名义直径，用 DN 表示。在字母 DN 后紧跟一个数字标志，表示阀门规格，是阀门主要参数。公称通径的数值应符合国家标准《管道元件DN(公称尺寸)的定义和选用》(GB 1047—2005)的规定。

2) 阀门的公称压力

公称压力是指与阀门的机械强度有关的设计给定压力，它是阀门在基准温度下允许的最大工作压力。公称压力用 PN 表示，它表示阀门的承载能力，是阀门最主要的性能参数。公称压力用 MPa 来度量。公称压力应符合 GB 1048—90《管道元件公称压力》的规定。

3) 阀门的压力与温度等级

由于阀门制作所用材料不同，耐温强度也有差别，为了保证安全生产，管路中所有阀门不致在规定的工艺条件下发生变形或破裂，必须规定各种材质阀门的使用温度。当阀门工作温度超过公称压力基准温度时，其最大工作压力必须相应降低。阀门的工作温度和相应的最大工作压力变化情况简称温压表，是阀门设计和选用的基准。

4) 适用介质

在化工生产中，通过阀门的介质都具有一定的腐蚀性。为了保证生产安全和阀门的使用寿命，所选择的阀门必须对所接触介质有足够的化学稳定性。需要指出的是，在核工业生产中，大部分料液具有腐蚀性和辐照特性，因此，对于核工业生产而言，阀门的选择除了考虑化学稳定性之外，还应考虑辐照稳定性。

(2) 阀门型号

阀门型号通常应表示阀门类型、驱动方式、连接形式、结构特点、公称压力、密封面材料、阀体材料等七个要素。其顺序和含义见表 5-1。

表 5-1　各种阀门型号的含义

1	2	3	4	5	6	7
汉语拼音字母表示阀门类型	一位数字表示传动方式	一位数字表示连接形式	一位数字表示结构形式	汉语拼音字母表示密封面或衬里	数字表示公称压力 kg/m^2	汉语拼音字母表示阀体材料

续表

<table>
<tr><th>1</th><th>2</th><th>3</th><th>4</th><th>5</th><th>6</th><th>7</th></tr>
<tr><td rowspan="2">Z 闸阀
J 截止阀
L 节流阀
Q 球阀
D 碟阀
H 止回阀/底阀
G 隔膜阀
A 安全阀
T 调节阀
X 旋塞阀
Y 减压阀
S 疏水阀
DZ 电磁阀
P 排污阀
U 柱塞阀</td><td>O 电磁动
1 电磁一液动
2 电一液动
3 蜗轮/杆
4 正齿轮转动
5 伞/锥齿轮转动
6 气动
7 液动
8 气一液动
9 电动
其他手轮、手柄、板手无号表示</td><td>1. 内螺纹
2. 外螺纹
3. 法兰(用于双弹簧安全阀)
4. 法兰
5. 法兰(用于杠杆式、安全门、单弹簧安全门)
6. 焊接
7. 对夹
8. 卡箍
9. 卡套</td><td></td><td>T 铜合金
H 合金钢
B 锡基轴(巴承合金氏合金)
Y 硬质合金
X 橡胶
J 硬橡胶
SA 聚四氟乙烯
SB 聚三氟乙烯
SC 聚氟乙烯
SD 酚醛塑料
SN 尼龙</td><td></td><td rowspan="2">Z 灰铸件(一般不表示)
X 可锻铸铁
Q 球墨铸铁
T 铜合金
B 铅合金
I 铬钼合金钢
L 铝合金
P 18-8 系不锈钢
V 铬钼钒合金钢
R Mo2Ti 系不锈钢
Ti 钛及钛合金
C 碳钢(一般不表示)
G 硅铁
H Cr13 系不锈钢
K 可锻铸铁
S 塑料</td></tr>
<tr><td colspan="3">1. 安全阀、减压阀、疏水阀可省略本代号
2. 气动常开式 6K 液动常开式 7K 气动常闭式 6B 液动常闭式 7B 气动带手动 6S 防爆电动用 9B 户外耐热 9R
3. 代号 1、代号 2、及代号 8 是用在阀门启闭时,需有两种动力源同时对阀门进行操作</td><td colspan="2">F 氟塑料 P 皮革(渗硼钢)S 塑料 C 搪磁 D 渗氮钢 CJ 衬胶 CS 衬塑料 CQ 衬铅 W 密封圈由阀体加工 G 陶瓷 M 蒙乃尔合金 N 尼龙塑料 Y 硬质合金 H Cr13 系不锈</td></tr>
</table>

(3) 阀门分类及常用阀门

阀门的分类方法较多,一般按用途和作用分类。可以分为截断阀,如闸阀、截止阀、隔膜阀、球阀、旋塞阀、碟阀、柱塞阀、球塞阀、针型仪表阀等;调节阀类,如调节阀、节流阀、减压阀等;止回阀类,包括各种结构的止回阀;分流阀类,包括各种结构的分配阀和疏水阀等;安全阀类,包括各种类型的安全阀。化工生产中常用的阀门主要有以下几种。

1) 闸阀

闸阀按密封面配置可分为楔式闸板式闸阀和平行闸板式闸阀。楔式闸板式闸阀又可分为:单闸极式、双闸板式和弹性闸板式;平行闸板式闸阀可分为单闸板式和双闸板式。按阀杆的螺纹位置划分,可分为明杆闸阀和暗杆闸阀两种。

闸阀的主要部件为闸板,通过闸板的升降以启闭管路。这种阀门全开时流体阻力小,全闭时较严密,如图 5-4(a)所示。

闸阀多用于大直径管路上作启闭阀,在小直径管路中也有用作调节阀的。不宜用于含有固体颗粒或物料易于沉积的流体,以免引起密封面的磨损和影响闸板的闭合。

2) 截止阀

截止阀的主要部件为阀盘与阀座,流体自下而上通过阀座,其构造比较复杂,流体阻力较大,但密闭性与调节性能较好,如图 5-4(b)所示。截止阀主要用于蒸汽压缩空气和真空管路,也可以用于各种物料管路中,但不宜用于黏度大且含有易沉淀颗粒的介质。

截止阀的启闭件是塞形的阀瓣,密封面呈平面或锥面,阀瓣沿流体的中心线作直线运动。阀杆的运动形式，有升降杆式（阀杆升降，手轮不升降），也有升降旋转杆式（手轮与阀杆一起旋转升降，螺母设在阀体上）。截止阀只适用于全开和全关，不允许作调节和节流。

3）止回阀

止回阀是一种根据阀前、后的压力差自动启闭的阀门，其作用是使介质只作一定方向的流动，它分为升降式和旋启式两种。升降式止回阀密封性较好，但流动阻力大，旋启式止回阀用摇板来启闭。安装时应注意介质的流向与安装方向，如图 5-4(c)所示。止回阀一般适用于清洁介质。

4）球阀

球阀的阀芯呈球状，中间为一与管内径相近的连通孔，结构比闸阀和截止阀简单，启闭迅速，操作方便，体积小，重量轻，零部件少，流体阻力也小。如图 5-4(d)所示。

球阀适用于低温高压及粘度大的介质，但不宜用于调节流量。

5）旋塞阀

旋塞阀的主要部分为一可转动的圆锥形旋塞，中间有孔，当旋塞旋转至 90°时，流动通道即全部封闭。需要较大的转动力矩，如图 5-4(e)所示。旋塞阀的主要缺点是，温度变化大时容易卡死，不能用于高压。

6）安全阀

安全阀是为了管道设备的安全保险而设置的截断装置，它能根据工作压力而自动启闭，将管道设备的压力控制在某一数值以下，从而保证其安全。如图 5-4(f)所示。安全阀主要用在蒸汽锅炉及高压设备上。

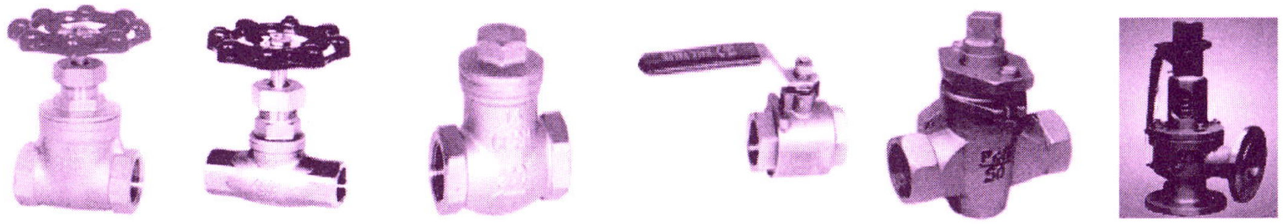

(a)　(b)　(c)　(d)　(e)　(f)

图 5-4　常用各种阀门

(a) 闸阀；(b) 截止阀；(c) 止回阀；(d) 球阀；(e) 旋塞阀；(f) 全启式安全阀

三、管路的联接

1. 卡套连接

常用于小直径(≤40 mm)管道、阀门及管件间的连接，具有连接简单、拆装方便等优点，常用于仪表、控制系统等管道的连接，如图 5-5 所示。

2. 螺纹连接

常用于小直径(≤50 mm)低压钢管或硬聚氯乙烯管道、管件、阀门间的连接。具有连接简单、拆装方便、成本较低等优点，但连接的可靠性较差，螺纹连接处易发生渗漏，因而不宜用作易燃、易爆和有毒介质输送管道之间的连接，如图 5-6 所示。

图 5-5 卡套连接

图 5-6 螺纹连接

3. 焊接

药品生产中最常用的一种管道连接方法,具有施工方便、连接可靠、成本较低的优点。凡是不需要拆装的地方,应尽可能采用焊接。所有的压力管道,如煤气、蒸汽、空气、真空等管道应尽量采用焊接,如图 5-7 所示。

4. 法兰连接

常用于大直径、密封性要求高的管道连接,也可用于玻璃管、塑料管、阀门、管件或设备之间的连接。法兰连接的优点是连接强度高,密封性能好,拆装比较方便。缺点是成本较高。如图 5-8 所示。

图 5-7 焊接

图 5-8 法兰连接

5. 承插连接

常用于埋地或沿墙敷设的给排水管,如铸铁管、陶瓷管、石棉水泥管等与管或管件、阀门之间的连接。连接处可用石棉水泥、水泥砂浆等封口,用于工作压力不高于 0.3 MPa、介质温度不高于 60 ℃的场合,如图 5-9 所示。

6. 卡箍连接

该法是将金属管插入非金属软管,并在插入口外,用金属箍箍紧,以防介质外漏。卡箍连接具有拆装灵活、经济耐用等优点,常用于临时装置或洁净物料管道的连接。如图 5-10 所示。

图 5-9 承插连接

图 5-10 卡箍连接

四、管路保温与涂色

1. 管路保温

化工管路输送的流体多种多样，温度有高有低。凡要求输送的流体温度保持稳定，应尽量减少热量或冷量损失。当外界温度降低时，流体容易结晶、凝结；外界温度升高时，液体容易蒸发的管路都应进行保温。同时，保温还能减少因凝结的液体积聚而造成的腐蚀；防止发生被管子烫伤的事故；降低室温；改善操作环境。

化工管路通常是在异于常温的条件下操作的，为了维持生产需要的高温或低温条件，节约能源，维护劳动条件，必须采取措施减少管路与环境的热量交换，这就叫管路的保温。

保温的实质是减少管内外的热量传递，因此对保温材料就应当选用导热系数小、空隙率大、体轻、受振动时不易损坏的材料。保冷材料除上面要求外，还应不易吸水、来源广泛和价格便宜。保温材料种类繁多，产地分布很广，常用的有：石棉、矿渣棉、玻璃棉、硅藻土、膨胀珍珠岩、蛭石、多孔混凝土、聚氯乙烯和聚苯乙烯泡沫塑料等。

管路的保温方法主要是，管路经吹洗和试压以后，首先应清除管外表面的污垢和锈蚀物等。然后涂上防腐漆，防腐漆干后开始进行保温施工。保温施工是指在管道外包上一层或多层保温材料。因采用的保温材料不一样，施工具体方法也各不相同。

2. 管路涂色

化工厂中的管路是很多的，为了方便操作者区别各种类型的管路，常常在管外（保护层外或保温层外）涂上不同的颜色，称为管路的涂色。有两种方法，其一是整个管路均涂上一种颜色（涂单色），其二是在底色上每间隔 2 m 涂上一个 50～100 mm 的色圈。常见化工管路的颜色可参阅手册。如给水管为绿色，饱和蒸汽为红色。需要指出的是，在核工业生产中，输送料液的管子一般采用不锈钢管。常见管路涂色见表 5-2。

表 5-2　常见管路涂色

介质	颜色	介质	颜色
一次用水	深绿色	冷冻盐水	银灰色
二次用水	浅绿色	压缩空气	深蓝色
清下水	淡蓝色	真空	黄色
酸性下水	黑色	物料	深灰色
蒸汽	白点红圈色	排气	黄色
冷凝水	白色	油管	橙黄色
软水	翠绿色	生活污水	黑色

第二节　静置设备

静置设备是安装后使用环境固定，不能移动，在完成生产工艺过程时主要零部件不进行机械运动的设备，包括塔、容器、储罐等多种品种和类型。静置设备有高温高压涉笔，介质有可燃、易爆、有毒、有腐蚀性，危险性较大，大多数属于特种设备监督管理范围的压力容器。

一、换热器

换热器是一种在不同温度的两种或两种以上流体间实现物料之间热量传递的节能设备,使热量由温度较高的流体传递给温度较低的流体,使流体温度达到流程规定的指标,以满足工艺条件的需要。同时也是提高能源利用率的主要设备之一。

二、填料塔

填料塔是以塔内的填料作为气液两相间接触构件的传质设备。填料塔的塔身是一直立圆筒,底部装有填料支承板,填料以乱堆或整砌的方式放置在支承板上。填料的上方安装填料压板,以防被上升气流吹动。液体从塔顶经液体分布器喷淋到填料上,并沿填料表面流下。气体从塔底送入,经气体分布装置(小直径塔一般不设气体分布装置)分布后,与液体呈逆流连续通过填料层的空隙,在填料表面上,气液两相密切接触进行传质。填料塔属于连续接触式气液传质设备,两相组成沿塔高连续变化,在正常操作状态下,气相为连续相,液相为分散相,如图 5-11 所示。

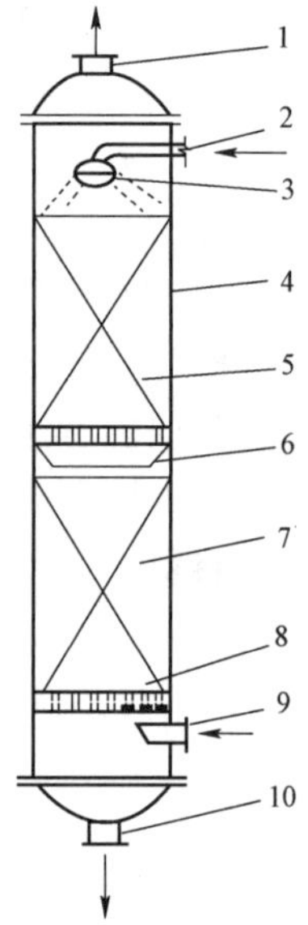

图 5-11　填料塔示意图

1—气体出口;2—液体入口;3—液体分布装置;4—塔壳;5—填料;6—液体再分布器;7—填料;8—支撑栅板;9—气体入口;10—液体出口

三、泡罩塔

用来使蒸汽(或气体)与液体密切接触以促进其相互间的传质作用。塔内装有多层水平塔板,板上有若干个供蒸汽(或气体)通过的短管,其上覆盖底缘有齿缝或小槽的泡罩,并装有溢流管。操作时,液体由塔的上部连续进入,经溢流管逐板下降,并在各板上积存液层,形成液封;蒸汽(或气体)则由塔底进入,经由泡罩底缘上的齿缝或小槽分散成为小气泡,与液体充分接触,并穿过液层而达液面,然后升入上一层塔板。短管装在塔内的,称内溢流式;也有装在塔外的,称外溢流式。泡罩塔广泛用于精馏和气体吸收,如图 5-12。

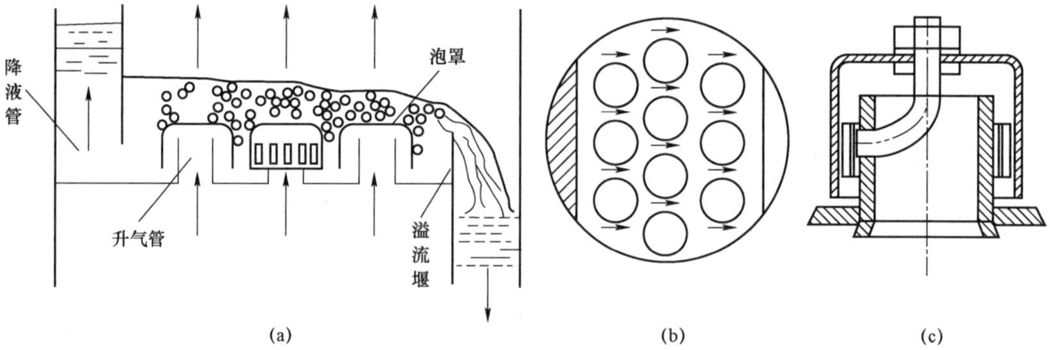

图 5-12　泡罩塔

(a) 操作状况;(b) 板面布置;(c) 圆形泡罩

四、蒸发器

主要由加热室和蒸发室两部分组成。加热室向液体提供蒸发所需要的热量，促使液体沸腾汽化；蒸发室使气液两相完全分离。加热室中产生的蒸汽带有大量液沫，到了较大空间的蒸发室后，这些液体借自身凝聚或除沫器等的作用得以与蒸汽分离。

按溶液在蒸发器中的运动状况分有：① 循环型沸腾溶液在加热室中多次通过加热表面，如中央循环管式、悬筐式、外热式、列文式和强制循环式等；② 单程型沸腾溶液在加热室中一次通过加热表面，不作循环流动，即排出浓缩液，如升膜式、降膜式、搅拌薄膜式和离心薄膜式等；③ 直接接触型加热介质与溶液直接接触传热，如浸没燃烧式蒸发器，如图 5-13 所示。

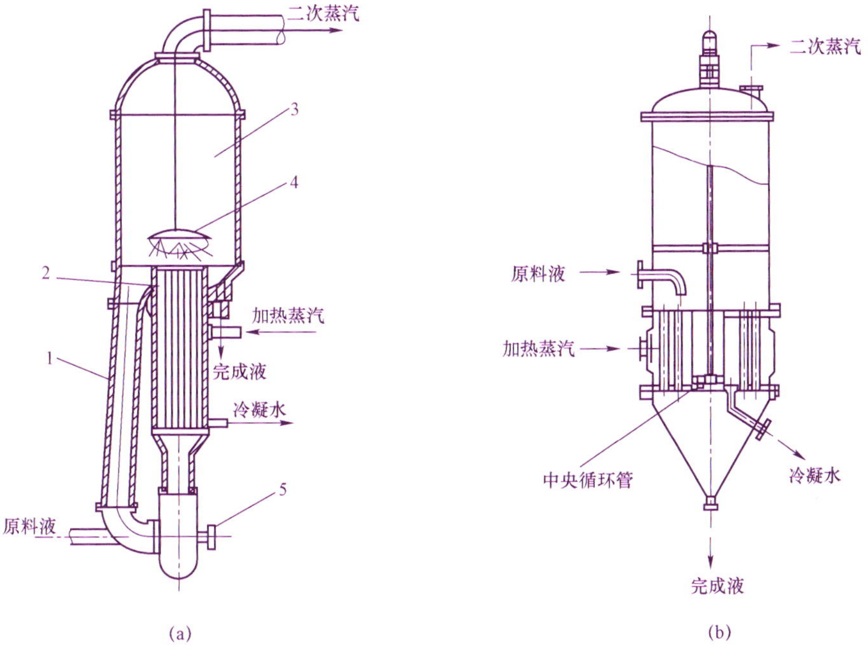

图 5-13　蒸发器

(a) 强制循环蒸发器；(b) 中央循环管式蒸发器

第三节　动设备

动设备是指有驱动机带动的转动设备，如泵、压缩机、风机、电机以及成型机、包装机、搅拌机等。

一、离心泵

离心泵是利用叶轮旋转而使水发生离心运动来工作的。水泵在启动前，必须使泵壳和吸水管内充满水，然后启动电机，使泵轴带动叶轮和水做高速旋转运动，水发生离心运动，被甩向叶轮外缘，经蜗形泵壳的流道流入水泵的压水管路。离心泵的基本构造是由六部分组成的分别是叶轮，泵体，泵轴，轴承，密封环，填料函，如图 5-14 所示。

二、气体输送机械

图 5-14　离心泵

气体输送机械在化工生产中具有广泛的应用。气体输送机械的结构和原理与液体输送机械大体相同，也有离心式、旋转式、往复式及流体作用式等类型。但气体具有可压缩性和比液体小得多的密度(约为液体密度的1/1 000左右)，从而使气体输送具有某些不同于液体输送的特点。通常，按终压或压缩比(出口压力与进口压力之比)可以将气体压送机械分为四类，见表5-3。

表 5-3　气体压送机械的分类

类　型	终压(表压)/kPa	压缩比	用途
通风机	<15	1～1.15	用于换气通风
鼓风机	15～300	1.15～4	用于送气
压缩机	>300	>4	造成高压
真空泵	当地大气压	由真空度决定	用于减压操作

1. 离心式通风机

(1) 离心通风机的工作原理与结构

离心通风机的工作原理和离心泵一样，在蜗壳中有一高速旋转的叶轮，籍叶轮旋转时所产生的离心力将气体压力增大而排出。离心通风机的结构与单级离心泵也大致相同。它的机壳也是蜗壳形，壳内逐渐扩大的气体通道及其出口的截面则有方形和圆形两种，一般中、低压通风机多是方形，高压的多为圆形。通风机叶轮上叶片数目较多且长度较短，叶片有平直的，有后弯的，也有前弯的。低压通风机所用的平叶片叶轮；中、高压通风机的叶片是弯曲的，因此，高压通风机的外形与结构更象单级离心泵。根据所生产的压头大小，可将离心式通风机分为：

低压离心通风机：出口风压低于 $0.980\,7\times10^3$ Pa(表压)；

中压离心通风机：出口风压为 $0.980\,7\times10^3\sim2.942\times10^3$ Pa(表压)；

高压离心通风机：出口风压为 $2.942\times10^3\sim14.7\times10^3$ Pa(表压)。

(2) 离心通风机的主要性能参数

离心通风机的主要性能参数有风量、风压、轴功率和效率，见表5-4。

表 5-4　离心通风机的主要性能参数

性能参数	单位	定　　义
风量 Q	m^3/h，m^3/s	气体通过进风口的体积流量
风压 H_T	N/m^2	单位体积的气体经过风机时所获得的能量 $H_T=(p_2-p_1)+\frac{\rho u_2^2}{2}=H_p+H_k$，其中$(p_2-p_1)$称为静风压 H_p；$\rho u_2^2/2$ 称为动风压 H_K，1表示风机入口，2表示出口

续表

性能参数	单位	定　义
轴功率 P	kW	$P=\frac{H_T Q}{1000\eta}$
全压效率 η	无单位	

(3) 离心通风机的选用

离心通风机的选用和离心泵的情况相类似，其选择步骤为：

(1) 计算输送系统所需的操作条件下的风压 H'_T 并将 H'_T 换算成实验条件下的风压 H_T。

离心通风机特性曲线，实验介质是压强为 1.0133×10^5 Pa，温度为 20 ℃的空气，该条件下空气的密度 $\rho=1.2$ kg/m³。由于风压与密度有关，故若实际操作条件与上述实验条件不同时，应按下式将操作条件下的风压 H'_T 换算为实验条件下的风压 H_T，然后以 H_T 的数值来选用风机。

$$H_T=H'_T\frac{\rho}{\rho'}=H'_T\frac{1.2}{\rho}$$

式中　ρ——操作条件下气体的密度，kg/m³；

H_T——操作条件下气体的风压，N/m²。

(2) 根据所输送气体的性质(如清洁空气，易燃、易爆或腐蚀性气体以及含尘气体等)与风压范围，确定风机类型。若输送的是清洁空气，或与空气性质相近的气体，可选用一般类型的离心通风机。

(3) 根据实际风量 Q(以风机进口状态计)与实验条件下的风压 H_T，从风机样本或产品目录中的特性曲线或性能表选择合适的机号，选择的原则与离心泵相同，不再详述。

(4) 计算轴功率。风机的轴功率与被输送气体的密度有关，风机性能表上所列出的轴功率均为实验条件下即空气的密度为 1.2 kg/m³时的数值，若所输送的气体密度与此不同，可按下式进行换算，即

$$P'=P\frac{\rho'}{1.2}$$

式中　P'——气体密度为 ρ'时的轴功率，kW；

P——气体密度为 1.2 kg/m³时的轴功率，kW。

2. 离心式压缩机

(1) 离心压缩机的工作原理、主要构造和型号

离心压缩机又称透平压缩机，其结构、工作原理与离心通风机、鼓风机相似，但由于单级压缩机不可能产生很高的风压，故离心压缩机都是多级的，叶轮的级数多，通常 10 级以上。叶轮转速高，一般在 5 000 r/min 以上。因此可以产生很高的出口压强。由于气体的体积变化较大，温度升高也较显著，故离心压缩机常分成几段，每段包括若干级，叶轮直径逐段缩小，叶轮宽度也逐级有所缩小。段与段间设有中间冷却器将气体冷却，避免气体终温过高。如图 5-15 所示。

离心压缩机的主要优点：体积小，重量轻，运转平稳，排气量大而均匀，占地面积小，操作可靠，调节性能好，备件需要量少，维修方便，压缩绝对无油，非常适宜处理那些不宜与油接

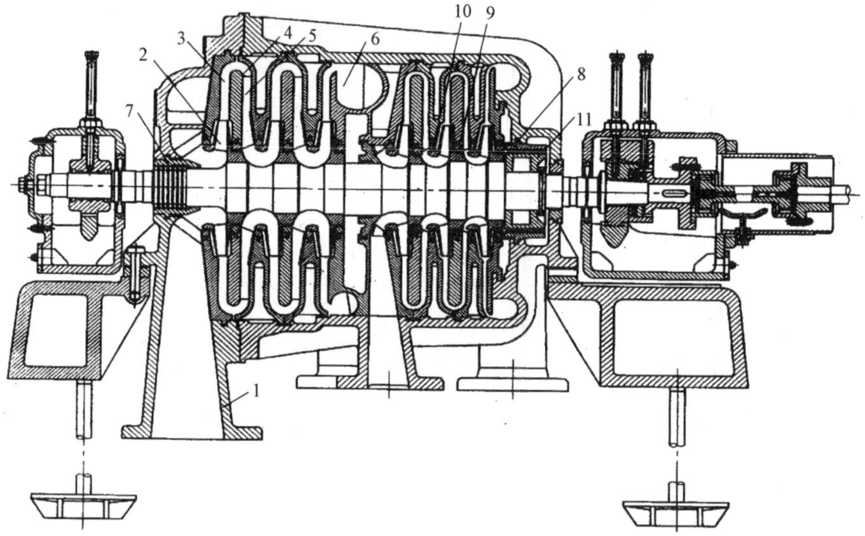

图 5-15　离心式压缩机典型结构图

1—吸入室;2—叶轮;3—扩压器;4—弯道;5—回流器;6—蜗室;7,8—轴端密封;
9—隔板密封;10—轮改密封;11—平衡盘

触的气体。主要缺点:当实际流量偏离设计点时效率下降,制造精度要求高,不易加工。

近年来在化工生产中,除了要求终压特别高的情况外,离心压缩机的应用已日趋广泛。

(2) 离心压缩机的性能曲线与调节

离心压缩机的性能曲线与离心泵的特性曲线相似,是由实验测得。图 5-16 所示为典型的离心压缩机性能曲线,它与离心泵的特性曲线很相像,但其最小流量 Q 不等于零,而等于某一定值。离心压缩机也有一个设计点,实际流量等于设计流量时,效率 η 最高;流量与设计流量偏离越大,则效率越低;一般流量越大,压缩比 ε 越小,即进气压强一定时流量越大出口压强越小。

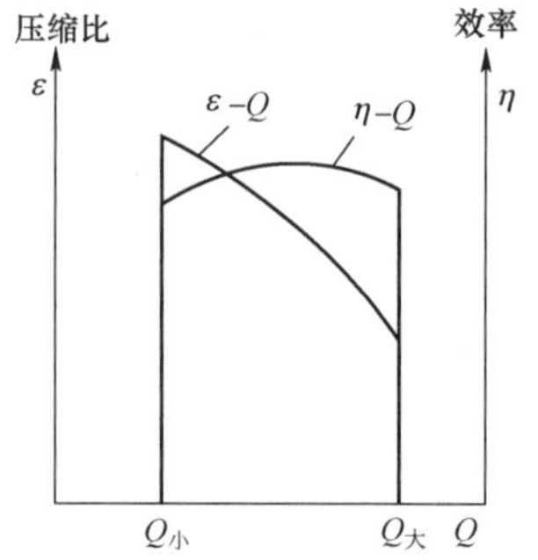

图 5-16　离心压缩机性能

当实际流量小于性能曲线所表明的最小流量时,离心压缩机就会出现一种不稳定工作状态,称为喘振。喘振现象开始时,由于压缩机的出口压强突然下降,不能送气,出口管内压强较高的气体就会倒流入压缩机。发生气体倒流后,使压缩机内的气量增大,至气量超过最小流量时,压缩机又按性能曲线所示的规律正常工作,重新把倒流进来的气体压送出去。压缩机恢复送气后,机内气量减少,至气量小于最小流量时,压强又突然下降,压缩机出口处压强较高的气体又重新倒流入压缩机内,重复出现上述的现象。这样,周而复始地进行气体的倒流与排出。在这个过程中,压缩机和排气管系统产生一种低频率高振幅的压强脉动,使叶轮的应力增加,噪声加重,整个机器强烈振动,无法工作。由于离心压缩机有可能发生喘振现象,它的流量操作范围受到相当严格的限制,不能小于稳定工作范围的最小流量。一般最小流量为设计流量的 70%～85%。压缩机的最小流量随叶轮的转速的减小而降低,也随气体进口压强的降低而降低。

离心压缩机的调节方法有:

(1) 调整出口阀的开度。方法很简便，但使压缩比增大，消耗较多的额外功率，不经济。

(2) 调整入口阀的开度。方法很简便，实质上是保持压缩比降低出口压强，消耗额外功率较上述方法少，使最小流量降低，稳定工作范围增大。这是常用的调节方法。

(3) 改变叶轮的转速。最经济的方法，有调速装置或用蒸汽机为动力时应用方便。

三、搅拌器

在化工生产中，除了需要输送液体的机械，还需要迫使液体在容器内部流动，以促使其中各组份相互分散混合的机械。这种机械称之为搅拌器，而用搅拌器把能量加给液体迫使其流动的操作称之为液体的搅拌。

液体搅拌的作用，大致有以下三个方面：

(1) 强化物质的传递，增加化学反应的速率。搅拌可以使液体物料互相掺合，充分接触，从而提高传质速率和反应速率。

(2) 强化传热过程，防止局部过热或过冷现象的产生。

(3) 有效制备混合物。搅拌可以使两种或多种的互溶液体组成混合液，也可以使不互溶的液体达到均匀混合，也可以使液体和固体颗粒制成悬浮液和乳浊液。

搅拌器的种类很多，主要包括机械搅拌器和气流搅拌器。

1. 机械搅拌器

机械搅拌器一般由一根在电机带动下的中心轴(搅拌轴)和安装在轴上的推动器(叶轮)组成。由于推动器的型式很多，因此搅拌器的类型也很多。

(1) 旋桨式搅拌器

其结构类似于飞机的螺旋桨。由 2～3 片推进式螺旋桨叶构成，工作转速较高，叶片外缘的圆周速度一般为 5～15 m/s。旋桨式搅拌器主要造成轴向液流，产生较大的循环量，适用于搅拌低黏度(<2 Pa·s)液体、乳浊液及固体微粒含量低于 10%的悬浮液。搅拌器的转轴也可水平或斜向插入槽内，此时液流的循环回路不对称，可增加湍动，防止液面凹陷。旋桨式搅拌器结构见图 5-17。

(2) 涡轮式搅拌器

由在水平圆盘上安装 2～4 片平直的或弯曲的叶片所构成。桨叶的外径、宽度与高度的比例，一般为 20∶5∶4，圆周速度一般为 3～8 m/s。涡轮在旋转时造成高度湍动的径向流动，适用于气体及不互溶液体的分散和液液相反应过程。被搅拌液体的粘度一般不超过 25 Pa·s。涡轮式搅拌器的分散作用比旋桨式要好，但由于容器内有两个回路，对易于分层的物料不大适用。涡轮式搅拌器如图 5-18 所示。

图 5-17 旋桨式搅拌器

图 5-18 涡轮式搅拌器

(3) 桨式搅拌器

有平桨式和斜桨式两种。平桨式搅拌器由两片平直桨叶构成。桨叶直径与高度之比为4～10,圆周速度为1.5～3 m/s,所产生的径向液流速度较小。斜桨式搅拌器的两叶相反折转45°或60°,因而产生轴向液流。桨式搅拌器结构简单,常用于低黏度液体的混合以及固体微粒的溶解和悬浮。桨式搅拌器见图5-19。

(4) 锚式搅拌器

桨叶外缘形状与搅拌槽内壁要一致,其间仅有很小间隙,可清除附在槽壁上的黏性反应产物或堆积于槽底的固体物,保持较好的传热效果。桨叶外缘的圆周速度为0.5～1.5 m/s,可用于搅拌粘度高达200 Pa·s的牛顿型流体和拟塑性流体(见粘性流体流动。搅拌高黏度液体时,液层中有较大的停滞区。锚式搅拌器见图5-20)。

图5-19　桨式搅拌器

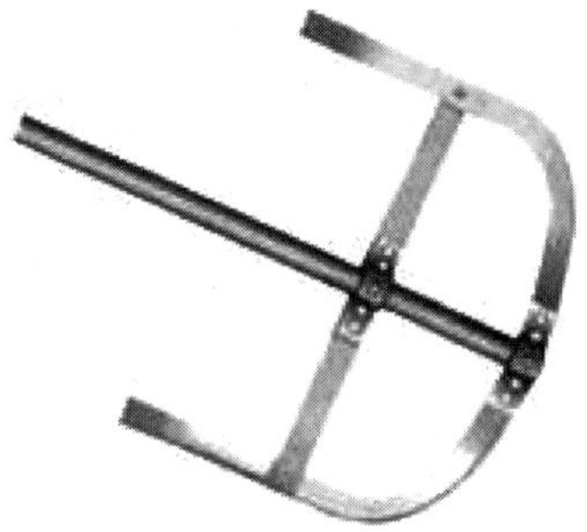

图5-20　锚式搅拌器

2. 气流搅拌

所谓气流搅拌是指向液体中通入气流以搅拌液体的方法。如图5-21所示。一般用高压空气,有时也采用二氧化碳、氮等惰性气体。当被搅的液体需加热,且允许加入水分时,也可通入水蒸气。气流搅拌装置简单,无运动部件,适宜于搅拌具腐蚀性的液体,也可用于临时性设施或搅拌要求高的场合。但是,要达到与机械搅拌同样的混合程度,气流搅拌的功率消耗高于机械搅拌。同时,气流还会带走液体中的挥发组分,或造成雾沫夹带,损耗物料。

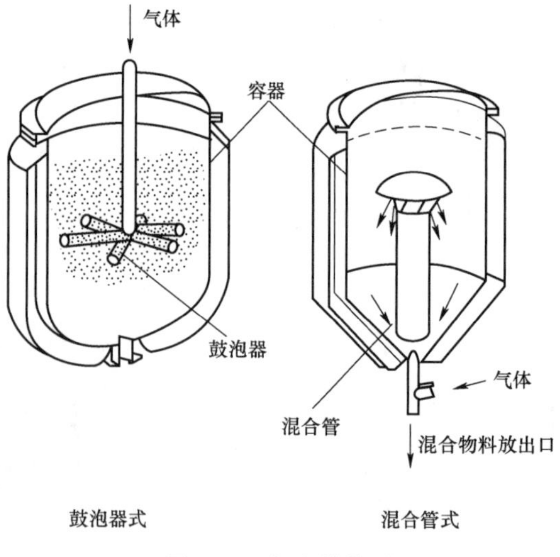

图5-21　气流搅拌器

第四节　化工材料

一、化工材料的分类

所谓化工材料是指建造化工装置所需工程材料。组成化工生产装置的化工机械、化工仪表、管道和构筑物都是在不同温度、压力和机械负荷下运转，所接触的物料又多具有强腐蚀作用。因此，化工材料除应具有一般工程材料的性能外，还应具备优良的耐腐蚀性能。若耐腐蚀性能不良，不但直接影响装置的寿命，有时还可能引起火灾、爆炸等事故，还会影响产品的产量和质量。另外，根据不同的用途和使用条件，有时还要求化工材料具有耐高温或耐低温、导热或隔热等特殊性能。由于化工生产的物料和工艺条件各不相同，因而化工材料的品种繁多，型号、规格复杂，既包括一般工程材料，也包括化工装置专用的具有特殊性能、特殊用途的材料。

化工材料分为金属材料和非金属材料两大类。化工用金属材料又可分为黑色金属材料和有色金属材料。黑色金属材料主要指铁和钢，多数化工机械设备是用铸铁和碳钢制成的。高合金铁、高合金钢(如高硅铁、高镍铁和各类不锈钢)以及镍、铜、铝、钛、锆及其合金，也广泛应用于化工生产中。非金属材料在化工中的使用日益广泛，主要有塑料、橡胶、玻璃、陶瓷、搪瓷、不透性石墨等。塑料发展迅速，耐蚀性优良，应用最广泛；不透性石墨既耐热、耐酸、还具有高热导率，用量也较多；陶瓷、玻璃等耐酸性良好，但性脆，又不能制成大体积设备，所以其本身用途有限，但可用来搪、衬金属表面，制成耐蚀的搪瓷设备，搪(或衬)玻璃的槽、罐等。

在金属与非金属之间，还有一种非晶质(态)合金，具有过冷液体的结构，耐蚀性很强，有些接近钽和贵金属，是一种发展中的材料。

为了利用不同材料的优点，还发展了多种复合材料，其中有：① 金属与金属复合，如夹层金属板，利用高强度、低耐蚀的材料(如碳钢、铝合金)作底层，耐蚀性较高的材料(如纯铝、镍、钛、不锈钢等)作接触腐蚀介质的表层。② 非金属与非金属复合，如增强塑料。③ 非金属与金属复合，如合金陶瓷，既有一定强度，又能耐高温。

二、材料的性能

1. 力学性能

所谓力学性能是指材料承受机械荷载而不超过许可变形或不破坏的能力，诸如弹性、强度、硬度、塑性和韧性等。

(1) 强度

强度是指金属材料在静载荷作用下抵抗变形和断裂的能力。强度指标一般用单位面积所承受的载荷即力表示，符号为 σ，单位为 MPa。

按照外力作用的方式不同，强度可以分为抗拉强度、抗压强度、抗剪强度、抗扭强度和抗弯强度等五种。工程中常用的强度指标有屈服强度和抗拉强度。屈服强度是指金属材料在外力作用下，产生屈服现象时的应力，或开始出现塑性变形时的最低应力值，用 σ_s 表示。抗拉强度是指金属材料在拉力的作用下，被拉断前所能承受的最大应力值，用 σ_b 表示。

对于大多数机械零件，工作时不允许产生塑性变形，所以屈服强度是零件强度设计的依据;对于因断裂而失效的零件,用抗拉强度作为其强度设计的依据。

(2) 塑性

塑性是指材料在外力作用下产生塑性变形而不断裂的能力。

工程中常用的塑性指标有伸长率和断面收缩率。伸长率指试样拉断后的伸长量与原来长度之比的百分率,用符号 δ 表示。断面收缩率指试样拉断后,断面缩小的面积与原来截面积之比,用 ψ 表示。

伸长率和断面收缩率越大,其塑性越好;反之,塑性越差。良好的塑性是金属材料进行压力加工的必要条件,也是保证机械零件工作安全,不发生突然脆断的必要条件。

(3) 硬度

硬度是指材料表面抵抗比它更硬的物体压入的能力。它表示材料的坚硬程度,化工机械零件所用的材料,均要求有一定的硬度,以保证足够的强度、耐磨性和使用寿命。硬度的测试方法很多,生产中常用的硬度测试方法有布氏硬度测试法和洛氏硬度试验方法两种。

(4) 冲击韧性

材料抵抗冲击载荷的能力称为冲击韧性,用 a_k 表示,单位为 J/cm^2。

冲击韧性常用一次摆锤冲击弯曲试验测定,即把被测材料做成标准冲击试样,用摆锤一次冲断,测出冲断试样所消耗的冲击 A_K,然后用试样缺口处单位截面积 F 上所消耗的冲击功 a_k 表示冲击韧性。

a_k 值越大,则材料的韧性就越好。a_k 值低的材料叫做脆性材料,a_k 值高的材料叫韧性材料。很多零件,如齿轮、连杆等,工作时受到很大的冲击载荷,因此要用 a_k 值高的材料制造。铸铁的 a_k 值很低,灰口铸铁 a_k 值近于零,不能用来制造承受冲击载荷的零件。

(5) 疲劳与疲劳强度

许多机械零件都是在交变应力作用下工作的,其工作应力最大值,即使低于材料的屈服强度,若经过较长时间的工作而发生突然断裂的现象称为疲劳。之所以发生这种现象,是因为材料表面或内部有夹杂、划痕或尖角等缺陷。

材料在长期的交变荷载作用下,而不致断裂的最大应力称为疲劳强度或疲劳极限。

(6) 蠕变

材料长期在不变的温度和不变的应力作用下,发生缓慢的塑性变形的现象,称为蠕变。对于一般金属,蠕变现象只有在高温条件下才明显表现出来。但是,某些金属,如铅、锡及它们的合金,在常温条件下,也能表现出蠕变现象。产生蠕变所需的应力,甚至可以小于材料的弹性极限。蠕变现象的产生,是由三个方面的因素构成:温度、应力和时间。碳钢在 300～400 ℃时,在应力的作用下即能明显地出现蠕变现象。当温度在高于 400 ℃时,即使应力不大,也要出现较大速率的蠕变。合金钢的温度超过 400～450 ℃时,在一定的应力作用下,就会发生蠕变,温度越高,蠕变现象越明显。

(7) 脆性

材料在外力作用下(如拉伸、冲击等)仅产生很小的变形就发生断裂破坏的现象称之为脆性。铸铁、高碳钢等材料的脆性较大。

2. 物理性能

(1) 密度

某种物质单位体积的质量称之为该物质的密度,单位是 kg/m^3 或 g/cm^3。

密度是物质的重要特性之一。不同的材料具有不同的密度。在实际应用中，除了根据密度计算金属零件的质量外，很重要的一点是考虑金属的比强度（强度 σ 与密度 ρ 之比）来帮助选材，以及与无损检测相关的声学检测中的声阻抗（密度 ρ 与声速 C 的乘积）和射线检测中密度不同的物质对射线能量有不同的吸收能力等。

（2）熔点

金属或合金由固态转变成液态时的温度称之为熔点，每种金属物质都具有固定的熔点。熔点对金属材料的熔炼、热加工有直接影响，并与材料的高温性能有很大关系。

（3）热膨胀性

材料加热或冷却时，随着温度变化，材料的体积也发生变化（膨胀或收缩）的现象称为热膨胀，多用线膨胀系数衡量，亦即温度变化 1 ℃时，材料长度的增减量与其 0 ℃时的长度之比。热膨胀性与材料的比热有关，在实际应用中还要考虑比容（材料受温度等外界影响时，单位重量的材料其容积的增减，即容积与质量之比），特别是对于在高温环境下工作，或者在冷、热交替环境中工作的金属零件，必须考虑其膨胀性能的影响。

（4）磁性

金属能导磁的性能称之为磁性，即金属能被磁铁所吸引。根据金属材料在磁场中受到磁化的程度可以分为铁磁性材料，如铁、钴等；顺磁性材料，如锰、铬等；抗磁性材料，如铜、锌等。

（5）导热性

金属传导热量的性能称为导热性。一般说导电性好的材料，其导热性也好。若某些零件在使用中需要大量吸热或散热时，则要用导热性好的材料。如凝汽器中的冷却水管常用导热性好的铜合金制造，以提高冷却效果。

3. 化学性能

（1）耐腐蚀性

耐腐蚀性是指材料抵抗周围介质（大气、水蒸气、有害气体、酸、碱盐等）腐蚀作用的能力。材料的耐腐蚀性与许多因素有关，如材料的化学成分、加工性质、热处理条件、组织状态及介质和温度等。腐蚀包括化学腐蚀、电化学腐蚀、应力腐蚀等。

（2）抗氧化性

材料在室温或高温下抵抗氧化的能力。材料的氧化过程实际上是属于化学腐蚀的一种形式。它可直接用一定时间内，材料表面经腐蚀之后重量损失的大小，即用材料减重的速度表示。

（3）化学稳定性

化学稳定性指金属材料的耐腐蚀性和抗氧化性的总称。材料在高温下的化学稳定性叫作热稳定性。化工生产中所用的加热设备、机泵等均应具有良好的热稳定性。

4. 辐照性能

在核工业生产中，许多材料都要与放射性物料接触，从而产生辐照效应。所谓材料辐照性能是指材料抵抗射线损伤的能力。材料经过辐照后，容易使其内部结构产生变化，从而产生老化现象。因此，在实际生产过程中，所选择的材料应具有优良的抗辐照能力。

三、常用化工材料

1. 金属材料

金属材料来源丰富，并具有优良的使用性能和加工性能，是化工机械中应用最普遍的材料。金属材料大致可分为黑色金属和有色金属两大类。黑色金属通常指钢和铸铁；有色金属是指黑色以外的金属及其合金，如铜合金、铝及铝合金等。

(1) 钢

钢分为碳素钢(简称碳钢)和合金两大类。碳钢是指含碳量小于2.11%并含有少量硅、锰、硫、磷杂质的铁碳合金。工业用碳钢的含碳量一般为0.05%～1.35%。为了提高钢的力学性能、工艺性能或某些特殊性能(如耐腐蚀性、耐热性、耐磨性等)，冶炼中有目的地加入一些合金元素(如Mn、Si、Cr、Ni、Mo、W、V、Ti等)，这种钢称为合金钢。

1) 碳钢

常见的碳钢分类方法有有以下三种：

① 按钢的含碳量多少分类：低碳钢，含碳量<0.25%；中碳钢，含碳量为0.25%～0.60%；高碳钢，含碳量>0.60%。

② 按钢的质量(即含有害元素S、P的多少)分类：普通碳素钢，S、P含量分别≤0.055%和≤0.045%；优质碳素钢，S、P含量均≤0.040%；高级碳素钢，S、P含量分别≤0.030%和≤0.035%。

③ 按钢的用途分类：碳素结构钢，主要用于制造各种工程构件和机械零件；碳素工具钢，主要用于制造各种工具、量具和模具等。

碳素结构钢的牌号由屈服点“屈”字汉语拼音第一个字母Q、屈服点数值、质量等级符号(A、B、C、D)及脱氧方法符号(F、b、Z)等四部分按顺序组成。其中质量等级按A、B、C、D顺序依次增高，F代表沸腾钢，b代表半镇静钢，Z代表镇静钢等。如Q235-A・F表示屈服强度为235 MPa的A级沸腾碳素结构钢。

优质碳素结构钢的牌号用两位数字表示。这两位数字代表钢中的平均含碳量的万分之几。例如45钢，表示平均含碳量为0.45%的优质碳素结构钢。08钢，表示平均含碳量为0.08%的优质碳素结构钢。

碳素工具钢的牌号是用碳字汉语拼音字头T和数字表示。其数字表示钢的平均含碳量的千分之几。若为高级优质，则在数字后面加“A”。例如，T12钢，表示平均含碳量为1.2%的碳素工具钢。T8钢，表示平均含碳量为0.8%的碳素工具钢。T12A，表示平均含碳量为1.2%的高级优质碳素工具钢。

2) 合金钢

常见的合金钢分类方法有以下两种：

① 按用途分类：合金结构钢，用于制造各种性能要求更高的机械零件和工程构件；合金工具钢，用于制造各种性能要求更高的刃具、量具和模具；特殊性能钢，具有特殊物理和化学性能的钢，如不锈钢、耐热钢、耐磨钢等。

② 按合金元素总含量多少分类：低合金钢，合金元素总含量小于5%；中合金钢，合金元素总含量为5%～10%；高合金钢，合金元素总含量大于10%。

合金钢是按钢材的含碳量以及所含合金元素的种类和数量编号。

① 钢号首部是表示含碳量以及所含合金结构钢与碳素结构钢相同，以万分之一的碳作为单位，如首部数字为45，则表示平均含碳量为0.45%；合金工具钢以千分之一的碳作为单位，如首部数字为5，则表示平均含碳量为0.5%。

② 在表示含碳量的数字后面，用元素的化学符号表示出所含的合金元素。合金元素的含量以百分之几表示，当平均含量小于1.5%时，只标明元素符号，不标含量。如25Mn2V，表示平均含碳量为0.25%，含锰量约为2%，含钒量小于1.5%的合金结构钢。又如9SiCr，表示平均含碳量为0.9%，含硅、铬都少于1.5%的合金工具钢。

③ 对于含碳量超过1.0%的合金工具钢，则在牌号中不表示含碳量。如CrWMn钢，表示含碳量大于1.0%并含有铬、钨、锰三种合金元素的合金工具钢。但也有特例，高速钢的含碳量小于1.0%，牌号中也不表示含碳量。如W18Cr4V钢，其含碳量仅为0.7%～0.8%。

④ 特殊性能钢牌号表示方法基本上与合金工具钢相同。如2Cr13，表示平均含碳量为0.2%，含铬量约为13%的不锈钢。

⑤ 有些特殊用钢，则用专门的表示方法，如滚动轴承钢，其牌号以G表示，不标含碳量，铬的平均含量用千分之几表示。如GCr15，表示含铬量为1.5%的滚动轴承钢。

⑥ 对于高级优质钢，在钢号末尾加一个“A”字，如38CrMoAIA。

（2）铸铁

铸铁是含碳量大于2.11%的铁碳合金，它含有比碳钢更多的硅、锰、硫、磷等杂质。工业上常用的铸铁含碳量为2.5%～4.0%。根据铸铁中碳的存在形式不同，铸铁可分为白口铸铁和灰口铸铁两大类。

1）白口铸铁

白口铸铁中的碳几乎全部以Fe^{3+}形式存在，断口呈银白色，性能硬而脆，很难进行切削加工，工业上极少用来制造机械零件。主要用作炼钢原料或用于可锻铸铁的毛坯。

2）灰口铸铁

灰口铸铁中的碳大部分或全部以自由状态的石墨形式存在，断口呈暗灰色。根据灰口铸铁中石墨存在形式不同，它又可分为普通灰口铸铁、可锻铸铁和球墨铸铁等。

① 普通灰口铸铁。简称灰口铸铁，其石墨形态呈片状。由于片状石墨的存在，割裂了金属基体组织，减少了承载的有效面积，因此其综合力学性能较低，但其减振性、耐磨性、铸造性及切削加工性较好，主要用于制造承受压力的床身、箱体、机座、导轨等零件。灰口铸铁牌号的表示方法为“HT”加数字，其中“HT”是灰铁两字汉语拼音的第一个字母，数字表示最低抗拉强度。常用的灰口铸铁牌号为HT100、HT150、HT200、HT250、HT300等。

② 可锻铸铁。由白口铸铁经石墨化退火后而得到，其石墨形态呈团絮状。由于其石墨呈团絮状，对金属基体的割裂作用减小，故其抗拉强度、塑性、韧性都比灰口铸铁高，主要用于制造一些形状比较复杂而在工作中承受一定冲击载荷的薄壁小型零件，如管接头、农具等。可锻铸铁的牌号由“KTH”或“KTZ”加两组数字组成。其中“KT”是可铁两字汉语拼音第一个字母，后面的“H”表示黑心可锻铸铁，“Z”表示珠光体可锻铸铁。后面的两组数字分别表示材料的最低抗拉强度数值。

③ 球墨铸铁。球墨铸铁中石墨形态呈球状。由于球状石墨对金属基体的割裂作用更小，因此它具有较高的强度、塑性和韧性，所以应用较广，在某些情况下可替代中碳钢使用。

主要用于制造受力较复杂、负荷较大的机械零件,如曲轴、连杆、齿轮、凸轮轴等。球墨铸铁的牌号由“QT”加两组数字组成。其中“QT”是球铁两字汉语拼音的第一个字母,两组数字分别表示最低抗拉强度数值和最小伸长率数值。主要牌号有 QT500-7、QT800-2 等。

(3) 铸钢

铸钢也是一种重要的铸造合金,其应用仅次于铸铁。铸钢件的力学性能优于各类铸件,并具有优良的焊接性能,适于采用铸焊联合工艺制造重型铸件。生产上铸钢主要用于制造形状复杂、难于锻造而又需承受冲击载荷的零部件。如机车车架、火车车轮、水压机的缸和立柱、大型齿轮、轧钢机机架等。

常用的铸钢有碳素铸钢和合金铸钢两大类,其中碳素铸钢应用较广,约占铸钢件的 80%。

一般工程用铸钢的牌号由“ZG”加两组数字表示。其中“ZG”为铸钢二字汉语拼音第一个字母,后面两位数字分别表示材料的最小屈服强度值和最小抗拉强度值。如 ZG200-400、ZG270-500、ZG340-640 等。

(4) 铜合金及铝合金

铜、铝合金是工业上最常用的有色合金。因具有某些特殊的使用性能,使其成为现代工业技术中不可缺少的材料。

1) 铜合金

在纯铜中加入某些合金元素(如锌、锡、铝、铍、锰、硅、镍、磷等),就形成了铜合金。铜合金具有较好的导电性、导热性和耐腐蚀性,同时具有较高强度和耐磨性。

根据成分不同,铜合金分为黄铜和青铜等。

黄铜是以锌为主要合金元素的铜合金。按照化学成分,黄铜分为普通铜和特殊黄铜两种。

① 普通黄铜。普通黄铜是铜锌二元合金。由于塑性好,适于制造板材、棒材、线材、管材及深冲零件,如冷凝管、散热管及机械、电器零件等。铜的平均含量为 62%和 59%的黄铜也可进行铸造,称为铸造黄铜。

② 特殊黄铜。为了获得更高的强度、抗蚀性和良好的铸造性能,在铜锌合金中加入铝、硅、锰、铅、锡等元素,就形成了特殊黄铜。如铅黄铜、锡黄铜、铝黄铜、硅黄铜、锰黄铜等。铅黄铜的切削性能优良,耐磨性好,广泛用于制造钟表零件,经铸造制作轴瓦和衬套。锡黄铜的耐腐蚀性能好,广泛用于制造海船零件。铝黄铜中的铝能提高黄铜的强度和硬度,提高在大气中的抗蚀性,铝黄铜用于制造耐蚀零件。硅黄铜中的硅能提高铜的力学性能、耐磨性的耐蚀性,硅黄铜主要用于制造海船零件及化工机械零件。

青铜原指铜锡合金,但工业上都习惯称含铝、硅、铅、铍、锰等的铜合金也为青铜,所以青铜实际上包括锡青铜、铝青铜、锰青铜、铍青铜、硅青铜、铅青铜等。青铜也分为压力加工青铜和铸造青铜两类。

③ 锡青铜。以锡为主要合金元素的铜基合金称锡青铜。工业中使用的锡青铜,锡含量大多在 3%～14%之间。锡含量小于 5%的锡青铜适于冷加工使用;锡含量为 5%～7%的锡青铜适于热加工;锡含量大于 10%的锡青铜适于铸造。锡青铜在造船、化工、机械、仪表等工业中广泛应用,主要用以制造轴承、轴套等耐磨零件和弹簧等弹性元件以及抗蚀、抗磁零件等。

④ 铝青铜。以铝为主要合金元素的铜基合金称铝青铜。铝青铜的力学性能比黄铜和锡青铜高。实际应用的铝青铜的铝含量在5%～12%，含铝为5%～7%的铝青铜塑性最好，适于冷加工使用。铝含量大于7%～8%后，强度增加，但塑性急剧下降，因此多在铸态或经热加工后使用。铝青铜的耐磨性以及在大气、海水、海水碳酸和大多数有机酸中的耐蚀性，均比黄铜和锡青铜高。铝青铜可制造齿轮、轴套、蜗轮等高强度抗磨零件以及高耐蚀性弹性元件。

⑤ 铍青铜。以铍为基本元素的铜合金称铍青铜。铍青铜的含铍量为1.7%～2.5%。铍青铜的弹性极限、疲劳极限都很高，耐磨性和抗蚀性优异，具有良好的导电性和导热性，还具有无磁性、受冲击时不产生火花等优点。铍青铜主要用于制作精密仪器的重要弹簧、钟表齿轮、高速高压下工作的轴承、衬套以及电焊机电极、防爆工具、航海罗盘等重要机件。

2）铝合金

铝中加入合金元素就形成了铝合金。铝合金具有较高的强度和良好的加工性能。根据成分及加工特点，铝合金分为形变铝合金和铸造铝合金。

① 形变铝合金。包括防锈铝合金、硬铝合金、超硬铝合金等。因其塑性好，故常利用压力加工方法制造冲压件、锻件等，如铆钉、焊接油箱、管道、容器、发动机叶片、飞机大梁及起落架、内燃机活塞等。

② 铸造铝合金。用于制造铝合金铸件的材料，按主要合金元素的不同，铸造铝合金分为铝硅合金、铝铜合金、铝镁合金和铝锌合金。铝硅合金是应用最广的铸造铝合金，通常称为硅铝明。其铸造性能好，比重小，并有相当好的抗蚀性和耐热性，适于制造形状复杂的零件，如泵体、电动机壳体、发动机的气缸头、活塞以及汽车、飞机、仪器上的零件，也可制造日用品；铝铜合金的强度较高，耐热性较好，铸造性能较差，常用于铸造内燃机气缸头、活塞等零件，也可作为结构材料铸造承受中等载荷、形状较简便的零件；铝镁合金强度高、比重小，有良好的耐蚀性，但铸造性能不好，多用于制造承受冲击载荷、在腐蚀性介质中工作、外形简单的零件，如舰船配件、氨用泵体等；铝锌合金价格便宜、铸造性能优良、强度较高，但抗蚀性差、热裂倾向大，常用于制造汽车、拖拉机发动机零件及形状复杂的仪器元件，也可用于制造日用品。

2. 非金属材料

非金属材料是指除金属材料以外的所有固体材料。包括无机非金属材料（如玻璃、陶瓷、石墨等）和有机非金属材料（如塑料、橡胶等）。在化工生产中常用的是高分子材料、陶瓷材料和复合材料。这类材料的特点是密度小，抗蚀性优良，电绝缘性良好，来源广泛。

（1）高分子材料

高分子材料是以高分子化合物（分子量一般在5 000以上）为主要成分的材料。常用的有塑料、橡胶纤维、油漆、胶粘剂等。

1）塑料

塑料是以合成树脂为主要成分，加入填充剂、增强剂、稳定剂、着色剂、润滑剂等制成的。与金属相比，塑料的优点是：质轻、比强度高，化学稳定性好，减摩、耐磨性好，电绝缘性优异，消声和吸震性好，成形加工性好，方法简单，生产率高。其缺点是：强度、刚度底，耐热性差，易燃烧和易老化，导热性差，热膨胀系数大。为了克服这些缺点，正在不断研发新型的、耐热的和高强度的塑料。

根据树脂在加热和冷却时所表现的性质,塑料可分为热塑性塑料和热固性塑料两种。

热塑性塑料加热时变软,冷却后变硬,再加热又可变软,可反复成形,基本性能不变,其制品使用的温度低于120 ℃。常用的有聚乙烯(PE),适用于薄膜、软管、瓶、食品包装、药品包装以及承受小载荷的齿轮、塑料管、板、绳等。

热固性塑料加热软化,冷却后坚硬,固化后再加热则不再软化或熔融,不能再成形。热固性塑料抗蠕变性强,不易变形,耐热性高,但树脂性能较脆,强度不高,成形工艺复杂,生产率低。常用的热固性塑料有酚醛塑料(PF),俗称"电木",适用于制造开关壳、插座壳、水润滑轴承、耐蚀衬里、绝缘件以及作复合材料等;环氧树脂塑料(EP),适用于制玻璃纤维增强塑料(环氧玻璃钢)、塑料模具、仪表、电器零件,涂覆,包封和修复机件。

塑料作为建材继土石、钢铁、木材之后正在日益兴起,又因其密度小,隔音绝热,防水,美观等一系列优点倍受人们喜爱,正在取代传统材料。可作为作建筑管材用于上、下水、供气、供热等;塑料门窗更因无需油漆而获得鲜艳的色彩、隔音、耐湿、保温节能效果都很理想;作为防水材料,其性能优于沥青油毡等;还可作为其他材料,如隔热保温用材,地板用材,壁纸,百叶窗,楼梯扶手,踢脚线等。

2) 橡胶

橡胶是以生胶为主要原料,加入适量的硫化剂、软化剂、填充剂、防老化剂和骨架材料等制成的。

橡胶的主要的特性是高弹性,耐蚀性,有较高的强度和优异的积储能量的能力,具有耐磨、隔音、绝缘等性能。缺点是易老化。

橡胶按来源分为天然橡胶和合成橡胶两种。

合成橡胶可分为通用橡胶和特种橡胶。如丁苯橡胶(SBR)、氯丁橡胶(CR)、丁腈橡胶(NBR)和聚氨酯橡胶(UR)、氟橡胶等。

在工业上,橡胶主要用作运输胶带、轮胎、制动件、管道、密封件、减震件、传动件、电线、电缆和绝缘材料等。

(2) 陶瓷

陶瓷是以天然硅酸盐或人工合成无机化合物为原料,用粉末冶金法生产的无机非金属材料。它同金属材料、高分子材料一起被称为三大固体材料。

陶瓷的硬度很高,抗压强度高,耐高温、耐磨损、抗氧化和耐蚀性都很好。但是陶瓷质脆韧性很差,受冲击载荷时易碎裂,急热急冷条件下性能也较差。

陶瓷按原料不同分为普通陶瓷和特种陶瓷;按用途不同分为日用陶瓷和工业陶瓷。工业陶瓷又分为工程结构陶瓷和功能陶瓷。

普通陶瓷又称传统陶瓷、硅酸盐陶瓷,其原料是黏土、长石、石英等天然硅酸盐矿物。包括日用陶瓷、建筑陶瓷、绝缘陶瓷、化工陶瓷、多孔陶瓷等。

特种陶瓷又称近代陶瓷,其原料是人工合成的金属氧化物、碳化物、氮化物、硼化物、硅化物等。特种陶瓷具一些独特的性能,可满足工程结构的特殊需要。

陶瓷材料在机械、化工、冶金、电子、建筑等行业和某些新技术领域中得到了广泛应用。

(3) 复合材料

复合材料是由两种或两种以上不同性质的材料,通过物理或化学的方法,在宏观上组成具有新性能的材料。各种材料在性能上互相取长补短,产生协同效应,使复合材料的综合性能优于原组成材料而满足各种不同的要求。

复合材料既保留了单一材料各自的优点，又有单一材料所没有的优良综合性能。其优点是强度高，抗疲劳性能好，耐高温、耐蚀性好，减摩、减震性好，并且制造工艺简单，可以节省原材料和降低成本。缺点是抗冲击性差、不同方向上的力学性能存在较大差异。

复合材料的基体主要有合成树脂、橡胶、陶瓷、石墨、碳等。增强材料主要有玻璃纤维、碳纤维、硼纤维、芳纶纤维、碳化硅纤维、石棉纤维、晶须、金属丝和硬质细粒等，起黏结剂作用，增强相起提高强度和韧性的作用。

复合材料按其结构特点又分为：① 纤维复合材料。将各种纤维增强体置于基体材料内复合而成。如纤维增强塑料、纤维增强金属等。② 夹层复合材料。由性质不同的表面材料和芯材组合而成。通常面材强度高、薄；芯材质轻、强度低，但具有一定刚度和厚度。分为实心夹层和蜂窝夹层两种。③ 细粒复合材料。将硬质细粒均匀分布于基体中，如弥散强化合金、金属陶瓷等。④ 混杂复合材料。由两种或两种以上增强相材料混杂于一种基体相材料中构成。与普通单增强相复合材料比，其冲击强度、疲劳强度和断裂韧性显著提高，并具有特殊的热膨胀性能。分为层内混杂、层间混杂、夹芯混杂、层内/层间混杂和超混杂复合材料。常用复合材料为纤维增强复合材料、层叠复合材料和颗粒复合材料三种。

(a) 纤维增强复合材料。如玻璃纤维增强复合材料（俗称玻璃钢），该材料是用热塑(固)性树脂与纤维复合的一种复合材料，其抗拉、抗压、抗弯强度和冲击韧性均有显著提高。主要用于减摩、耐磨零件及管道、泵体、船舶壳体等。

(b) 层叠复合材料。层叠复合材料是由两层或两层以上不同材料复合而成，其强度、刚度、耐磨、耐蚀、绝热、隔声、减轻自重等性能分别得到改善。主要用于飞机机翼、火车车厢、轴承、垫片等零件。

(c) 颗粒复合材料。颗粒复合材料是一种或多种材料的颗粒均匀分散在基体内所组成的。如金属粒和塑料的复合是将金属粉加入塑料中，改善导热、导电性能，降低线膨胀系数，如将铅粉加入塑料中，可作防 γ 射线辐射的罩屏，铅粉加入氟塑料中，可作轴承材料使用。

复合材料在机械制造工业中，已用来制造高强度零件、化工容器、汽车车身、耐腐蚀结构件，绝缘材料和轴承等。在建筑、航天、原子能等部门，复合材料的应用也日益广泛。

第六章　辐射防护及核安全基础知识

学习目标: 了解辐射产生的机理、类型及危害等相关知识,掌握辐射防护基本知识,保证废物处理过程中自我安全。

第一节　物质的结构及核能

一、元素、原子与原子核

所有的物质都是由一种或几种不同的元素组成。构成某一元素的最基本的单位叫做该元素的原子。原子是很小的粒子,它的直径只有 10^{-8} 厘米左右。原子的质量也很微小,一个氢原的子的质量只有 1.6735×10^{-24} 克,自然界中最重要的铀原子 ^{238}U 的质量也不过才是 3.951×10^{-22} 克。

原子不是物质构成的最小单位,它是由原子核和围绕原子核的电子组成的。原子核带正电,它所带正电荷的数量恰好等于所有绕核运动电子所带负电荷的数量,因此,原子呈电中性。

原子核由中子和质子组成。中子和质子统称为核子。中子和质子的质量大致相同,但是质子带一个正电荷,而中子不带电。通常用 $^{A}_{Z}X$ 表示原子的结构,其中 X 代表元素的符号;A 为原子质量数,等于在原子核中的质子和中子的总数;Z 为元素的原子序数,等于在原子核中的质子数(或正电荷的数目),亦即是绕行的电子数。在原子核里,中子的数目由 $A-Z$ 给出。

每种元素原子的原子核都有一定数目的质子,也就是说,同种元素原子核的质子数是相同的。具有相同原子序数(Z)和相同原子质量数(A)的同一数量原子为一种核素。某种元素有多少种同位素就有多少种核素。

核素有的稳定,有的不稳定。不稳定核素要通过发射 α、β 和 γ 射线而变成稳定核素。这种现象称为放射性。

二、核能

核能俗称原子能,是核反应或核跃迁时释放的能量。原子能的发现在人类历史上开辟了一个新时代-原子能时代。人们掌握了原子能,很快就在实际中加以应用,导致了原子弹、氢弹的发明以及各种类型的反应堆、核电站和核动力船舰的建造。原子能是继化学燃料(包括煤、石油、天然气等)和水力资源之后,已经成为第三种主要能源。

原子能与化学能等其它形式的能不同。例如煤、石油或天然气等燃烧时,放出了热能和光能。像这种从化学反应中放出来的能,称之为“化学能”。从原子结构的观点看来这种化学能是由于原子外层电子的位置发生了变化而产生的。而原子能则是原子核结构发生变化而放出的能量。所以原子能确切地应称为原子核能或核能,原子能工业确切地应称为核工业。但由于“原于能”一词运用已久目前还和“核能”一词同时并用。

获得原子能的两个重要途径:裂变和聚变。裂变有自发裂变和感生裂变两种。

自发裂变是处于基态或同质异能态的原子核在没有外加粒子或能量的情况下发生的裂变。自发裂变是原子核不稳定的一种表现,其裂变半衰期都很长,如铀-238 约为 10^{10} 年。

感生裂变是指重核受到其它粒子(中子、带电粒子、光子)轰击时裂变成两个或两个以上不同质量的较轻的核,同时还能放出中子。如铀-235、钚-239、铀-233 等,其原子核在中子作用下会发生裂变并释放出新的中子和巨大的能量。这些能发生裂变反应的物质就称为裂变物质。核裂变产生的较轻的新原子核及其衰变产物统称为裂变产物或裂片。

原子核裂变释放的能量。要比任何一种化学反应释放的能量大几百万倍。一公斤铀-235 全部裂变所产生的能量相当于 2 500～2 700 吨优质煤燃烧时放出的能量。一座发电容量为 60 万千瓦的核电站。每天仅需燃耗约 3 公斤的铀-235,而对于同样发电容量的一座火电站,一年中就要烧掉 200 多万吨标准煤。

聚变则是两个较轻的原子核(质量数大致小于 16)聚合成一个较重的原子核,同时放出巨大的核能。聚变反应需在几千万度的极高温度下才能进行,所以也叫热核反应。以同样重量相比较,轻核聚变时放出的能量比重核裂变能还要大好几倍。例如 1 克氚化锂(^6LiD)完全反应所产生的能量约为 5×10^7 千卡,相当于 1 克铀-235 裂变能 1.93×10^7 卡的近 3 倍。

地球上蕴藏的原子能资源是十分丰富的,据估计,地球上已勘探到的铀矿和钍矿按蕴藏的能量计算,约相当于地壳中有机燃料的二十倍。聚变能资源的藏量更加巨大,几乎是取之不尽,用之不竭的。1 吨海水中的氘的聚变能就相当于 350 吨煤燃烧所放出的能量。

第二节　放射性衰变和放射性活度

一、放射性衰变、半衰期

放射性衰变是指不稳定核素通过发射 α、β 和 γ 射线而变成稳定核素的现象。通过释放各种射线衰变的核素称为放射性核素。

α 射线实际就是带有两个正电荷和质量数等于 4 的氦原子核,通过物质时,它与物质的原子相互作用,使其电离。α 粒子穿透物质的能力很差,在空气、水和其他材料中的射程不大。

β 射线实际上是高速运动的电子流,它是原子核内一个中子变成一个质子时放出一个带负电的电子,这电子称为 β^- 粒子,以和一般电子相区别,而本质上是相同的;或由一个质子变成中子时放出一个带正电的电子(即正电子),这类衰变称为 β^+ 衰变。β^+ 粒子除带正电外,与 β 射线有类似的特性。

γ 射线是原子核内释放出来的高能光子流,是原子核从高能级跃迁至低能级或基级时放射出的电磁辐射,即电磁波。

放射性核素具有一定的半衰期($T_{1/2}$)。所谓半衰期是指一定数量的某种放射性核素的原子核数目衰减到它初始值的一半所需要的时间,常用 $T_{1/2}$ 来表示。半衰期是放射性核素的一个特征常数,它不随外界条件和元素的物理、化学状态的变化而改变。不同的放射性核素具有不同的半衰期而且差别很大。

二、放射性活度

放射性原子核数目的衰减规律,可以用下述公式表示 $N=N_0e^{-\lambda t}$。式中,N_0为初始的放射性原子核数;N 为经过时间 t,衰变后剩下的放射性原子核数;λ 是与该种放射性核素性质有关的常数,称为衰变常数。对于任何放射性核素,其衰变常数与半衰 $T_{1/2}$ 的关系为:$T_{1/2}=0.693/\lambda$。

衡量物质的发射性水平,可用放射性活度来表示。放射性活度是指单位时间内发生衰变的原子核的数目。其定义为 $A=\lambda N$,即

$$A=A_0e^{-\lambda t}$$

式中,A_0为初始活度。

第三节　射线与物质的相互作用

电离辐射是由致电离粒子组成的射线。致电离粒子可分为两大类:直接电离粒子和间接电离粒子。直接电离粒子是那些能直接引起物质电离的高速带电粒子,如 α 粒子、β 粒子和质子等;间接电离粒子是指那些通过与物质相互作用时产生的次级电子使物质电离的不带电粒子,如 X 光子、γ 光子、中子等。

一、带电粒子与物质的相互作用

1. 电离和激发

当运动的带电粒子(如 α 粒子、β 粒子)在物质中通过时,主要使物质电离或激发。带电粒子与核外轨道电子间通过相碰撞和静电作用,使核外轨道电子获得足够的能量而脱离原子核的束缚成为自由电子,这样就产生出一对自由电子和正离子所组成离子对。这就是带电粒子使物质电离。如果核外电子获得的能量比较小而不足以克服原子核的束缚,则它从低能级轨道跃迁至高能级轨道,这称为原子和分子由激发态跃迁至基态,这时将以可见光或标识 X 射线的形式辐射出多余的能量。

2. 散射和吸收

带电粒子通过物质时,由于与原子核库仑电场的相互作用而改变运动方向的现象称为散射。大部分被散射粒子的散射角比较小,但也有可能发生散射角大于 90°的散射;也有可能发生反向散射或反射(散射角为 180°),粒子折返回去。带电离子通过物质时,由于电离、激发和散射作用,使其损失能量和改变运动方向,最后大部分被阻止下来被物质吸收。带电粒子通过一片薄层的物质时,只有少数粒子穿过,穿过的粒子数与物质种类和薄层厚度有关;其余部分除了很少数向入射方向反射外,其他被物质吸收。

3. 辐射损失

高速运动的带电粒子受物质的原子核库仑场力突然减速时,带电粒子的一部分能量或全部能量转化为连续能量的电磁辐射,这种辐射称为轫致辐射。

二、光子与物质的相互作用

从原子核中放出的 γ 射线和 X 射线一样,同属电磁辐射,都是由光子流组成。在本质

上，它们与无线电波、红外线、可见光、紫外线等相同，都是电磁波。只是X射线和γ射线的波长短、能量高，能穿透可见光等不能穿透的物质例如钢、铜等金属。

α和β射线通过物质时分别产生大量的初级离子。在X和γ射线与物质相互作用时形成少量的初级离子。

X和γ射线与物质的相互作用有汤姆逊散射、光电效应、康普顿效应和电子对形成几种形式。

1. 汤姆逊散射

光子通过物质时，光子与原子相碰撞，光子能量不变而只是运动方向发生改变，这个过程称汤姆逊散射或经典散射。因为光子能量不变，所以散射光子频率与入射光子频率相同，故也称相干散射。

在光子与物质相互作用时，能量低的光子汤姆逊散射显著。

2. 光电效应

当射线快速通过物质时，光子与原子中的电子相互作用，将它全部能量传递给电子，使其脱离原子而成为自由电子，光子消失，这个过程叫做光电效应。光电效应中产生的自由电子称为光电子。

由于光子的飞出，原子中内壳层有空位产生，此空位很快被外壳层的电子跃入填充，多余的能量以辐射 *X* 射线形式辐射出，这种射线称为特征 *X* 射线。有时，特征 *X* 射线会击中外层轨道的电子使之脱离原子，此类电子称为俄歇电子。

在任何物质中，由原子外层电子壳层脱出的光电子有较高的动能。轻物质中生成的光电子比在重物质中生成的具有更高的能量。由内层脱出光电子的几率比外壳层脱出光电子的几率大得多。

3. 康普顿效应

若光子的能量高，光子能量远远超过电子在原子中的结合能(约10倍)时，就发生康普顿效应：光子与原子中一个被束缚得不紧的电子发生碰撞，将一部分能量传递给电子，使其脱离原子而成为自由电子。这种被释放出来的电子称为康普顿电子或反冲电子。在上述过程中，入射光子能量降低、运动方向发生了改变，称为散射光子。散射光子的能量低于入射的光子的能量，频率也不同，所以，康普顿散射是不相干散射。在不相干散射过程中，光子是与原子的结合能最低的外层电子相互作用。

4. 电子对生成

当光子的能量大于1.022兆电子伏时，入射光子射到原子核附近，入射光子可完全被吸收，其转化为一对正电子和负电子，这种现象称电子对生成。由于一个电子的静止质量等效于0.51兆电子伏，要产生一个电子对，光子的能量必须≥1.022兆电子伏。

当电子对效应产生时，超过1.022兆电子伏的光子能量一部分传递给电子和正电子作为动能，一部分传给原子核以满足动量守恒。在物质中电子对和正电子两者都通过原子的电离而损失能量。最后，在一个称为湮没的过程中，正电子和物质中的一个电子相互作用，两个粒子都转变成能量各为0.51兆电子伏的两个光子。光电效应和康普顿效应随光子能量的增大而减小，电子对的产生则随光子能量增加而增加。

当射线穿过物质时,由于上述的汤姆逊散射、光电效应、康普顿效应和电子对生成等各种作用,射线强度将随着通过物质厚度的增加而逐渐减弱,这就是射线强度的衰减。

第四节 剂量单位及其换算

“剂量”正是作为将物理测量和辐射生物效应联系起来的一个物理量而被引入的。现在为了定量地描述辐射对人体作用的生物效应,在辐射剂量与辐射防护领域中引入若干物理量。本节仅介绍最常用的几个宏观量。

一、照射量 *X*

照射量 X 是一个历史悠久、变化较大的辐射量,也是目前争议较多的一个量。其定义为 dQ 除以 dm 所得的商,即

$$X=dQ/dm$$

式中,dQ 的值是 X 或 γ 射线在质量为 dm 的空气中,释放出来的全部电子(正、负电子)完全被空气阻止时,在空气中产生的一种符号的离子的总电荷的绝对值。

定义中的 dQ 不包括光子在空气中释放出来的次级电子产生的韧致辐射被吸收后产生的电离。不过,这仅在光子能量很高时才有意义。

照射量 X 的单位是 C/kg。

过去照射的专用单位是伦琴,符号为 R。$1R=2.58\times10^{-4}$ C/kg。

照射量是一个用来表示 X 或 γ 射线在空气介质中产生电离能力大小的辐射量。照射量只用于量度 X 或 γ 射线在空气中介质中产生的照射效应,但是,在实际工作中,常说到除空气之外的其他介质中,某点处的照射量为多少,这时,这一辐射量数值应理解为在所考察的那点处放置了少量空气后测得的照射量值。

只有在满足电子平衡的条件下,才能严格按照定义精确测量。应此,鉴于现有技术条件和对精准度的要求,能被精确测量照射量的光子能量限于 10 keV～3 MeV 范围以内。在辐射防护中,能量的上限可扩大到 83 MeV。

二、比释动能 *K*

比释动能 K 相对应的随机量是转移能。转移能 E_{tr} 是不带电粒子在某一体积内转移给次级带电粒子的初始动能的总和,其中包括在该体积内发生的次级过程所产生的任何带电粒子的能量。转移能的数学期望值,即平均转移能 E_{tr} 是非随机量。

不带电粒子授予物质的能量的过程可以分为两个阶段。第一,不带电粒子与物质相互作用释放出次级带电粒子,不带电粒子的能量转移给次级带电粒子;第二,带电粒子将通过电离、激发,把从不带电粒子那里得来的能量授予物质。为了表示第一个过程的结果,引进了一个新的辐射量,即比释动能 K。

比释动能 K 定义为 dE_{tr} 除以 dm 所得的商,即

$$K=dE_{tr}/dm$$

式中,dE_{tr} 是不带电的粒子在质量为 dm 的物质中释放出的全部带电粒子的初始动能总和的平均值,它既包括这些带电粒子在韧致辐射过程中辐射出来的能量,也包括在该体积

内发生的次级过程所产生的任何带电粒子的能量。

比释动能 K 的单位是 J/kg，专用名称是戈瑞(Gray)，符号 Gy。1 Gy=1 J/kg。

三、吸收剂量 *D*

吸收剂量 D 在剂量学的实际应用中是一个非常重要的基本的剂量学量。吸收剂量 D 是单位质量受照物质中所吸收的平均辐射能量。其定义为 $\mathrm{d}\bar{\varepsilon}$ 除以 $\mathrm{d}m$ 所得的商，即

$$D=\mathrm{d}\bar{\varepsilon}/\mathrm{d}m$$

式中，$\mathrm{d}\bar{\varepsilon}$ 是电离辐射授予质量为 $\mathrm{d}m$ 物质的平均能量。

吸收剂量 D 的单位与比释动能相同，是戈瑞(Gray)，吸收剂量适用于任何类型的辐射和任何受照物质，并且是与无限小的体积相联系的辐射量，即受照物质中的每一点都有特定的吸收剂量数值。因此，在给出吸收剂量数值时，也必须同时指明辐射类型、介质种类和所在的位置。

四、器官剂量 D_T

为了辐射防护的目的，而且我们平时所研究或组织并不是一个无限小体积的介质，都具有一定的体积和质量，因此，定义一个器官或组织的平均吸收剂量。也就是说，在辐射防护中感兴趣的是某一器官或组织的吸收剂量的平均值，而不是某一点上的剂量。D_T 是很有用的量，D_T 的定义是

$$D_T=\varepsilon_T/m_T$$

式中，ε_T 是授予某一器官或组织的总能量；m_T 是该器官或组织的质量。

五、当量剂量 H_T

相同的吸收剂量未必产生同等程度的生物效应，因为生物效应受辐射类型与能量、剂量与剂量率大小、照射条件及个体差异等因素的影响。为了用同一尺度表示不同类型和能量的辐射照射对人体造成的生物效应的严重程度或发生几率的大小，辐射防护中采用了当量剂量这个辐射量。

辐射 R 在器官或组织 T 中的当量剂量定义为

$$H_{T,R}=W_R\cdot D_{T,R}$$

式中，W_R 辐射权重因子，是与辐射品质相对应的加权因子，无量纲；$D_{T,R}$ 是辐射 R 在器官或组织 T 内产生的平均吸收剂量。

当辐射场由具有不同 W_R 值的不同类型和(或)不同能量的辐射所构成时，H_T 为

$$H_T=\sum_R W_R\cdot D_{T,R}$$

由于 W_R 是无量纲的，因此，当量剂量与吸收剂量的单位都是 J/kg。为了同吸收剂量单位的专门名称相区别，给予当量剂量单位一个专门名称为希沃特(Sievert)，符号 Sv。

辐射权重因子 W_R 是根据辐射到身体上(或当放射源在体内时由放射源发射)的辐射种类与能量来选定的，具体数值见表 6-1。

表 6-1 辐射权重因子 W_R^a

辐射类型及能量范围	辐射权重因子 W_R
光子,所有能量	1
电子及 μ 子,所有能量[b]	1
中子,能量<10 keV 10～100 keV 100 keV～2 MeV 2～20 MeV >20 MeV	5 10 20 10 5
质子(不包括反冲质子),能量>2 MeV	5
α 粒子、裂变碎片、重核	20

注:a. 所有数值均与辐照到身体上的辐射有关,或就内照射而言,与该源发出的辐射有关。

b. 不包括由原子核向 DNA 发射的俄歇电子,此种情况下需考虑进行专门剂量测定。

六、有效剂量 E

随机性效应发生概率与当量剂量之间的关系还随受照射器官或组织的不同而变化;人体受到任何辐射,几乎总是不只涉及一个器官或组织,为了计算受到照射的有关器官和组织带来的危险,相对随机性效应而言,在辐射防护中引进了有效剂量的概念。其定义为

$$E = \sum_T W_T \cdot H_T$$

式中,H_T是器官或组织 T 的当量剂量;W_T是器官或组织 T 的组织权重因子。由于 W_T是无量纲,因此,有效剂量与当量剂量的单位、名称、符号都相同。

组织权重因子 W_T是器官或组织 T 受照所产生的危险度与全身均匀受照所产生的纵危险度的比值,也就是说,它反应了在全身均匀受照下各个器官或组织对总危害的相对贡献。换句话说,不同器官或组织对发生辐射随机性效应的不同敏感性。

第五节 辐射防护的目的与基本原则

辐射防护的目的在于防止有害的肯定效应(非随机效应)的发生,并限制随机效应的发生率,使之达到可以接受的水平。

为了防止肯定效应,就需制定足够低的剂量限值,以保证即使在终身或全部工作期间受到这样的照射也不会达到阈值剂量。限制随机性有害效应的办法是使一切具有正当理由的照射保持在可以合理做到的最低水平,并不得超过为防止肯定效应所制定的剂量限值。

当今世界上比较公认的辐射防护三原则是辐射实践的正当化、辐射防护的最优化和对个人剂量限制。

一、实践的正当化原则

正当化是指在进行任何放射性工作时,都应当进行代价和利益分析。人们认为,只要达到某项目标所获得的效益明显地大于所付出的全部代价,就是正当的。若某种实践不能带来超过代价的净利益,则不应采取此种实践。GB 18871—2002 标准中指出,不仅对引入新

的实践需要进行正当性判断，对业已存在的实践，当其效能与后果有了新的资料时，也应再审查其正当性，如果此时不再是利多于弊，则应考虑撤销该项实践。在核医学和影像医学照射的正当性中，除了作为一项实践是正当的外，还要考虑对每一次操作的正当性。

二、辐射防护的最优化原则

辐射防护最优化原则就是在考虑到经济和社会因素之后，使任何辐射照射保持在可以合理做到的尽可能低的水平。国际放射防护委员会曾对此概念作了简明的阐述："总照射量应低到为经济和社会因素所允许的合理程度"。这句话的重点词的词首英文字母是ALARA(As Low As Reasonably Achivable)，因此，最优化原则被称为ALARA原则。

衡量最优化比较简单而有效的方法是进行代价与利益分析，其目的是确定最优化的防护水平，即应当谋求辐射防护的最优化，而不是盲目追求无限地降低剂量，否则所增加的防护费用将是得不偿失，不能认为是合理的。

辐射防护的最优化旨在促进社会公众集体安全的卫生保健，而与个体防护无关。

在实际工作中，辐射防护最优化主要用于防护措施的选择、设备的设计和确定各种基准限值，最优化不是唯一的因素，但它是确定这些措施、设计和限值的重要因素，由于它能采用定量的方法，因而具有更大的说服力。

三、对个人剂量限制

在实施上述两项原则时，要同时保证个人所受剂量当量不应超过规定的相应限值，即指放射职业人员和广大居民个人所受的剂量当量，不得超过国家标准限值。个人剂量限值是个人在一年期间受到的外照射所产生的有效剂量与这一年内摄入的放射性元素所产生的待积有效剂量两者之间和的值。

对于任何工作人员的职业照射而言，必须控制其值，使其不超过下列限值：

(1) 连续5年平均有效剂量20 mSv；

(2) 任何单独一年内有效剂量50 mSv；

(3) 一年内眼晶体的当量剂量150 mSv；

(4) 一年内四肢(手和足)或皮肤的当量剂量500 mSv。

第六节　辐射防护的基本方法

一、外照射防护

简言之，放射源在人体外对人体形成的照射，叫做外照射。外照射主要是由γ或X射线、中子和β射线引起的。外照射的防护就是采用一定的方法减小工作人员的外照射剂量。根据：

(外照射)剂量＝剂量率×时间

一般而言，外照射的防护方法有：时间防护法，距离防护法，屏蔽防护法，源项控制法。

1. 时间防护法

时间防护法，就是尽量减少人员受照射的时间。一般来说，减少受照时间有以下几种方法：

(1) 在进入控制区前做好准备工作，包括：

1) 工作文件(规程、图纸、工作票等)的准备；

2) 工器具，设备和材料的准备；

3) 工作现场的准备(保证现场照明、通风和隔离等满足安全的要求)；

4) 防护措施和防护用品的准备等。

总之，做好一切可能做到的准备工作，进入工作现场后就可能立即开展工作，顺利地完成任务，避免在放射性区域内无谓的等待和滞留。

(2) 良好的工作组织

良好的工作组织能在尽可能少的时间内保质保量地完成任务。因此，工作负责人应：

1) 尽量以最少的人数来完成工作任务；

2) 作业前认真检查作业条件是否符合规程的要求；

3) 确保班组成员遵守辐射防护的有关规定；

4) 确保与各有关单位进行良好的协调与配合；

5) 合理安排现场工作人员和调配人力。

必要时，可采用"剂量分担"的工作方式，使每一个人(组)的工作时间少一些。但是不必要的或过于频繁的轮换工作，虽然减少了每个工作人员的受照时间，却因为工作人员进出控制区、进出工作现场和相互交接工作而造成总体受照时间的增加，反而导致该工作项目集体剂量增加。

(3) 个人的防护意识

工作人员应遵守辐射防护的有关规定，以减少人员受照射的时间，如：

1) 不在作业现场无故滞留；

2) 不在辐射"热点"附近逗留；

3) 不在辐射水平高的地方休息、待工。

(4) 高技能、技巧，熟练操作

对于剂量率很高且难度较大的操作，应事先组织培训。进行模拟练习，达到熟练自如的程度，减少操作时间。

2. *距离防护法*

距离防护，就是尽量增加人体与放射源之间的距离。

由于工作现场情况较复杂，辐射可能来自四面八方，放射源形状也各种各样，但从防护的观点出发，无论什么形状的放射源，通常离源远一点，剂量率就会小一点。在实际操作中，可以利用机械手或远离控制装置等尽量增加人与放射源之间的距离；或操作时应选择合适的工作位置，尽量远离"热点"等，以减小工作处的剂量率，从而减少受照剂量。

工作人员应注意工作条件和设备状态的改变，可能会引起"热点"位置的改变，从而及时改变自己的工作位置。

3. *屏蔽防护法*

所谓屏蔽防护法，就是在人与放射源之间设置屏蔽物以减少人员处的剂量率，从而减少人体受照剂量。

(1) 屏蔽材料的选择

屏蔽材料的选择，必须考虑辐射类型。

1) 对 α 射线的外照射防护一般不予考虑。

2) 密度越大的物质屏蔽 β 射线的效果越好。但是密度越大的物质在与 β 粒子作用时其附加产生的韧致辐射也越强。因此通常采用有机玻璃、塑料和铝板等轻物质来屏蔽 β 射线。

3) 屏蔽 γ 射线要用原子序数较大的物质，如铅、铁、水泥、铅玻璃等。

4) 中子与物质的作用较复杂，但对它的防护可归结为快中子的慢化和热中子的吸收。对快中子的慢化要用原子序数较小的物质，最好是含氢较多的物质，如水、石蜡、塑料、石墨等。而对热中子的吸收应选用中子吸收截面(几率)较大的物质，通常选择含有锂和硼的物质。

除此之外，屏蔽材料的选择还应考虑经济、占用空间、结构强度等因素。

(2) 屏蔽材料的半厚度

所需用屏蔽物的厚度，应根据不同情况，如辐射类型、辐射强度、防护水平等通过计算确定，在实际的防护中，有经验的工作人员可以凭半厚度的经验数据确定 γ 射线屏蔽材料的厚度。

所谓半厚度是指某种屏蔽材料将入射的 γ 射线强度减弱一半的厚度。半厚度与 γ 射线的能量有关，表 6-2 列出几种常见的屏蔽材料对 ^{60}Coγ 射线的半厚度。

表 6-2　几种材料对 ^{60}Coγ 射线的半厚度

屏蔽材料	铅	铁	混凝土	水
半厚度/mm	13	23	50	200

简而言之，γ 射线在经过 n 个半厚度的屏蔽层后，其强度将减弱到原来强度的 $1/2^n$。

根据不同的防护要求，射线屏蔽物可分为固定式和移动式两种，墙壁、楼板、防护门、迷宫和铅玻璃观察窗等属于固定式屏蔽物，各种包装容器(铅罐、水泥桶等)、铅砖、铅背心和铅玻璃防护眼镜等属于移动式屏蔽物。

4. 源项控制法

上述时间、距离、屏蔽等防护方法是外照射防护最基本的方法，这三种方法可单独使用，也可两种或三个综合使用。这三种方法主要与人在操作时的行为有关，因此，它们被叫做与人相关的防护方法。

此外，在某些特殊的工作条件下，还可以使用源项控制法。所谓源项控制法就是在工作前去控制放射源从而减少现场辐射水平的方法。比如：

(1) 涉及的是短衰期的放射源，如果条件允许，待辐射水平由于衰变而降低到一定水平后再进行工作。

(2) 对污染程度严重造成工作场所辐射水平较高的设施和设备(如水池、管道、容器等)，采用去污措施，以降低环境剂量率。

(3) 如果同样能达到工作目的，应选用小源而不用大源等。

可以说，在可能的情况下采取控制放射源的方法无疑是降低集体剂量最有效、最根本的防护方法,这种方法直接与放射源的大小有关,因此,它被叫做与源相关的防护方法。

二、内照射防护

内照射是指进入体内的放射性核素作为辐射源对人体的照射。放射性核素可以经由吸入、食入、皮肤或伤口进入人体。进入人体的放射性核素在体内转移,并不断地因排出体外和放射性衰变而减少。内照射的危害与摄入放射性核素的途径、种类、理化形态、摄入量以及该种元素在体内的代谢规律等因素有关。要特别注意防护那些半衰期长,排出体外的速率慢和毒性大的核素。与外照射不同的是,对内照射,那些弱贯穿辐射的能量可全部沉积在体内。内照射在时间上是持续性的,为此量度内照射剂量采用待积吸收剂量、待积当量剂量和待积有效剂量。体内引入放射性核素的核医学诊断摄入天然放射性核素或人类活动产生的放射性核素,以及职业性工作都会引致内照射。

内照射防护的基本原则和方法是制定严格的规章制度和采取行之有效的方法,通过"包容、隔离、净化、稀释"等方法,尽可能隔断放射性物质进入人体的途径,使放射性物质的摄入量减少到尽可能低的程度。

"包容"是指在操作放射性物质的过程中将其密闭起来,如采用通风柜、手套箱,以防止放射性物质的扩散和扩大污染。对操作人员采用防护工作服、防护口罩、防护手套、气衣等将操作人员围封起来,防止放射性物质进入人体。"隔离"就是分隔,如将开放型工作场所分区管理,防止放射性物质的污染扩大和转移。"稀释、净化"是指尽量降低空气和水中的放射性浓度,降低物体表面的放射性污染水平,根据空气被污染的性质,可采用吸附、过滤、除尘等空气净化方法降低空气中的放射性气体、气溶胶和粉尘的浓度。对于水的净化,可根据水的性质和涉及的放射性核素,可选用凝聚沉淀、离子交换、衰变贮存等方法进行处理。

第七节　辐射监测

为了评估和控制辐射或放射性物质的照射而进行的辐射测量或放射性测量及对测量结果的分析和解释,称之为辐射监测。为了评价伴有辐射的实践或产生辐射的设施对人的影响,必须估算人受到的有效剂量和当量剂量等量度辐射危害的量。而这些量往往不能直接测量,必须根据监测其他可直接或间接测定的量,按一定模式来估算。辐射监测的结果是估算工作人员和公众受照的剂量,确认工作场所和环境的安全,进行辐射安全评价和辐射防护最优化分析不可缺少的资料,也是采取辐射防护和安全管理措施的依据。这些资料还可以用来确认操作上存在的问题或设备缺陷,发现事故征兆,以便及时采取防范措施,防止重大事故的发生。按照辐射监测的性质和目的,辐射监测可分常规监测、与工作任务相关的监测和特殊监测;根据监测对象则可分为场所监测、环境监测、流出物监测以及个人监测。一切伴有辐射的实践和设施,都应视具体情况制定出常规和应急的两种监测计划。通常的常规监测计划应包括下列内容:

(1) 监测类型、目的和要求;

(2) 需要直接或间接测量的辐射量、待估算量及其估算模式;

(3) 相应的辐射管理标准和执行限值;

(4) 测量方案,包括测量方法、采用的测量仪表和设备;

(5) 测量频度；

(6) 对测量记录的要求，记录的保存和销毁；

(7) 对监测计划的审查和修改程序；

(8) 监测的质量保证措施。

一、工作环境监测

工作场所监测包括定期地重复或连续的监测，以表明连续运行的工作环境是满意的。通常它包含常规性的测量，但也包含固定点监测，以及时发现异常的或应急情况，如放射性气溶胶释放或临界事故等。当可能存在高辐射场，特别是如果有强烈的空间相依性或时间相依性时，应考虑采用能直接读数的电子声响警报剂量/剂量率计。运行监测的目的：

(1) 确认在指定区内辐射防护状况是否符合预评价和运行经验的预期值；

(2) 探测异常情况以便能够及时采取适当的修正行动；

(3) 提供用于评议防护最优化的数据。

任务相关的监测是指为特殊操作任务制定的监测纲要，其目的是提供运行的检查和在必要时能给出需要立即采取某种行动决定的基础资料。当进行非常运行时，必须考虑这样的监测，它应当密切地与操作的地点和时间联系起来。特殊的监测是指没有充分资料表明可以进行适当控制的工作环境情况下的监测。特殊监测是调查性的，其目的是为鉴明某些问题和将来制定程序提供详细信息。因此，任何特殊监测纲要应明确规定有限的期限和目的，一旦其目的已经达到，就应立即转变为常规或任务相关监测。特殊监测通常是在新设施投产阶段和设施或运行程序进行主要修改之后进行。特殊监测的目的之一是验证解释正常监测数据所用模式或在模式中所用假设的可靠程序的可用性。

二、个人剂量监测

个人剂量数据可以对运行和装置的控制做出贡献，这些数据可以由验证是否符合个人剂量限值目的的常规剂量计和生物样品提供。为了保证适当的运行控制，特别是防护最优化原则的应用，必须要有这方面的信息。为此应进行附加的测量，例如用直读式个人剂量计或专门发放的被动式个人剂量计(如 TLD)。对于常规运行，通常其辐射场不可能明显地随时间而变化，但为了及时发现可能的变化，定期进行专门的调查可能是必要的。对非常规运行，根据预评价和经验，采用附加个人剂量计是必要的。

监测个人剂量的主要目的是：

(1) 证实符合剂量限值和审管的要求；

(2) 发现非预期的事件，特别是这些事件可能产生相对高剂量时，以便能够提供相应纠正措施或医学响应。

个人监测是指用佩带在工作人员身上的器件进行测量或测量体内或排泄物中放射性物质量以及对测量结果的解释。原则上是测量个人有效剂量和器官或组织的当量剂量。

对于任何在控制区工作的人员，或有时进入控制区工作并可能受到显著职业照射的工作人员，或其职业照射剂量可能大于 5 mSv/a 的工作人员，均应进行个人剂量监测。在进行个人监测不现实或有困难的情况下。经审管部门认可后可根据工作场所监测的结果和受照地点和时间的资料对工作人员的职业照射作出评价。对在监督区或只偶尔进入控制区工作的人员,如果预计其职业照射剂量在 1～5 mSv/a 范围内,则应尽可能进行个人监测。应对这类人员的职业受照进行评价,这种评价应以个人监测或工作场所监测的结果为基础。

如有可能,对所有受到职业照射的人员均应进行个人监测。但对于受照剂量可能始终低于 1 mSv/a 的工作人员,则可不进行个人监测。

第八节　辐射安全与核安全

辐射安全与核安全是指在核技术的研究、开发和应用的各个阶段,在核设施设计、建造、运行和退役的各个阶段,为使核技术应用过程中或核设施运行和退役过程中产生的辐射对从业人员、公众和环境的不利影响降低到可接受的水平,从而取得公众的信赖,所采取的全部理论、原则和全部技术措施及管理措施的总称。

上述定义包含了三个内涵:

(1) 范围:核与辐射安全要贯穿“在核技术的研究、开发和应用的各个阶段”,贯穿“核设施设计、建造、运行和退役的各个阶段”。

(2) 目的:核与辐射安全的目的是“使核技术应用过程中或核设施运行和退役过程中产生的辐射对从业人员、公众和环境的不利影响降低到可接受的水平,从而取得公众的信赖”。

(3) 内容:核与辐射安全的内容要涵盖为此目的所采取的全部理论(如确定论和概率论)、原则(如纵深防御、安全文化)、全部技术措施(如设备分级与鉴定、运行限值和条件)和管理措施(如报告制度、许可证申请和监督)。

辐射安全与核安全的区别是,核安全的着重点在维持设施的正常运行,预防事故发生和事故下缓解其后果,从而保护从业人员、公众和环境不致受到辐射带来的伤害。辐射安全的着重点在通过辐射水平的监测、辐射效应的评价、辐射防护措施和事故应急与干预,实现辐射防护最优化并使辐射剂量不超过规定限值。

国际原子能机构将核安全、辐射安全、放射性废物安全和放射性物质运输安全统称为核安全,这就是广义的核安全的概念。本教材中用到核安全概念时多数指的是广义的安全概念。

核安全作为一个综合性学科涉及十多个专业或学科,如核物理、放射化学、核材料、核设备、核仪表、辐射防护、核医学、地质、地震、气象、水文、法律、社会学、心理学等。

当前,核电已成为核技术应用的主产业,因此,本教材中在阐述核安全概念时常常采用了核电安全的许多概念,但其要点同样适用于其他核产业。

第九节　核安全文化概述

国际原子能机构(IAEA)国际安全咨询组(International Nuclear Safety Advisory Group,INSAG)于 1986 年的《切尔诺贝利事故后评审会议总结报告》中首次引出“安全文化”一词;之后,1988 年,国际安全咨询组(INSAG)在《核电安全的基本原则》中把安全文化的概念作为一种基本管理原则,表述为:实现安全的目标必须渗透到为核电厂所进行的一切活动中去。1991 年,国际安全咨询组(INSAG)出版了《安全文化》(INSAG-4)一书,对核安全文化作出了如下定义:核安全文化(Nuclear Safety Culture)是存在于单位和个人中的种种特性和态度的总和，它建立一种超出一切之上的观念，即核电厂安全问题由于它的重要性要保证得到应有的重视。

一、产生背景

核电站的安全特征是高危险性、低风险率，公众舆论对其安全性期望值高。以往对核电站的安全性主要通过法规和硬件设施来实现，如政府对核电站立项实行严格的审批制度，安全装置采用多重纵深防御系统。但同所有工业企业一样，无论多么先进的系统，由于种种原因引起某些设备失效而严重事故是可能的。在研究中发现，核电站事故中绝大部分(约为80％，各国情况不尽相同)不是因设备故障，而是人员失误直接或间接导致的。世界核电史上两次严重事故(1979 年美国三哩岛核电站事故和 1986 年苏联切尔诺贝利核电站事故)均如此。

这两次事故对世界震动很大，也促使人们进一步研究、探索核安全的立足点、层次和完善途径，以及实行、落实“安全第一”的最有效办法。在此背景下，国际原子能机构(IAEA)的国际核安全咨询组(INSAG)于 1986 年在《切尔诺贝利事故后审评会议总结报告》中首次引出“安全文化”一词。核安全文化一出现就引起了广泛的重视与兴趣。因为长期以来，对核电站的安全措施耗费了巨大的资金和精力，也使用了许多新方法，应该说核电站系统的可靠性、安全性得到了很大的提高。然而，事故仍时有发生，尤其是还产生了三哩岛和切尔诺贝利这样的严重事故。广义的人因问题成了长期困扰核电站安全的一大难题。而安全文化的提出，似乎为解决这个难题提供了一条途径。

1988 年，INSAG 进一步在《核电安全的基本原则》中把安全文化的概念作为一种基本管理原则，表述为：实现安全的目标必须渗透到为核电站发电所进行的一切活动中去。上述两份报告发表后，安全文化一词在与核安全有关的文件中越来越多地被使用，但是该术语的含义有待于进一步明确，对于如何评价安全文化也缺乏指导，这引起了国际上、包括非核工业界的热烈讨论。为总结这些讨论及回答这些讨论所提出的问题，1991 年 INSAG 出版了《安全文化》(INASG-4)一书，深入论述了安全文化这一概念：其定义和特征，对不同层次的要求，如何衡量所达到的安全文化的程度等。

安全文化的产生对核安全的改善起到了极大的推动作用，以至于有不少专家认为：核能界目前的工作在很大程度上都是在安全文化推动下进行的，建立安全文化已成为任何国家利用核电的先决条件。

二、核安全文化含义

核安全文化是存在于单位和个人中的种种特性和态度的总和，它建立一种超出一切之上的观念，即核电厂安全问题由于它的重要性要保证得到应有的重视。

在措辞严谨的“安全文化”的表述中，有 3 方面的含义：

(1) 强调安全文化既是态度问题，又是体制问题，既和单位有关，又和个人有关，同时还牵涉到在处理所有核安全问题时所应该具有的正确理解能力和应该采取的正确行动。也就是说，它把安全文化和每个人的工作态度和思维习惯以及单位的工作作风联系在一起。

(2) 工作态度和思维习惯以及单位的工作作风往往是抽象的，但这些品质却可以引出种种具体表现，作为一项基本任务，就是要寻求各种方法，利用具体表现来检验那些内在隐含的东西。

(3) 安全文化要求必须正确履行所有安全重要职责,具有高度的警惕性、实时的见解、丰富的知识、准确无误的判断能力和高度的责任感。

安全文化有两大组成部分:第一,是单位内部的必要体制和管理部门的逐级责任制;第二,是各级人员响应上述体制并从中得益所持的态度。核安全文化是所有从事与核安全相关工作的人员参与的结果,它包括核电厂员工、核电厂管理人员及政府决策层。

三、核安全文化管理要求

核安全文化对决策层、运行管理部门和个人提出了严格的要求。

1. 对决策层的要求

政府的职责是审管核电厂及其他潜在的有害设施和活动的安全法规,以保护职工、公众和环境;管理部门拥有足够的人力、资金和权力履行其义务,使工作不受任何不必要的干扰,以便在全国范围内形成一种氛围,即安全是每天都要关心的事项。

对管理决策层而言,他们必须通过自己的具体行动为每个工作人员创造有益于核安全的工作环境,培养他们重视核安全的工作态度和责任心。领导层对核安全的参与必须是公开的,而且有明确的态度。

2. 运行管理部门

核安全应以营运机构为重点,因为营运机构人员的行为和核电厂安全之间的联系最为紧密。核电厂发生的任何问题在某种程度上都来源于人为的错误。核电厂营运机构以及所有其他与安全相关的单位都必须提高安全文化,以防止人为错误的发生,并从人类活动的积极方面获得好处。

3. 个体的行为

安全文化水平的高低,也直接取决于核电厂的每一个员工,安全文化指的是"从事任何与核电厂核安全相关活动的全体工作人员的献身精神和责任心"。人的才智在查出和消除潜在的问题方面是十分有效的,这一点对安全有着积极的影响。

四、核安全文化推行过程中应注意的问题

在核安全文化推行过程中,一般应注意的问题包括:

(1) 核安全文化不是通俗意义上的"文化",而是存在于单位和个人中的种种特性和态度的总和,它建立一种超出一切之上的观念,即安全问题要保证得到应有的重视。

(2) 核安全文化既是态度问题,又是体制问题;既和单位有关,又和个人有关,同时还涉及在处理所有安全问题时所应该具有的正确理解能力和应该采取的正确行动。

(3) 组织与个人的关系:组织必须创造正确的机制去鼓励正确的态度,而个人必须有正确的态度去支持能创造良好安全文化的组织机制。

(4) 核安全文化实质上是一种手段,它能使所有单位和个人都对安全密切关注。它强调人因在保证安全上的主导作用,并以此促进外界条件改善,从而提高整体安全文化水准。

(5) 培育良好的核安全文化,特别需要企业高层领导重视,制订安全政策,各级干部起表率作用,严格要求,全体员工积极响应,通力合作,持之以恒,再加上外部影响与帮助,才能

逐渐形成。

(6) 目标是要建立良好的核安全文化，但到达它的路径和程序须由各单位结合自己的特点去创造。

(7) 建设核安全文化符合成本效益原则。核安全文化有利于早期发现事故隐患，并消除之，从而减少事故，降低运行和维护成本。

(8) 核安全文化建设决不能只停留在形式上，而要融会、贯穿在企业的一切活动之中，这是最重要的一点。

第十节　核事故应急

一、我国核事故应急管理体制

我国核事故应急实行三级管理：国家级、地方政府级及核设施营运单位级，分层次对相应核事故应急管理工作负责。

1. 国家核事故应急组织管理

国家核事故应急管理工作由国务院指定的部门负责，目前负责全国核事故应急管理工作的是国家核事故应急协调委员会，其主要职责：

(1) 拟定国家核事故应急工作政策；

(2) 统一协调国务院有关部门、军队和地方人民政府的核事故应急工作；

(3) 组织制定和实施国家核事故应急计划，审查批准场外核事故应急计划；

(4) 适时批准进入和终止场外应急状态；

(5) 提出实施核事故应急响应行动的建议；

(6) 审查批准核事故公报、国际通报，提出请求国际援助的方案。

2. 地方政府核事故应急管理

核设施所在地的省、自治区、直辖市人民政府指定的部门负责本行政区城内的核事故应急管理工作，其主要职责：

(1) 执行国家核事故应急工作的法规和政策；

(2) 组织制定场外核事故应急计划，做好核事故应急准备工作；

(3) 统一指挥核事故应急响应行动；

(4) 组织支援核事故应急行动；

(5) 及时向相邻省、自治区、直辖市人民政府通报核事故情况。

3. 核设施营运单位的核事故应急管理

核设施营运单位在核事故应急方面的主要职责：

(1) 执行国家核应急工作的法规政策；

(2) 制定场内核事故应急计划，做好核事故应急准备工作；

(3) 确定核事故应急状态等级，统一指挥本单位的核事故应急响应行动；

(4) 向营运单位主管部门、国家核安全部门和省级人民政府指定的部门报告事故情况，提出进入场外应急状态和采取应急防护措施的建议；

(5) 协助和配合省级人民政府指定的部门做好核事故应急管理工作。

二、核事故应急响应状态

核事故应急响应状态分为4个等级:应急待命、厂房应急、场区应急和场外应急。四级为最高等级。核设施营运单位处于第一线,最了解核事故现状,对核设施的安全负有全面责任,应及时向上级应急组织提出行动建议。

三、核事故应急计划与准备

由于各核设施发生事故的严重程度和概率的大小差异可能很大,其应急响应计划的规模也应因地、因时而异。如有的既需要场内应急也需要场外应急,有的则仅需要场内应急。总之,应急计划不应不分大小及性质,而应实事求是地制定。

应急计划应明确各级事故应急组织的职责,安排用于事故响应的必要物质、设备、人员及其他必要的准备,确定用于事故中保护公众的措施和事故响应的步骤与程序。必须在事故发生前做好应付事故发生的各种应急准备。最主要的应急准备包括:制定应急总计划、建立应急管理组织、安排用于事故应急的各类人员与设备(例如监测设备与通讯联络设备),以及组织应急工作人员的训练与演习。对应急准备的要求因核设施潜在危险的大小和性质而异,而且应该遵循积极兼容的原则,充分利用现有条件,建立和保持必要的应急技术支持中心或后援单位,如应急决策支持、辐射监测、医疗救治、气象服务等。

第七章　仪表基础知识

学习目标：熟悉废物处理过程中所涉及的仪表知识，初步具有分析仪表故障能力。

仪表是实现工业生产过程自动化的重要工具，应用广泛。在自动控制系统中，过程检测仪表将被控变量转换成电信号或气信号，进行显示、记录、调节等，从而实现生产过程的自动化。

仪表是操作人员的眼睛和手臂，操作人员通过仪表获得设备、工艺的特定信号，观察、分析、判断设备内的运行状况，并通过控制和执行机构来调整工艺参数，调控设备运行到最佳状况。从而对生产过程进行监测、控制、优化、调度、管理和决策，达到增加产量、提高质量、降低消耗、确保安全等目标的综合性技术。

第一节　仪表分类

检测和过程控制仪表（通常称自动化仪表）分类很多，分类方法主要有以下几种：

按仪表所用能源分类：气动仪表、电动仪表和液动仪表等。

按照仪表组合形式分类：基地式仪表、单元组合仪表、综合控制仪表。

按安装形式分类：现场仪表、盘装仪表、架装仪表。

按智能程度分类：智能仪表、非智能仪表。

根据仪表信号形式分类：模拟仪表、数字仪表。

仪表最常用的分类按仪表在测量与控制系统中的作用进行划分，可分为检测仪表、显示仪表、调节控制仪表和执行器四大类：

检测仪表：根据其被测变量不同，可分为温度检测仪表、流量检测仪表、压力检测仪表、物位检测仪表和分析仪表。

显示仪表：能将生产过程中各种参数进行指示、记录或累计的仪表。可分模拟式、数字式、图像显示三种。

控制仪表：即调节器，主要是将被调参数测量值与给定值之间的差值，按一定的数学关系，转换为调节作用，施加于对象，以校正由于扰动而引起的偏差。

执行器：执行器由执行结构和调节阀两部分构成。执行器接受调节器送来的控制信号，改变被调介质的变量，从而把被调参数维持在所要求的范围内，是自动调节系统中一个重要的组成部分。

执行机构按动力分类有气动执行器、电动执行器、液动执行器；按结构形式可分为薄膜式、活塞式、长行程执行机构。

第二节 误 差

绝对误差是测量结果与真实值之差,即:绝对误差=测量值-真实值

相对误差是绝对误差与被测量值之比,常用绝对误差与仪表示值之比,以百分数表示,

$$相对误差=\frac{绝对误差}{真实值}\times 100\%$$

引用误差:测量仪表在量程范围内某一点的绝对误差与其量程的比值的百分数,就称为仪表在该点示值的引用误差。

$$引用误差=\frac{绝对误差}{量程}\times 100\%$$

精确度:测量值与实际值的差异程度,表示测量误差的大小。

$$精确度=\frac{测量值-实际值}{量程}\times 100\%$$

除以上的性能指标外,还用以下的质量指标来衡量测量仪表的好坏。

允许误差:依据仪表使用要求,在一个正常情况下允许的最大误差。

精度等级:按国家统一规定的允许误差划分成若干等级,仪表的精度等级与仪表允许误差有关。仪表的精度等级越高,仪表的精确度也越高。

灵敏度:数值上等于能引起仪表指针发生动作的被测参数最小变化量。数值仪表用最低量程上最末一位改变一个数表示的量。

反应时间:测量仪表能不能尽快反映出参数变化的品质指标,反应时间大,说明仪表需要较长时间才能得出准确的指示。

第三节 常用仪器仪表

一、温度检测仪表

温度测量仪表按测量方式可以分为接触式和非接触式两大类。接触式测温仪表包括(膨胀式温度计、热电效应测温(热电偶)、热电阻温度计等;非接触式仪表包括辐射式温度计、光电温度计、比色温度计、红外温度计。

1. 热电阻

热电阻是中低温区最常用的一种温度检测器。热电阻测温是基于金属导体的电阻值随温度的增加这一特性进行测温。它的主要特点是测量精度高,性能稳定。其中铂热电阻的测量精确度是最高的,它不仅广泛应用于工业测温,而且被制成标准的基准仪。热电阻大都由纯金属材料制成,目前应用最多的是铂和铜,此外还有采用 N 镍、锰和铑等材料制造热电阻,如图 7-1 所示。

2. 热电偶

热电偶是中高温区最常用的一种温度检测元件,当被测介质温度发生变化时,热电势随之发生变化,通过电气仪表将热电势信号转换成被测介质的温度。各种热电偶的基本结构

大致相同，通常由热点极、绝缘套保护管和接线盒等部分组成，同时常常和显示仪表、记录仪表以及电子调节器配套使用，如图 7-2 所示。

图 7-1　热电阻

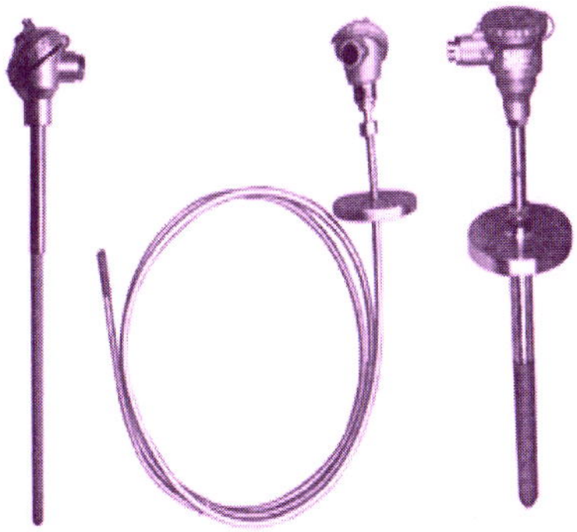

图 7-2　热电偶

(1) 金属温度计

金属温度计是利用两种膨胀系数不同的金属薄片叠焊在一起制成的测温元件，结构简单、牢固，可取代部分水银温度计，用于气体、液体及蒸汽的温度测量。其有环性弯曲状的双金属片组成。一端受热膨胀时，带动指针旋转，工作仪表便显示出热电势所应的温度值，如图 7-3 所示。

(2) 非接触式温度计

非接触式温度计是靠红外辐射，亮度，色差等方法感应、比较得出被测物件温度。优点是可遥测，量程大，可测极高温物件。如红外测温计、亮度测温计等。缺点是一般精度不高，如图 7-4 所示。

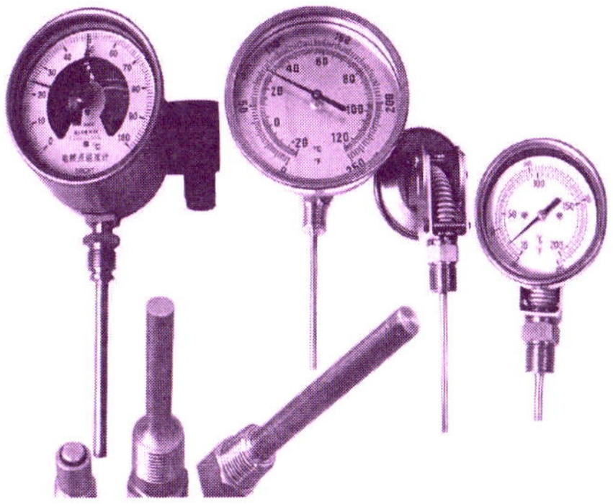

图 7-3　金属温度计

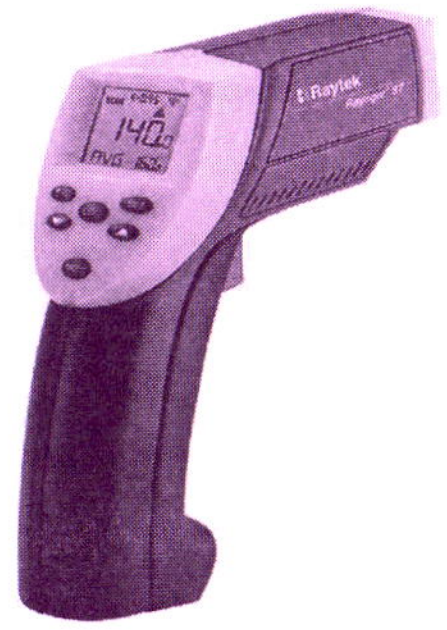

图 7-4　非接触式温度计

二、流量检测仪表

1. 孔板流量计

在充满流体管道里，当流体流经管道内的节流装置时，流体将在节流装置的节流件处形成局部收缩，从而使流速增加，静压力低，于是在节流件前后便产生压力降，即压差，介质流动的流量越大，在节流件前后产生的压差就越大，所以孔板流量计可以通过测量压差来衡量流体流量的大小。这种测量方法主要以能量守衡定律和流动连续性定律为基准,如图 7-5 所示。

2. 浮子流量计

浮子流量计又称为转子流量计,是变面积式流量计的一种,在一根由下向上扩大的垂直锥管中,圆形横截面的浮子的重力是由液体动力承受的,浮子可以在锥管内自由地上升和下降。在流速和浮力作用下上下运动,与浮子重量平衡后,通过磁耦合传到刻度盘指示流量。一般分为玻璃和金属转子流量计。金属转子流量计是工业上最常用的,对于小管径腐蚀性介质通常用玻璃材质,由于玻璃材质的本身易碎性,关键的控制点也有用全钛材等贵重金属为材质的转子流量计,如图 7-6 所示。

图 7-5　孔板流量计

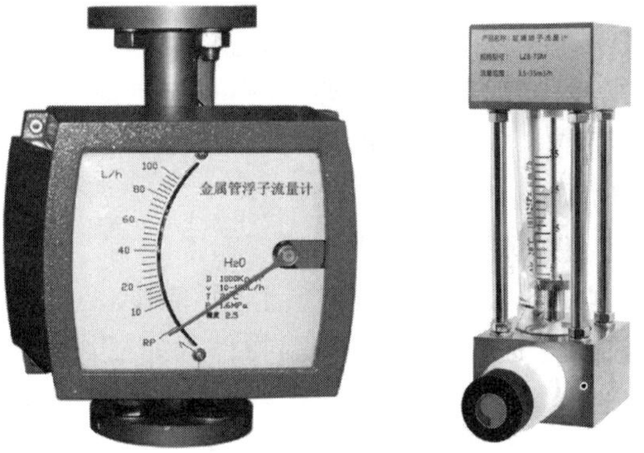

图 7-6　浮子流量计

3. 靶式流量计

靶式流量计于 20 世纪 60 年代开始应用于工业流量测量,主要用于解决高粘度、低雷诺数流体的流量测量,先后经历了气动表和电动表两大发展阶段,SBL 系列智能靶式流量计是在原有应变片式(电容式)靶式流量计测量原理的基础上,采用了最新型力感应式传感器作为测量和敏感传递元件,同时利用了现代数字智能处理技术而研制的一种新式流量计量仪表,如图 7-7 所示。

4. 超声波流量计

超声波流量计的种类很多,依照不同的分类方法,可以分为不同类型的超声波流量计。常见的有多普勒式超声波流量计和时差式超声波流量计,如图 7-8 所示。

三、压力检测仪表

在压力测量基础中,绝对压力:指被测介质作用在容器单位面积上的全部压力。表压:绝对压力与大气压力之差,称为表压。真空度:负压力的绝对值,称为真空度。负压:当绝对压力值小于大气压力值时,表压力为负值。

图 7-7 靶式流量计

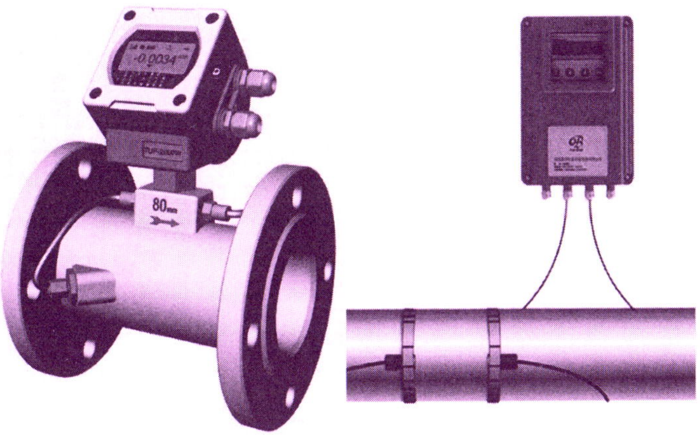

图 7-8 超声波流量计

$$P_{表} = P_{绝} - P_{气}$$
$$P_{绝} = P_{气} + P_{表}$$
$$P_{真} = P_{气压} - P_{绝对压力}$$

1. 弹性式压力计

弹性式压力计，当通入被测的压力 P 后，弹簧管随之产生向外挺直的扩张变形。由于变形，使弹簧管的自由端产生位移。输入压力越大，产生的变形也越大。也就是说测得自由端的位移，就能反映压力 P 的大小，如图 7-9 所示。

2. 液柱式压力计

在没有被测压力作用时，两管中自由液面同处于标尺的中央 0 刻度处，当被测压力 P 大于大气压时，右面液体下降，左面上升直到液面差的高度所产生的压力与被测压力向平衡为止，可直接读出压力大小，如图 7-10 所示。

图 7-9　弹性式压力计

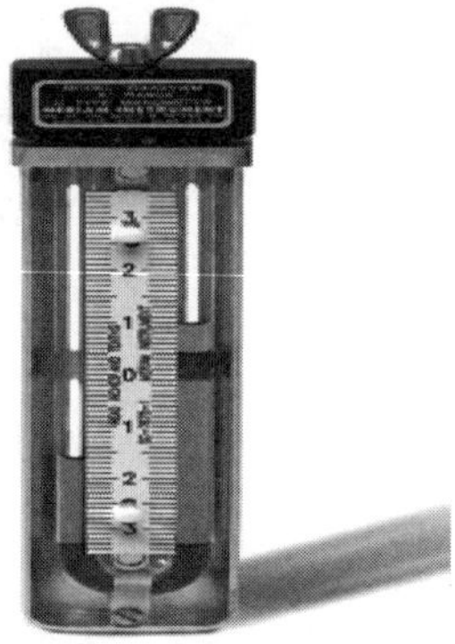

图 7-10　液柱式压力计

3. 电容式变送器

电容式变送器是根据变电容原理工作的压力检测仪表,是利用弹性元件受压变形来改变电容器的电容量,实现压力-电容间的转换,然后在变送单元将电容变化量转换成标准的 4～20 mA 电流信号,从而实现压力的检测,如图 7-11 所示。

图 7-11　电容式变送器

四、物位检测仪表

物位测量仪表的种类很多。按液位、料位和界面来分可分为,测量液位的仪表:玻璃管(板)、称重、浮力、静压、电容、电感、电阻、超声波、放射性、激光式及微波式等;测量界面的仪表:浮力、差压、电极式及超声波式等;测量料位的仪表:重锤探测式、音叉式、超声波式、激光式、放射性式等。

1. 射频电容式液位变送器

射频电容液位变送器是新型液位测量仪表。它可将各种物位、液位介质参数的变化转换成标准电流信号、远传至操作控制室,供二次仪表或计算机装置进行集中显示、报警或自动控制。其良好的结构及安装方式,可适用于高温、高压、强腐蚀、易结晶、防堵塞、防冷结以及固体粉状、粒状物料等特殊条件。可测量强腐蚀性介质、密封容器内的液位,同时与介质的黏度、密度、工作压力无关,如图 7-12 所示。

2. 磁性浮子式液面计

磁性浮子式液面计安装于桶槽外侧延伸管上,桶槽内部的液位能由翻板指示器清楚得知。旁路管外侧也可加装磁性开关,作为电气接点信号输出,或装置液位传送器作为远距离液位信号传送及液位控制。它的工作原理主要是:在桶槽外侧装置延伸旁路管,由旁路管外加装液位指示器,将装有磁铁的浮球放进旁路管内,因磁性色片内装着与浮球磁性相反之磁铁,所以当浮球上升时会吸引磁性色片翻动,磁性色片颜色会由白色翻成红色(或银色翻为金色),以指示实际液面高度,如图 7-13 所示。

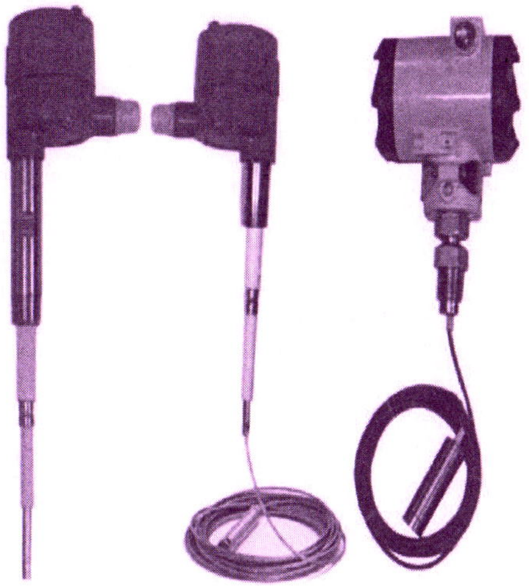

图 7-12　射频电容液位变送器

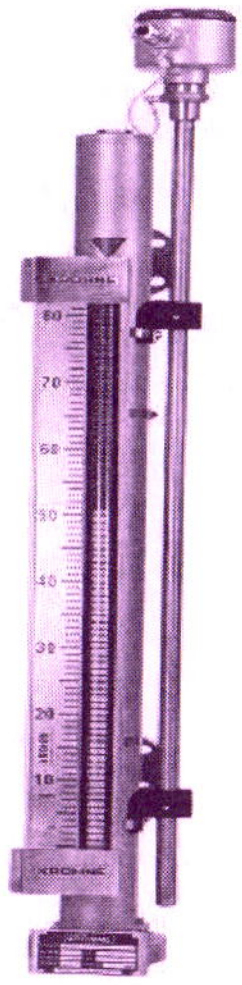

图 7-13　磁性浮子式液面计

3. 雷达液位计

雷达液位计属于通用型雷达液位计，它是基于时间行程原理的测量仪表，雷达波以光速运行，运行时间可以通过电子部件被转换成物位信号。探头发出高频脉冲并沿缆绳传播，当脉冲遇到物料表面时反射回来被仪表内的接收器接收，并将距离信号转化为物位信号，如图 7-14 所示。

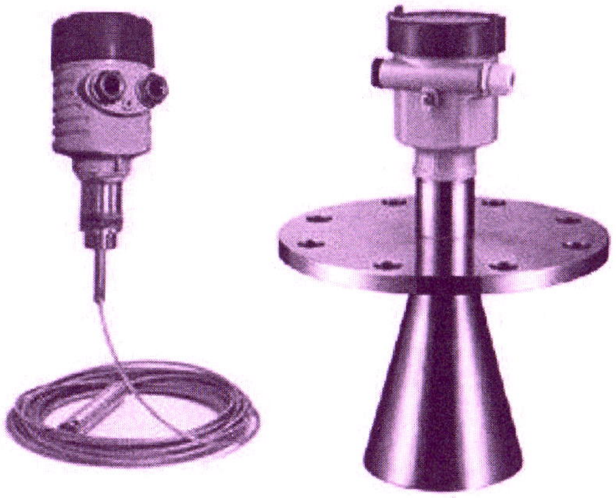

图 7-14　雷达液位计

五、浓度检测仪表

氧化锆氧量分析仪又称为氧化锆氧分析仪、氧化锆氧量表，用于测量燃烧过程中烟气的含氧浓度，也适用于非燃烧气体氧浓度测量。氧化锆管是由氧化锆材料掺以一定量的氧化钇或氧化钙经高温烧结后形成的稳定的氧化锆陶瓷烧结体。由于它的立方晶格中含有氧离子空穴，因此在高温下它是良好的氧离子导体。在一定高温下，当锆管两边的氧含量不同时，它便是一个典型的氧浓差电池，在此电池中，空气是参比气，它与烟气分别位于内外电极，这个电势直接反应出烟气中含氧浓度值。同时，氧化锆氧量分析仪还可用于气氛控制，精确控制工艺生产过程；采用两只探头测出干氧、湿氧含量，从而可以换算出水分含量，如图 7-15 所示。

六、其他仪表

1. 调节阀

调节阀又称为控制阀，在自动化控制领域中，通过接受调节控制单元输出的控制信号，借助动力操作去改变介质流量、压力、温度等工艺参数的最终控制单元，一般由执行结构和

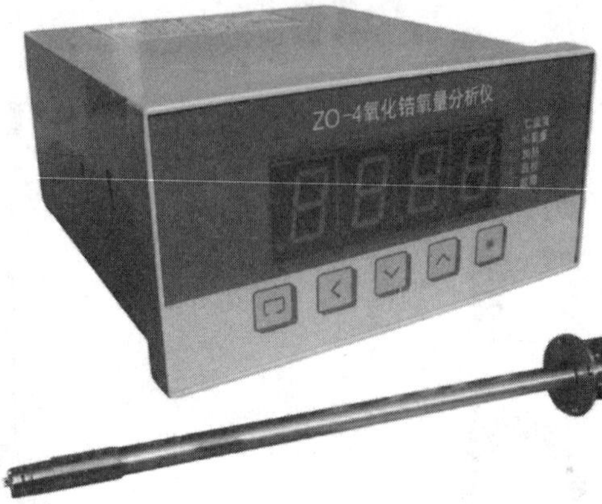

图 7-15　氧化锆氧量分析仪

阀门构成。按行程特点,调节阀可分为直行程和角行程;按其功能和特性分为线性、等百分比以及抛物线特性三种。调节阀适用于空气、水、蒸汽、腐蚀性介质、泥浆、油品等介质。常见的调节阀主要有:气动调节阀、电动调节阀、液动调节阀、自力式调节阀。

气动调节阀就是以压缩气体为动力源,以气缸为执行器,并借助于阀门定位器、转换器、电磁阀、保位阀、储气罐、气体过滤器等附件去驱动阀门,实现开关量或比例式调节,接收工业自动化控制系统的控制信号来调节管道介质的流量、压力、温度等各种工艺过程参数。气动调节阀的特点就是控制简单,反应快速,且本质安全,不需另外再采取防爆措施,如图 7-16 所示。

图 7-16　气动调节阀

电动调节阀是工业自动化过程控制中的重要执行单元仪表。新型电动调节阀执行器内含伺服功能,接受统一的 4～20 mA 或 1－5 V(DC)的标准信号,将电流信号转变成相对应的直线位移,自动地控制调节阀开度,达到对管道内流体的压力、流量、温度、液位等工艺参数的连续调节。阀门按其所配执行机构使用的动力,按其功能和特性分为线性特性,等百分比特性及抛物线特性三种,如图 7-17 所示。

液动阀门主要用来改变通路断面和介质流动方向,具有导流、截止、调节、节流、止回、分流或溢流卸压等功能。用于流体控制的阀门,从最简单的截止阀到极为复杂的自控系统中所用的各种阀门,其品种和规格繁多,阀门的公称通径从极微小的仪表阀至通径达 10 m 的工业管路用阀。阀门可用于控制水、蒸汽、油品、气体、泥浆、各种腐蚀性介质、液态金属和放射性流体等各种类型流体的流动,阀门的工作压力可从 0.001 3 MPa 到 1 000 MPa 的超高压,工作温度从-269 ℃的超低温到 1 430 ℃的高温,如图 7-18 所示。

自力式调节阀又称自力式控制阀,依靠流经阀内介质自身的压力、温度作为能源驱动阀门自动工作,不需要外接电源和二次仪表。主要利用阀输出端的反馈信号(压力、压差、温度)通过信号管传递到执行机构驱动阀瓣改变自力式调节阀门的开度,达到调节压力、流量、温度的目的,如图 7-19 所示。

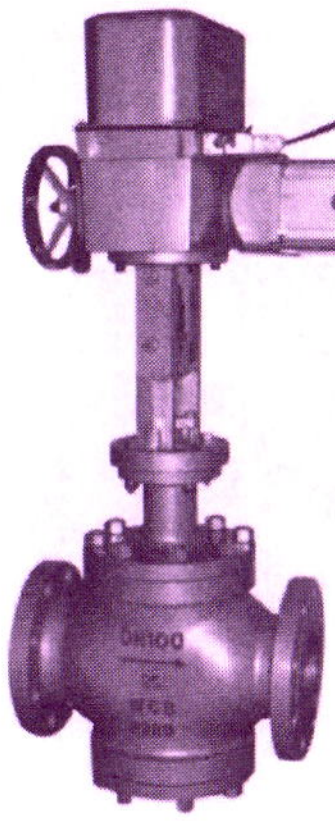

图 7-17　电动调节阀

图 7-18　液动阀门

2. 电磁阀

电磁阀是用来控制流体的自动化基础元件，属于执行器。在工业控制系统中用来调整介质的方向、流量、速度和其他的参数。电磁阀可以配合不同的电路来实现预期的控制，而控制的精度和灵活性都能够保证。电磁阀有很多种，不同的电磁阀在控制系统的不同位置发挥作用，最常用的是单向阀、安全阀、方向控制阀、速度调节阀等，如图 7-20 所示。

图 7-19　自力式调节阀

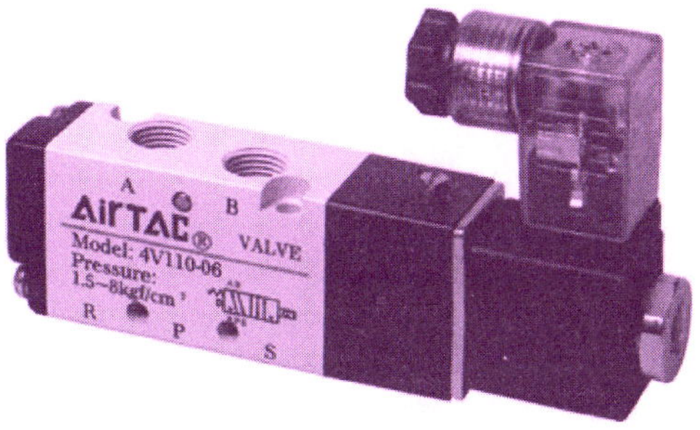

图 7-20　电磁阀

3. 机械式流量开关

机械式流量开关主要用于管道流量的监测，广泛应用于压缩机、电动机、发电机等机械的冷却润滑系统中，可测量纯净或有微小颗粒的液体。当流量超过一定值时，输出一开关信号，开关可位于量程的任意位置，具有较高的可靠性和适用性，如图 7-21 所示。

4. 机翼风量传感器

机翼风量传感器是在通风管道中安装对称翼形空心柱体，流体流动时，在翼形体前端与侧面产生差压，根据流体流动基本方程，可计算出风量。广泛应用于电力、冶金、化工矿山等工业部门,如图 7-22 所示。

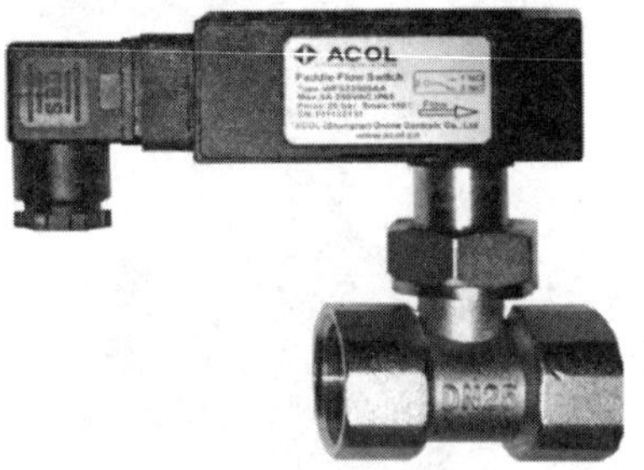

图 7-21　机械式流量开关

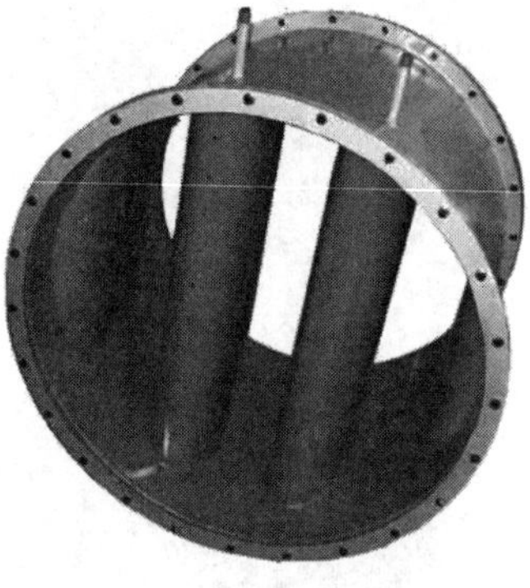

图 7-22　机翼风量传感器

第八章　电工基础知识

学习目标:掌握放射性废物处理常用电器基础知识,熟悉用电及防护知识。

第一节　常用电器基础知识

电流:电荷的定向移动叫做电流。电路中电流常用 I 表示。电流分直流和交流两种。电流的大小和方向不随时间变化的叫做直流。电流的大小和方向随时间变化的叫做交流。电流的单位是安(A),也常用单位毫安(mA)或者微安(μA)。其中,1 A=1 000 mA,1 mA=1 000 μA。电流可以用电流表直接测量。测量时,电流表串联在电路中,选择电流表指针接近满偏转的量程,可以防止电流过大而损坏电流表。

电压:电荷之所以能够流动,是因为有电位差(电压)。电压是形成电流的原因。在电路中,电压常用 U 表示。电压单位伏(V),电压可用电压表直接测量。测量时,电压表并联在电路上,选择电压表指针接近满偏转的量程。如果电路上的电压大小估计不准,先用大的量程电压表测量,粗略测量后再用合适的量程。这样可以防止由于电压过大而损坏电压表。

电阻:电路中对电流通过有阻碍作用并且造成能量消耗的部分叫做电阻。电阻常用 R 表示。电阻的单位是欧(Ω),也常用单位千欧(kΩ)或者兆欧(MΩ)。导体的电阻由导体的材料、横截面积和长度决定。电阻可以用万用表欧姆档测量。测量时,选择电表指针接近偏转一半的欧姆档。

欧姆定律:导体中的电流 I 和导体两端的电压 U 成正比,和导体的电阻 R 成反比,即 $I=U/R$。这个规律叫做欧姆定律。如果知道电压、电流、电阻三个量中的两个,就可以根据欧姆定律求出第三个量,即 $I=U/R$,$R=U/I$,$U=I\times R$。在交流电路中,欧姆定律同样成立,但电阻 R 应该改成阻抗 Z,即 $I=U/Z$

电源:把其他形式的能转换成电能的装置叫做电源。发电机能把机械能转换成电能,干电池能把化学能转换成电能。发电机、干电池等叫做电源。通过变压器和整流器,把交流电变成直流电的装置叫做整流电源。

负载:把电能转换成其他形式的能的装置叫做负载。电动机能把电能转换成机械能,电阻能把电能转换成热能,电灯泡能把电能转换成热能和光能,扬声器能把电能转换成声能。电动机、电阻、电灯泡、扬声器等都叫做负载。

电路:电流所流过的路径称为电路。它是由电源、负载、开关和连接导线等 4 个基本部分组成的。电源是把非电能转换成电能并向外提供电能的装置。常见的电源有干电池、蓄电池和发电机等。负载是电路中用电器的总称,它将电能转换成其他形式的能。如电灯把电能转换成光能;电烙铁把电能转换成热能;电动机把电能转换成机械能。开关属于控制电器,用于控制电路的接通或断开。连接导线将电源和负载连接起来,担负着电能的传输和分配的任务。电路电流方向是由电源正极经负载流到电源负极,在电源内部,电流由负极流向正极,形成一个闭合通路。

第二节　电器传动基础知识

电动机是把电能转换成机械能,并输出机械转矩的动力设备。现代各种机械广泛应用电动机来驱动。一般电动机可分为直流电动机和交流电动机两大类。交流电动机按使用电源相数可分为单相电动机和三相电动机两种,而三相电动机又分同步式和异步式两种,异步电动机按转子结构不同又分成笼式和绕线式两种。三相异步电动机结构简单、维修方便、运行可靠,与相同容量的其他电动机相比具有质量轻、成本低、价格便宜等优点。因此,被广泛用来做中、小型轧钢机、各种机床以及轻工机械和鼓风机的拖动部分。根据统计,国内有90%左右的电力拖动机械使用异步电动机,其中,小型异步电动机占70%以上。

一、电动机的种类

电动机的分类方法主要有:

(1) 按工作电源分类　根据电动机工作电源的不同,可分为直流电动机和交流电动机。其中交流电动机还分为单相电动机和三相电动机。

(2) 按结构及工作原理分类　根据电动机按结构及工作原理的不同,可分为直流电动机,异步电动机和同步电动机。

同步电动机还可分为永磁同步电动机、磁阻同步电动机和磁滞同步电动机。

异步电动机可分为感应电动机和交流换向器电动机。感应电动机又分为三相异步电动机、单相异步电动机和罩极异步电动机等。交流换向器电动机又分为单相串励电动机、交直流两用电动机和推斥电动机。

直流电动机按结构及工作原理可分为无刷直流电动机和有刷直流电动机。有刷直流电动机可分为永磁直流电动机和电磁直流电动机。电磁直流电动机又分为串励直流电动机、并励直流电动机、他励直流电动机和复励直流电动机。永磁直流电动机又分为稀土永磁直流电动机、铁氧体永磁直流电动机和铝镍钴永磁直流电动机。

(3) 按起动与运行方式分类　根据电动机按起动与运行方式不同,可分为电容起动式单相异步电动机、电容运转式单相异步电动机、电容起动运转式单相异步电动机和分相式单相异步电动机。

(4) 按用途分类　可分为驱动用电动机和控制用电动机。

驱动用电动机又分为电动工具(包括钻孔、抛光、磨光、开槽、切割、扩孔等工具)用电动机、家电(包括洗衣机、电风扇、电冰箱、空调器、录音机、录像机、影碟机、吸尘器、照相机、电吹风、电动剃须刀等)用电动机及其他通用小型机械设备(包括各种小型机床、小型机械、医疗器械、电子仪器等)用电动机。

控制用电动机又分为步进电动机和伺服电动机等。

(5) 按转子的结构分类　根据电动机按转子的结构不同,可分为笼型感应电动机(旧标准称为鼠笼型异步电动机)和绕线转子感应电动机(旧标准称为绕线型异步电动机)。

(6) 按运转速度分类　根据电动机按运转速度不同,可分为高速电动机、低速电动机、恒速电动机、调速电动机。

低速电动机又分为齿轮减速电动机、电磁减速电动机、力矩电动机和爪极同步电动机等。

调速电动机除可分为有级恒速电动机、无级恒速电动机、有级变速电动机和无级变速电动机外，还可分为电磁调速电动机、直流调速电动机、PWM 变频调速电动机和开关磁阻调速电动机。

异步电动机的转子转速总是略低于旋转磁场的同步转速。

同步电动机的转子转速与负载大小无关而始终保持为同步转速。

1. 直流电动机

直流电动机是依靠直流工作电压运行的电动机，广泛应用于收录机、录像机、影碟机、电动剃须刀、电吹风、电子表、玩具等。

(1) 电磁式直流电动机

电磁式直流电动机由定子磁极、转子(电枢)、换向器(俗称整流子)、电刷、机壳、轴承等构成，电磁式直流电动机的定子磁极(主磁极)由铁心和励磁绕组构成。根据其励磁(旧标准称为激磁)方式的不同又可分为串励直流电动机、并励直流电动机、他励直流电动机和复励直流电动机。因励磁方式不同，定子磁极磁通(由定子磁极的励磁线圈通电后产生)的规律也不同。

串励直流电动机的励磁绕组与转子绕组之间通过电刷和换向器相串联，励磁电流与电枢电流成正比，定子的磁通量随着励磁电流的增大而增大，转矩近似与电枢电流的平方成正比，转速随转矩或电流的增加而迅速下降。其起动转矩可达额定转矩的 5 倍以上，短时间过载转矩可达额定转矩的 4 倍以上，转速变化率较大，空载转速甚高(一般不允许其在空载下运行)。可通过用外用电阻器与串励绕组串联(或并联)、或将串励绕组并联换接来实现调速。

并励直流电动机的励磁绕组与转子绕组相并联，其励磁电流较恒定，起动转矩与电枢电流成正比，起动电流约为额定电流的 2.5 倍左右。转速则随电流及转矩的增大而略有下降，短时过载转矩为额定转矩的 1.5 倍。转速变化率较小，为 5%～15%。可通过消弱磁场的恒功率来调速。

复励直流电动机的定子磁极上除有并励绕组外，还装有与转子绕组串联的串励绕组(其匝数较少)。串联绕组产生磁通的方向与主绕组的磁通方向相同，起动转矩约为额定转矩的 4 倍左右，短时间过载转矩为额定转矩的 3.5 倍左右。转速变化率为 25%～30%(与串联绕组有关)。转速可通过消弱磁场强度来调整。

换向器的换向片使用银铜、镉铜等合金材料，用高强度塑料模压成。电刷与换向器滑动接触，为转子绕组提供电枢电流。电磁式直流电动机的电刷一般采用金属石墨电刷或电化石墨电刷。转子的铁心采用硅钢片叠压而成，一般为 12 槽，内嵌 12 组电枢绕组，各绕组间串联接后，再分别与 12 片换向片连接。

(2) 永磁式直流电动机

永磁式直流电动机也由定子磁极、转子、电刷、外壳等组成，定子磁极采用永磁体(永久磁钢)，有铁氧体、铝镍钴、钕铁硼等材料。按其结构形式可分为圆筒型和瓦块型等几种。录放机中使用的电动机多数为圆筒型磁体，而电动工具及汽车用电器中使用的电动机多数采用专块型磁体。

转子一般采用硅钢片叠压而成，较电磁式直流电动机转子的槽数少。录放机中使用的小功率电动机多数为 3 槽，较高档的为 5 槽或 7 槽。漆包线绕在转子铁心的两槽之间(三槽即有三个绕组)，其各接头分别焊在换各器的金属片上。电刷是连接电源与转子绕组的导电部件,具备导电与耐磨两种性能。永磁电动机的电刷使用单性金属片或金属石墨电刷、电化石墨电刷。

录放机中使用的永磁式直流电动机,采用电子稳速电路或离心式稳速装置。

(3) 无刷直流电动机

无刷直流电动机是采用半导体开关器件来实现电子换向的,即用电子开关器件代替传统的接触式换向器和电刷。它具有可靠性高、无换向火花、机械噪声低等优点,广泛应用于高档录音座、录像机、电子仪器及自动化办公设备中。

无刷直流电动机由永磁体转子、多极绕组定子、位置传感器等组成。位置传感按转子位置的变化,沿着一定次序对定子绕组的电流进行换流(即检测转子磁极相对定子绕组的位置,并在确定的位置处产生位置传感信号,经信号转换电路处理后去控制功率开关电路,按一定的逻辑关系进行绕组电流切换)。定子绕组的工作电压由位置传感器输出控制的电子开关电路提供。

位置传感器有磁敏式、光电式和电磁式三种类型。

1) 采用磁敏式位置传感器的无刷直流电动机,其磁敏传感器件(例如霍尔元件、磁敏二极管、磁敏诂极管、磁敏电阻器或专用集成电路等)装在定子组件上,用来检测永磁体、转子旋转时产生的磁场变化。

2) 采用光电式位置传感器的无刷直流电动机,在定子组件上按一定位置配置了光电传感器件,转子上装有遮光板,光源为发光二极管或小灯泡。转子旋转时,由于遮光板的作用,定子上的光敏元器件将会按一定频率间歇间生脉冲信号。

3) 采用电磁式位置传感器的无刷直流电动机,是在定子组件上安装有电磁传感器部件(例如耦合变压器、接近开关、LC 谐振电路等),当永磁体转子位置发生变化时,电磁效应将使电磁传感器产生高频调制信号(其幅值随转子位置而变化)。

2. 交流异步电动机

交流异步电动机是领先交流电压运行的电动机,广泛应用于电风扇、电冰箱、洗衣机、空调器、电吹风、吸尘器、油烟机、洗碗机、电动缝纫机、食品加工机等家用电器及各种电动工具、小型机电设备中。

交流电异步电动机分为感应电动机和交流换向器电动机。感应电动机又分为单相异步电动机、交直流两用电动机和推斥电动机。电机的转速(定子转速)小于旋转磁场的转速,从而叫为异步电机。它和感应电机基本上是相同的。$s=(ns-n)/ns$。s 为转差率,ns 为磁场转速,n 为转子转速。

基本原理:

(1) 当三相异步电机接入三相交流电源时,三相定子绕组流过三相对称电流产生的三相磁动势(定子旋转磁动势)并产生旋转磁场。

(2) 该旋转磁场与转子导体有相对切割运动,根据电磁感应原理,转子导体产生感应电动势并产生感应电流。

(3) 根据电磁力定律,载流的转子导体在磁场中受到电磁力作用,形成电磁转矩,驱动转子旋转,当电动机轴上带机械负载时,便向外输出机械能。

异步电机是一种交流电机,其负载时的转速与所接电网的频率之比不是恒定关系,还随着负载的大小发生变化。负载转矩越大,转子的转速越低。异步电机包括感应电机、双馈异步电机和交流换向器电机。感应电机应用最广，在不致引起误解或混淆的情况下，一般可称感应电机为异步电机。

普通异步电机的定子绕组接交流电网，转子绕组不需与其他电源连接。因此，它具有结构简单，制造、使用和维护方便，运行可靠以及质量较小，成本较低等优点。异步电机有较高的运行效率和较好的工作特性，从空载到满载范围内接近恒速运行，能满足大多数工农业生产机械的传动要求。异步电机还便于派生成各种防护型式，以适应不同环境条件的需要。异步电机运行时，必须从电网吸取无功励磁功率，使电网的功率因数变坏。因此，对驱动球磨机、压缩机等大功率、低转速的机械设备，常采用同步电机。由于异步电机的转速与其旋转磁场转速有一定的转差关系，其调速性能较差(交流换向器电动机除外)。对要求较宽广和平滑调速范围的交通运输机械、轧机、大型机床、印染及造纸机械等，采用直流电机较经济、方便。但随着大功率电子器件及交流调速系统的发展，目前适用于宽调速的异步电机的调速性能及经济性已可与直流电机的相媲美。

(1) 单相异步电动机

单相异步电动机由定子、转子、轴承、机壳、端盖等构成。

定子由机座和带绕组的铁心组成。铁心由硅钢片冲槽叠压而成，槽内嵌装两套空间互隔 900 电角度的主绕组(也称运行绕组)和辅绕组(也称起动绕组成副绕组)。主绕组接交流电源，辅绕组串接离心开关 S 或起动电容、运行电容等之后，再接入电源。

转子为笼型铸铝转子，它是将铁心叠压后用铝铸入铁心的槽中，并一起铸出端环，使转子导条短路成鼠笼型。

单相异步电动机又分为单相电阻起动异步电动机，单相电容起动异步电动机、单相电容运转异步电动机和单相双值电容异步电动机。

(2) 三相异步电动机

三相异步电动机的结构与单相异步电动机相似，其定子铁心槽中嵌装三相绕组(有单层链式、单层同心式和单层交叉式三种结构)。定子绕组接入三相交流电源后，绕组电流产生的旋转磁场，在转子导体中产生感应电流，转子在感应电流和气隙旋转磁场的相互作用下，又产生电磁转矩(即异步转矩)，使电动机旋转。

(3) 罩极式电动机

罩极式电动机是单向交流电动机中最简单的一种，通常采用笼型斜槽铸铝转子。它根据定子外形结构的不同，又分为凸极式罩极电动机、隐极式罩极电动机。凸极式罩极电动机的定子铁心是外形为方形、矩形或圆形的磁场框架，磁极凸出，每个磁极上均有 1 个或多个起辅助作用的短路铜环，即罩极绕组。凸极磁极上的集中绕组作为主绕组。

隐极式罩极电动机的定子铁心与普通单相电动机的铁心相同，其定子绕组采用分布绕组，主绕组分布于定子槽内，罩极绕组不用短路铜环，而是用较粗的漆包线绕成分布绕组(串联后自行短路)嵌装在定子槽中(约为总槽数的 1/3)，起辅助组的作用。主绕组与罩极绕组在空间相距一定的角度。

当罩极电动机的主绕组通电后，罩极绕组也会产生感应电流，使定子磁极被罩极绕组罩住部分的磁通与未罩部分向被罩部分的方向旋转。

(4) 单相串励电动机

单相串励电动机的定子由凸极铁心和励磁绕组组成，转子由隐极铁心、电枢绕组、换向器及转轴等组成。励磁绕组与电枢绕组之间通过电刷和换向器形成串联回路。

单相串励电动机属于交、直流两用电动机,它既可以使用交流电源工作,也可以使用直流电源工作。

3. 交流同步电动机

交流同步电动机是一种恒速驱动电动机,其转子转速与电源频率保持恒定的比例关系,被广泛应用于电子仪器仪表、纺织机械等。

(1) 永磁同步电动机

永磁同步电动机属于异步启动永磁同步电动机,其磁场系统由一个或多个永磁体组成,通常是在用铸铝或铜条焊接而成的笼型转子的内部,按所需的极数装镶有永磁体的磁极。定子结构与异步电动机类似。

当定子绕组接通电源后,电动机以异步电动机原理起动运转,加速运转至同步转速时,由转子永磁磁场和定子磁场产生的同步电磁转矩(由转子永磁磁场产生的电磁转矩与定子磁场产生的磁阻转矩合成)将转子牵入同步,电动机进入同步运行。

磁阻同步电动机,磁阻同步电动机也称反应式同步电动机,是利用转子交轴和直轴磁阻不等而产生磁阻转矩的同步电动机,其定子与异步电动机的定子结构类似,只是转子结构不同。

(2) 磁阻同步电动机

同笼型异步电动机演变来的,为了使电动机能产生异步起动转矩,转子还设有笼型铸铝绕阻。转子上开设有与定子极数相对应的反应槽(仅有凸极部分的作用,无励磁绕组和永久磁铁),用来产生磁阻同步转矩。根据转子上反应槽的结构的不同,可分为内反应式转子、外反应式转子和内外反应式转子,其中,外反应式转子反应槽开地转子外圆,使其直轴与交轴方向气隙不等。内反应式转子的内部开有沟槽,使交轴方向磁通受阻,磁阻加大。内外反应式转子结合以上两种转子的结构特点,直轴与交轴差别较大,使电动机的力能较大。磁阻同步电动机也分为单相电容运转式、单相电容起动式、单相双值电容式等多种类型。

(3) 磁滞同步电动机

磁滞同步电动机是利用磁滞材料产生磁滞转矩而工作的同步电动机。它分为内转子式磁滞同步电动机、外转子式磁滞同步电动机和单相罩极式磁滞同步电动机。

内转子式磁滞同步电动机的转子结构为隐极式,外观为光滑的圆柱体,转子上无绕组,但铁心外圆上有用磁滞材料制成的环状有效层。

定子绕组接通电源后,产生的旋转磁场使磁滞转子产生异步转矩而起动旋转,随后自行牵入同步运转状态。在电动机异步运行时,定子旋转磁场以转差频率反复地磁化转子;在同步运行时,转子上的磁滞材料被磁化而出现了永磁磁极,从而产生同步转矩。

软启动器采用三相反并联晶闸管作为调压器,将其接入电源和电动机定子之间。这种电路如三相全控桥式整流电路。使用软启动器启动电动机时,晶闸管的输出电压逐渐增加,电动机逐渐加速,直到晶闸管全导通,电动机工作在额定电压的机械特性上,实现平滑启动,降低启动电流,避免启动过流跳闸。待电机达到额定转数时,启动过程结束,软启动器自动用旁路接触器取代已完成任务的晶闸管,为电动机正常运转提供额定电压,以降低晶闸管的热损耗,延长软启动器的使用寿命,提高其工作效率,又使电网避免了谐波污染。软启动器同时还提供软停车功能,软停车与软启动过程相反,电压逐渐降低,转数逐渐下降到零,避免自由停车引起的转矩冲击。

第三节 安全用电知识

一、触电事故

当人体触及带电体，或者带电体与人体之间闪击放电，或者电弧触及人体时，电流通过人体进入大地或其他导体，形成导电回路，这种情况，就叫触电，触电时人体会受到某种程度的伤害，按其形式可分为电击和电伤两种。

电击是指电流流经人体内部，引起疼痛发麻，肌肉抽搐，严重的会引起强烈痉挛。心室颤动或呼吸停止，甚至由于因人体心脏，呼吸系统以及神经系统的致命伤害，造成死亡。绝大部分触电死亡事故是电击造成的。电伤是指触电时，人体与带电体接触不良部分发生的电弧灼伤，或者是人体与带电体接触部分的电烙印，由于被电流熔化和蒸发的金属微粒等侵入人体皮肤引起的皮肤金属化。这种伤害会给人体留下伤痕，严重时也可能致人于死命。电伤通常是由电流的热效应，化学效应或机械效应造成的。

二、触电原因

触电事故的原因很多，具体分析有以下几种：

(1) 安全用电管理有漏洞是造成触电事故发生的主要原因。如果机构健全，人员齐备，制度落实，事事有人管、有人监督，供电用电上下畅通，触电事故便会很少或不会发生。

(2) 电气工作人员技术水平低、责任心不强、粗心大意、玩忽职守、职业道德差等原因导致安装质量低劣、维护检修不利、巡视检查不利、宣传教育不够，造成隐患或危险，给他人造成触电条件，也给本人造成触电机会。

(3) 非电气人员或其他用电人员缺乏电气安全常识，但常摆弄电器，甚至乱接乱拉，错误接线，造成触电。

(4) 用电操作人员或电气工作人员违反操作规程造成触电。违反操作规程不一定都会触电，但触电的则都是因为违反操作规程。

(5) 假冒伪劣电器产品导致触电或事故发生。

(6) 意外原因或偶然因素，如风刮断电线而落在身上，误入有跨步电压的区域等。

三、触电形式

触电事故是多种多样的，多数是由于人体直接接触带电体，或者是设备发生故障，或者是身体过于靠近带电体等引起的。

人体直接接触带电体。当人体在地面或其他接地导体上，而人体的某一部分触及三相导线的任何一相而引起的触电事故称为单相触电。单相触电对人体的危害与电压高低，电网中性点接地方式等有关。人体发生触电的次数占总触电次 95%以上，除了单相触电外，还有两相触电。它指人体两处同时接触不同相的带电体而引起的触电事故。两相触电事故属于这一类间接触电事故。

人体接触发生故障的电气设备。在正常情况下，电气设备的外壳是不带电的。但当线路故障或绝缘破损时，接触这此漏电或带电的设备外壳时，就会发生触电危险。触电情况和直接接触带电体一样。大部分触电事故属于这一类间接触电事故。

与带电体的距离过小。当人体与带电体的距离过近,虽然未与带电体相接触,但由于空气的绝缘强度小于电场强度,空气击穿,可能发生触电事故。因此,电气安全规程中,对不同电压等级的电气设备,都规定了最小允许安全间距,详见表 8-1。

表 8-1　工作人员工作中与带电设备的安全距离

电压等级/kV	10 及以下	20、35	66、110	220	330	500
安全距离/m	0.35	0.60	1.50	3.00	4.00	5.00

跨步电压触电。由于外力(如雷电、大风)的破坏等原因,电气设备、避雷针的接地点,或者断落电线断头着地点附近,将有大量的扩散电流向大地流入,而使周围地面上布着不同电位。当人的脚与脚之间同时踩在不同电位的地表面两点时,会引发跨步电压触电。

四、触电防护

1. 保护接地

保护接地是为了防止电气设备绝缘损坏时人体遭受触电危险,而在电气设备的金属外壳或构架等与接地体之间所作的良好的连接。保护接地适用于中性点不接地的低电网中。采用保护接地,仅能减轻触电的危险程度,但不能完全保证人身安全。

2. 保护接零

为防止人身因电气设备绝缘损坏而遭受触电,将电气设备的金属外壳与电网的零线(变压器中性点)相连接,称为保护接零。保护接零适用于三相四线制中性点直接接地的低压电力系统中。

对于采用保护接零系统要求:① 零线上不能装熔断器和断路器,以防止零线回路断开时,零线出现相电压而引起的触电事故;② 在同一低压电网中,不允许将一部分电气设备采用保护接地,而另一部分电气设备采用保护接零;③ 在接三眼插座时,不准将插座上接电源零线的孔同接地线的孔串接。正确的接法是接电源零线的孔同接地的孔分别用导线接到零线上;④ 除中性点必须良好接地外,还必须将零线重复接地。

3. 工作接地

将电力系统中某一点直接或经特殊设备与地作金属连接,称为工作接地。工作接地可降低人体的接触电压、迅速切断电源、降低电气设备和输电线路的绝缘水平、满足电气设备运行中的特殊需要。

4. 漏电保护器

它的作用就是防止电气设备和线路等漏电引起人身触电事故,也可用来防止由于设备漏电引起的火灾事故以及用来监视或切除一相接地故障,并且在设备漏电、外壳呈现危险的对地电压时自动切断电源。

第九章　放射性废物处理知识

学习目标：熟悉放射性废物处理过程中气载、液、固放射性废物的处理技术。

第一节　放射性废物定义

一、定义

核能是一种高能量密度的能源，是目前唯一可以大量替代石化燃料的能源。核技术是一种高附加值的生产技术。核能的开发利用给人类社会带来巨大经济效益和社会效益，但是它象人类的其他生产、生活活动一样会产生废物，即放射性废物。

放射性废物是含有放射性核素或为放射性核素所污染，其放射性核素的浓度或浓度活度大于审管机构确定的清洁解控水平，并且预期不再使用的物质。

二、放射性废物特点

放射性废物以各种各样的形式存在，其物理和化学特性、放射性浓度或活度、半衰期和生物毒性差别很大。它的危害作用不能通过化学、物理或生物的手段消除，只能通过自身衰变或核反应嬗变来降低其放射性水平，最后达到无害化。

第二节　放射性废物分类

一、放射废物的分类方法

放射性废物的许多性质，都可以作为分类的依据，例如：

(1) 按废物的物理、化学形态分类：① 气载废物，如：通风排气、工艺废气等。② 液体废物，如：放射性废水、含氚废水、有机废液等。③ 固体废物，如：可燃性废物、不可燃性废物，可压缩废物、不可压缩废物，干固体废物、湿固体废物等。

(2) 按放射性水平分类：① 低放废物。② 中放废物。③ α 高放废物等。

(3) 按放射性废物来源分类：① 核燃料循环废物。② 核技术利用废物。③ 退役废物。④ 铀（钍）伴生矿废物等。

(4) 按半衰期分类：① 长寿命废物。② 短寿命废物等。

(5) 按辐射类型分类：① β/γ 放射性废物。② α 废物等。

(6) 按处置方式分类：① 免管废物。② 可清洁解控废物。③ 近地表处置废物。④ 地质处置废物等。

(7) 按毒性分类：① 低毒组废物（如天然铀、^{3}H 等）。② 中毒组废物（如^{137}Cs、^{14}C、^{131}I 等）。③ 高毒组废物（如^{90}Sr、^{60}Co 等）④ 极毒组废物（如^{210}Po、^{226}Ra、^{239}Pu 等）。

(8) 按释热性分类：① 高发热废物。② 低发热废物。③ 微发热废物等。

此外，还有按剂量率、同位素组分类等。目前世界各国放射性分类标准很不一致，但也存在一些共同特点，例如：

(1) 先按物理状态分为气、液、固，然后进一步分成若干等级。

(2) 多数国家气态、液态废物分类简单，固体废物分类复杂。

(3) 废液一般按放射性浓度分成若干等级，但各国分级水平差别很大。

(4) 固体废物分类法多种多样。废物分类考虑因素越多，体系越复杂，实施越困难。

我国《放射性同位素射线装置安全保护条例》(国务院令第〔449〕号)规定，根据放射源对人体健康和环境的潜在的危害程度，从高到低将放射源分为Ⅰ类、Ⅱ类、Ⅲ类、Ⅳ类和Ⅴ类。

Ⅰ类源　极度危险源　例如：放射性同位素热电发生器、辐射装置等；

Ⅱ类源　高度危险源　例如：工业伽马照相源等；

Ⅲ类源　危险源　例如：固定工业测量仪源(如料液测量、挖泥测量)等；

Ⅳ类源　低危险源　例如：骨密度仪、静电消除器源等；

Ⅴ类源　极低危险源　例如：植入人体源、医疗诊断用^{99m}Tc、治疗用^{131}I等。

建立一个科学、先进、可接受和易实施的放射性废物分类系统，是一件十分艰巨的任务。目前，国际上所实施的放射性废物分类是仅从放射性角度所作的分类，根据废物的来源和废物的物理状态建立的分类体系，实际上是一种初级的、定性的分类体系。理想的放射性废物分类系统应该是一个定量分类体系，其分类级别有数值范围限定，这种分类限值符合国家法规和标准，并与国际接轨。

二、我国放射性废物分类

我国在1995年发布实施的放射性废物分类标准，先把放射性废物按物理状态分为气载、液体和固体三类废物。气载放射性废物根据放射性浓度分为低放、中放两级；液体放射性废物根据放射性浓度分为低放、中放和高放三级；固体放射性废物分为低放、中放、高放和α废物。低放、中放和高放废物按照半衰期差别有不同分级限值见表9-1。

表9-1　我国放射性废物分类

类别	级别	名称	放射性浓度 $Av/(Bq/m^3)$
气载废物	Ⅰ	低放	排放限值 $< Av \leq 4\times10^7$
	Ⅱ	中放	$Av > 4\times10^7$
放射性浓度 Av，Bq/L			
液体废物	Ⅰ	低放	排放限值 $< Av \leq 4\times10^6$
	Ⅱ	中放	$4\times10^6 Av \leq 4\times10^{10}$
	Ⅲ	高放	$Av > 4\times10^{10}$
放射性比活度 $Am/(Bq/kg)$			

续表

<table>
<tr><th colspan="3"></th><th>$T_{1/2}\leqslant 60$ d</th><th>60 d$<T_{1/2}\leqslant 5$ a</th><th>5 a$<T_{1/2}\leqslant 30$ a</th><th>$T_{1/2}>30$ a</th><th>α废物</th></tr>
<tr><td rowspan="3">固体废物</td><td>Ⅰ</td><td>低放</td><td>清洁解控水平
$<Am$
$\leqslant 4\times10^6$ Bq/kg</td><td>清洁解控水平
$<Am$
$\leqslant 4\times10^6$ Bq/kg</td><td>清洁解控水平
$<Am$
$\leqslant 4\times10^6$ Bq/kg</td><td>清洁解控水平
$<Am$
$\leqslant 4\times10^6$ Bq/kg</td><td rowspan="3">单个货包中长寿命α辐射放射性核素的 $Am>4\times10^6$ Bq/kg，平均每个货包的 $Am>4\times10^5$ Bq/kg</td></tr>
<tr><td>Ⅱ</td><td>中放</td><td>$Am>4\times10^6$ Bq/kg</td><td>$Am>4\times10^5$ Bq/kg</td><td>4×10^6 Bq/kg
$<Am\leqslant 10^{10}$ Bq/kg</td><td>4×10^6 Bq/kg
$<Am\leqslant 4\times10^{10}$ Bq/kg</td></tr>
<tr><td>Ⅲ</td><td>高放</td><td>—</td><td>—</td><td>$Am>4\times10^{11}$ Bq/kg</td><td>$Am>4\times10^{10}$ Bq/kg</td></tr>
<tr><td colspan="3">免管废物(EW)</td><td colspan="5">对公众成员年剂量低于 0.01 mSv，对公众的年集体剂量不超过 1 人·Sv 的含极少放射性核素的废物</td></tr>
</table>

三、豁免、清洁解控和极低放废物

1. 排除、豁免和解控

我国国家标准《电离辐射防护与辐射源安全基本标准》对排除、豁免和解控作了明确的界定和规定。

排除是指有些辐射是不必受控制的，如人体内的^{40}K、到达地球表面的宇宙射线所引起的照射，排除在审管控制之外。

豁免是指将确认符合规定的豁免准则或豁免水平的辐射实践活动和(或)其涉及的辐射源，经审管部门同意后免予遵循辐射防护和辐射源安全标准及规章。

《电离辐射防护与辐射源安全基本标准》所规定的豁免原则是有些实践或源对人造成的辐射的危害足够低，不必要对其加以控制，它所引起的群体辐射危害足够低，对其进行审管控制是不值得的，这样的实践可予以豁免。现在国际一致同意的豁免准则是：

(1) 对公众成员有效剂量低于 10 μSv/a；

(2) 所引起的年集体有效剂量不超过 1 人·Sv。

根据这个豁免准则，《电离辐射防护与辐射源安全基本标准》规定了放射性物质使用或处置时豁免活度浓度或豁免活度。

解控是指经过去污、清污、熔炼等措施，低于或达到审管机构所规定的活度浓度限值之后，从核审管控制中解脱出来(解除审管控制)。

2. 极低放废物

有些国家把低放废物和豁免废物之间划分出一类废物，称为极低放废物。这一类废物分级如图 9-1 所示。

极低放废物是放射性水平比豁免(免管)水平略高的低放废物，其放射性污染水平虽然超过审管机构规定的清洁解控水平，但因为放射性水平很低，不需要用低放废物的标准去处置，可以放宽要求，采用简易包装和简易填埋，可以处置在浅土地填埋场中，监控比较短的时间(一般认为 30 年)，场址就可以开放使用。

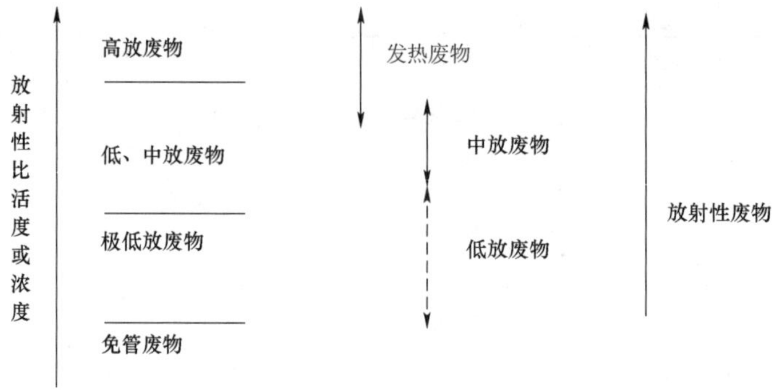

图 9-1 废物分级

有些核技术利用废物、铀(钍)伴生矿废物，以及退役产生的废物(如污染的混凝土、建材和土石等)，若所含或污染的人造放射性核素或天然放射性核素量很少，它们可属于极低放废物。

对于极低放废物比活度(活度浓度)的限值，目前国际上尚没有统一标准，现在被国际上比较普遍接受的是高出免管废物 1～2 数量级。例如：法国规定极低放废物活度浓度为 1～100 Bq/g，经过几年到几十年之后可衰变到几个 Bq/g。英国规定可和普通垃圾一起处置的废物含 β/γ 核素活度浓度小于 4 000 kBq/m^3，单批废物的活度小于 400 kBq/m^3。

极低放废物产生于核燃料循环活动、核技术利用、伴生放射性矿的开发利用，尤其多产生于核设施的退役(如退役产生的废混凝土、废钢铁等)和环境整治过程(如场址清污产生的污土等)。核设施退役会产生大量的极低放废物，按国际统计的数据，极低放废物量可占退役废物总量的 50%～75%，因此分出极低放废物对于减轻处置负担和减少处置费用，有重大经济意义和现实意义。

第三节 放射性废物产生和废物最小化

所有操作、生产和使用放射性物质的活动，都可能产生放射性废物，这些活动包括：① 核燃料循环过程；② 反应堆运行、装料和检修过程；③ 放射性同位素的生产、使用及核技术利用过程；④ 核设施/设备退役过程；⑤ 核研究和开发活动；⑥ 核武器研制、试验和生产活动等。

伴生放射性矿物资源(如稀土矿、磷肥矿、某些油气田、煤矿、有色金属、黑色金属矿等)的开发利用，也存在放射性水平超标，产生伴生放射性废物。

绝大多数放射性废物产生于核燃料循环过程。从数量来说，放射性废物主要产生于铀采冶场址。从放射性活度来说，主要集中在乏燃料后处理厂。在核燃料循环中，99%以上放射性物质包容在乏燃料元件的包壳中，如果乏燃料进行后处理的话，95%以上放射性核素进入后处理所产生的高放废液中。

一、放射性废物产生

1. *核燃料循环前段废物*

核燃料循环是指核燃料的生产、使用、贮存、后处理提取铀和钚、再制造核燃料、直接处置乏燃料、放射性废物处理与处置等一系列工艺过程。核燃料中易裂变核素在反应堆内实现受控链式裂变反应，释放出能量供发电等利用。

关于核燃料循环，主要有两个体系：一是铀—钚燃料循环；二是钍—铀燃料循环。

核燃料循环分为“前段”和“后段”。“前段”包括铀矿开采、水冶、精制、转换、富集和燃料元件制造。CANDU 型重水堆用低浓铀作燃料，铀不需要富集。

2. 反应堆运行废物

反应堆运行是核燃料循环的中间环节。反应堆按用途分类可分为：动力堆、生产堆、研究堆和特殊用途堆。按所用慢化剂和冷却剂分类可分为：轻水堆（压水堆、沸水堆）、重水堆、石墨堆、钠冷快堆等。

核燃料的重要特点之一是能量密度高，1 kg ^{235}U 发出的能量相当于燃烧 2 700 t 标准煤放出的能量。反应堆运行主要产生短寿命低中放废物。反应堆运行废物的核素来源为：① 裂变过程，② 活化过程。^{3}H 既是活化产物又是裂变产物，裂变产物和活化产物构成反应堆冷却剂放射性主要来源。

3. 核燃料循环后段废物

核燃料循环“后段”是指燃料元件经反应堆“燃烧”之后，对卸出的乏燃料以及放射性废物处理和处置。乏燃料从反应堆卸出之后，经适当时间的冷却，进行后处理，分离和回收利用铀以及新产生的钚。铀和钚可单独利用，也可以制成混合氧化物燃料，送到反应堆中去再裂变，该过程称为闭路循环。有些反应堆的乏燃料不作后处理回收铀和钚，而进行直接处置，则称为一次通过开路循环。核燃料循环后段产生的废物以高放废物和长寿命低中放废物为重点。

4. 核设施退役废物

退役是核设施使用期满或因其他原因停止服役后，为了工作人员和公众的安全以及环境保护而采取的活动。退役核设施经过去污，完成设备与厂房的拆除，使设施场址可无限制开放和利用或有限制开放和利用。

在退役工作中，去污是不可少的重要环节，去污是为了降低放射性水平和减少放射性废物的体积，但去污过程中会产生二次废物。切割解体是退役工作的重点任务之一，拆下的设备、管道及构筑物形成大量不同水平的废物，其中很多是低放废物，大部分是一般工业废物，需要分类收集，区别处理。不同核设施退役废物量差别很大。

一座电功率 1 300 MW 压水堆退役产生废物约 15 000～18 000 m^3，它和其 40 年运行（包括维修）产生的废物量大致相当。这些退役废物所含放射性量约为 2×10^{17} Bq，显著高于运行所产生的废物，然而其 99％放射性是集中在反应堆堆芯部件中。

5. 放射性同位素和核技术利用废物与伴生放射性废物

放射性同位素生产及核技术利用产生的放射性废物，废物量小，污染的核素半衰期短、毒性低，多数废物经过贮存衰变，就可达到清洁解控水平，可作为一般废物处置。同位素废物来源分散，分类差，给管理带来诸多不便。

核技术利用废物中，废放射源是最受重视的废物形式，如 ^{226}Ra 源、^{60}Co 源和 ^{137}Cs 源，特别是废镭源的安全处理与处置是一个尚没有圆满解决的问题。

同位素废物的另一个特征是往往夹带生物废物，如试验动物尸体、生物排泄物和生物试样等,它们的生物危害作用可能大于放射性危害作用。

伴生放射性矿是指含有较高水平天然放射性核素浓度的非铀矿。它的开发利用不以生产核燃料或提取放射性核素和利用其辐射为目的。例如:稀土矿、磷酸盐矿、氟石、陶土、天然石材和一些有色金属、黑色金属、石煤、油气田等伴存着较多放射性核素。这些伴生放射性矿物资源在开采、选矿、冶炼、加工,以及利用过程产生的矿石、废渣、淤泥或垢物中可能放射性超标,构成放射性废物,但被乱堆、乱放,露天堆置,造成周围水源和环境不同程度的放射性污染,给工作人员和公众带来较大受照剂量。

长期以来,世界各国对伴生放射性矿废物控制和管理不严。现在,人为活动引起天然辐射的防护问题受到联合国原子辐射效应科学委员会(UNSCEAR)和国际原子能机构的高度关注我国在《放射性污染防治法》的第五章中,对伴生放射性矿开发利用的放射性污染防治作了规定,包括:开采和关闭要编制环境影响报告书,申批许可证,实施主体工程与污染防治设施同时设计、同时施工、同时投入使用的"三同时"制度,以及伴生放射性矿开发利用过程中产生的尾矿应当建造尾矿库进行贮存、处置,等等。

对伴生放射性矿物资源利用项目产生的废渣及副产品的使用,必须遵守国家标准《建筑材料放射性核素限量》(GB 6566—2001)的规定。目前,滥用伴生放射性矿物废渣和副产品的情况国内外都比较突出。

二、放射性废物最小化

废物最小化是指废物量(体积和重量)和活度(废物中放射性核素含量)合理可达到的最小,废物最小化是放射性废物管理基本原则之一。为了保护人类健康和生态环境,不给后代带来不适当的负担,促进核工业的可持续发展,应该尽可能节省资源,实行再利用和再循环,使废物最小化。废物最小化的意义是明显的,至少有以下三个方面好处:

(1) 保护人体健康和环境,有重要的环境效益和社会效益,有利于核事业持续发展。

(2) 减少企业处理和处置废物的负担,有重要的经济效益。

(3) 促进企业文明生产和管理水平的提高。

传统的废物管理是对已产生的废物进行处理和处置。通过实践,人们认识到废物管理应该从源头抓起,控制和减少废物的产生,使废物尽可能少,使废物带来的危害降到最低程度。

废物最小化是整个废物管理水平提高和安全文化素养提高的结果,它始于核设施的设计和建造,终于核设施的退役。涉及设计、采购、建造、调试、试运行、运行、关闭和退役的生命周期全过程。废物最小化不仅是废物产生者的责任,也是利益相关方(如设计者、合同承包商、中介机构等)的共同责任。废物最小化是一个系统的、连续的、反复的过程。废物最小化的实现受制于很多因素,如:

(1) 社会、政治因素(国家政策、法律和法规);

(2) 资源因素(经费、熟练工作人员和材料的获得);

(3) 技术因素(新技术开发和运用);

(4) 安全因素(环境、公众和工作人员的安全)。

实现废物最小化的方法归纳起来可分为优化管理、减少源项、再循环和再利用与减容处理四大方面。前两项措施重在减少废物的产生;后两项措施重在对已产生的废物实行减容。

废物最小化应在设计时就作考虑和采取措施。废物最小化是选择退役政策和技术方案时必须掌握的原则。

1. 优化管理

优化管理是实现废物最小化的最重要措施，主要有下面几点：

(1) 制订和执行法律、法规和标准。

(2) 严格废物分类，分出免管废物，对经过处理后达到清洁解控水平的废物解除控制。

(3) 建立质量保证和质量控制体系。

(4) 周密计划和严格管理设备检修与反应堆换料等活动。

(5) 制订应急预案和准备应急措施。

(6) 培训工作人员，使他们熟悉工艺过程，提高安全文化素养，自觉重视减少废物。

(7) 建立废物处理、处置文档和数据库。

(8) 建立废物管理顾问委员会或顾问组，指导与定期审查和评价废物管理活动。

(9) 建立废物处理中心或集中处理站，把分散的处理和整备变为集中的处理和整备。

(10)采用流动废物处理装置，减少废物处理整备设施的布点。

2. 减少源项

减少源项是实现废物最小化重要和有效的做法，从源头抓起，减少放射性废物的产生，可采取的措施很多，例如：

(1) 选择先进工艺或改进工艺流程，这不仅可以减少废物产生量而且可以改变废物的组成和放射性水平。如采用无盐试剂，用羟胺、肼作还原剂，用电解法代替加入化学试剂，用碳酸肼代替碳酸钠洗涤有机溶剂。

(2) 优化设计和选用高耐蚀的材料和设备，如：反应堆构件用低钴、低镍合金；设备表面作预处理或加涂层；贮槽设钢衬里；接头和阀门采用优质密封材料等。

(3) 降低泄漏率，减少跑、冒、滴、漏。

(4) 延长使用寿命，减少维修次数。

(5) 严格按规章制度操作，避免事故发生。

(6) 严格分区制度，气流、物流、人流合理走向。减少污染区数目和范围，严格控制进入污染区的人员、工具和材料，尽量减少现场工作人员。

(7) 严格废物分类收集与分类存放和处理，防止交叉污染。

(8) 减少去污等操作所产生的二次废物等。

3. 再循环和再利用

再循环/再利用不仅可以减少废物量，还可以节省资源，适应可持续发展要求，是重要的方向。我国很多地方缺水或严重缺水，废水的再循环和再利用有着重要的意义。

再循环和再利用的差别在于前者返回到原来的使用目标，后者则进入新的使用目标，再循环/再利用的途径很多，例如：

(1) 核工厂用水很多，经过蒸发、离子交换、电渗析、反渗透、超滤等处理措施，返回到工艺使用可能性是很大的，特别是冷却水的循环使用。

(2) 废酸、废碱净化处理后可返回工艺过程再利用。如：核燃料循环前段工艺过程回收的硫酸、碱以及氢氟酸；后处理厂回收的硝酸和有机溶剂等。

(3) 核电站一回路含硼废液处理后返回工艺过程再使用。

(4) 铀富集厂产生的贫化铀的再利用。

(5) 把后处理回收的铀和钚制成 MOX 燃料,可以大大提高铀资源的利用率。

(6) 核设施退役产生大量混凝土废物和废金属(钢铁、铜、铝、铅等),废混凝土磨碎后分选再利用,废金属适当去污熔炼之后再利用。

(7) 运输容器和工具多次使用。

(8) 防护衣具和脚手架去污后多次使用,等等。

废物再循环/再利用常常要先作净化去污处理,经过监测,必须符合国家标准和(或)经过审管部门批准后才能进行再循环/再利用。再循环/再利用分有限制(有条件)的再循环/再利用和无限制(无条件)的再循环/再利用。对于有限制的核工业内部再循环/再利用,要求可适当放宽。再循环/再利用受很多因素的影响,如:

(1) 清洁解控标准、国家废物政策;

(2) 成本考虑,经济合理性;

(3) 技术可行性;

(4) 公众和社会的接受性。

4. 减容处理

减容处理的方法很多,最重要的有以下 7 种:

(1) 焚烧。焚烧可获得很大减容(20～100 倍)和减重(10～80 倍)。

(2) 压实。压实容易获得适当的减容(2～10 倍)。使用超级压实机可压实阀门、管道、箱体等废金属和混凝土类废物。

(3) 废金属熔炼处理。通过适当的熔炼,所污染的放射性核素大部分进入炉渣,污染的金属可能再利用或可作一般废物处置。

(4) 去污。去污可使废物的放射性水平降低等级或者作为非放射性废物处理,这是常用的方法。

(5) 分拣。不同污染水平的废物往往混杂在一起,分拣出可解控的废物可减少放射性废物的体积。

(6) 破碎切割。像薄壁金属管等大件废物,经过破碎切割,也可显著减少废物的体积。

(7) 先进固化法处理。现在常用的固化工艺因为加入固化基材,往往是增容的,但采用先进的固化工艺也有减容作用。

α 废物最小化可减轻长期贮存和地质处置的负担,带来重大经济效益和环境效益。α 废物最小化最重要途径是控制 α 废物的产生,有许多措施,包括:防止 α 气溶胶的污染扩散;通过去污降低 α 污染水平和通过检测分出 α 废物等。α 废物准确检测困难比较大,但已有桶装 α 废物检测仪、超铀废物货包检测仪、超铀废物箱/包检测仪、退役现场钚积存量检测仪等商售仪器设备。

放射性废物最小化已受到国际社会的普遍重视,IAEA 已发布了许多技术文件,包括核燃料循环前段废物最小化、核电厂运行和核燃料循环后段废物最小化,核设施去污和退役的废物的最小化、废物的再循环和再利用。

第四节　气载放射性废物处理

在铀矿开采、选矿及水冶、精炼和转化、铀同位素分离、核燃料元件制备、核反应堆运行、核燃料后处理、铀钚加工、放射性废物处理、同位素生产与应用，及其他放射性物质操作过程中，均可能产生含放射性微尘、放射性气溶胶和放射性气体的气载放射性废物。

一、通风法

通风实际上是一种稀释法。用通风降尘除氡是铀(钍)矿井废气治理主要方法。科学设计通风系统，优选风机和风量，加强通风管理是矿井废气治理最重要和最有效的措施。例如：在矿井、厂房内设机械送风、排风系统，保证提供新鲜空气并将有害气体排除。气流组织由低污染区流向高污染区，通过逆止阀防止发生逆流和窜流。厂房内的绿区、橙区、红区等控制区保持不同的换气次数和负压，监督区白区房间保持常压，送风大于排风等。橙区、红区的排风必须经高效过滤器净化，监测合格后才允许排入大气中。

二、衰变贮存

放射性废气中含很多短寿命活化产物和裂变产物核素，如核电站工艺废气中，除^{14}C、^{85}Kr和^{3}H外，其他核素的半衰期都很短，短寿命的惰性气体可采用衰变贮存来消除。核电站工艺废气的衰变贮存有两种方式。

1. 加压贮存

加压贮存是通过加压使废气在贮罐中滞留足够长的时间，从而降低放射性水平。系统内容器的覆盖气体和设备运行的呼排气收集起来，用压缩机加压贮存60 d左右，^{133}Xe可衰变掉99.9%以上，工艺废气内其他短衰期的放射性核素大部分已衰减到可排除的水平。加压贮存的优点是工艺成熟，系统简单，但设备庞大，高压系统容易出现泄漏。

2. 吸附床滞留

吸附床滞留是废气在除湿后通过吸附滞留床(又称延迟床)，使其中的裂变气体氪和氙在连续的吸附、解吸过程中，得到足够的滞留时间，从而降低放射性水平。活性炭迟留的优点是在常温、常压下运行，无转动部件，废气泄漏量小，操作简单，可靠性高。

三、低温回收

有些有用核素可用低温回收方法来提取和去除。^{85}Kr是惰性气体中重要核素，可作探伤测厚和示踪剂等之用，是一个有实用价值的同位素。^{85}Kr的回收提取有以下两种方法：一是活性炭吸附法。乏燃料元件溶解产生的尾气，经洗涤、干燥、预冷后送入活性炭床，用液氮将其液化。液态氪、氙均被活性炭吸附，将活性炭加热，温度升高至100 ℃时，氪被解吸下来，送到冷却贮存或加压装入高压钢瓶中。此法得到的是氪的多种同位素的混合气体，^{85}Kr约占5%。二是低温精馏法。将乏燃料元件溶解尾气经初步净化后加压冷冻到－32 ℃，利用氟利昂作溶剂吸收Kr和Xe，然后减压升温进入精馏柱，去除氧和氮，最后利用氪和氙的沸点差将它们分离开。

四、干法除尘

干法除尘是采用多孔介质或纤维物质作滤材,使气体通过时把不同粒径的尘粒和气溶胶截留在滤材上,达到净化要求。被过滤微粒的粒径、密度、气流速度、滤材性质、滤材设置都可能影响过滤净化效率。过滤器的设计应该力求外形尺寸小、过滤面积大、气流通过阻力小、密封性好、易于拆卸和更换。干法除尘的方法很多,介绍几种主要的干法除尘器。

1. 旋风除尘器

依靠机械力使气流在旋风筒内做高速旋转运动,含颗粒气体沿切线方向进入筒内,受惯性离心力作用,颗粒播击到器壁上或相互播击,失去动能后沉降下来,落入灰斗。

旋风除尘器结构简单,操作管理方便。费用低廉,适用除去大于 5 μm 的尘粒,宜用作过滤装置的前置除尘器。

2. 袋式过滤器

采用天然纤维或合成纤维、玻璃纤维做成滤袋。气体通过滤袋时,因筛滤、碰推、截留、扩散、静电等作用而被阻留和捕集,把尘粒分离出来。

袋式除尘器的形式多种多样,优点是结构简单、费用低,能处理 1 μm 以下含尘气体,除尘效率可达 98%以上。缺点是不适于处理温度高、湿度大的含尘气体。滤袋经过一定时间使用,需要自动振打或人工振打抖落积尘,也可用空气反吹去除积尘,每隔一定时间反吹一次。通常,通过滤袋前后的压差来决定是否需要反吹。滤袋容易着火,工作温度不能太高,控制在 260 ℃以下。滤袋容易破损,箱要适时更换。袋式过滤器在核工业中常用于焚烧或熔炼时废气的净化处理。

3. 高温陶瓷过滤器

高温陶瓷过滤器装着许多根微孔碳化硅陶瓷管(呈烛状,如长 1 m,外径 60 mm)元件。使用温度可达到 1 100 ℃。对粒径大于 5 μm 的粒子的过滤效率达 99%。烟炱和焦油阻留在陶瓷过滤管的外表上慢慢地被烧掉。不仅有很高的过滤效率,而且还起到后燃烧的作用,消除烟炱、焦油的影响。这种过滤器的缺点是设备体积大,陶瓷过滤管寿命短(在 900 ℃工作时间约为 1 000 h),维修更换工作量大。

4. 烧结金属过滤器

烧结金属过滤器使用的材质有:不锈钢、镍、镍合金等,可根据烟气成分选用。其工作温度低于微孔陶瓷过滤器,不能起后燃烧的作用。过滤效率随过滤器孔径大小而异,如孔径为 5~10 μm 的过滤器,对 3 μm 粒径的粒子过滤效率大于 99.9%。烧结金属过滤器的使用寿命较长,但价格贵,使用不太多。

5. 电除尘器

电除尘基本原理是利用高压直流电场使含尘气体中尘粒荷电并在电场中捕集荷电颗粒而实现尘粒与气流分离。电除尘器形式多样,板式与管式、水平流式与垂直流式、干式与湿式等。电除尘优点是气流阻力小,能处理高温、高湿气体,除尘效率为 99%~99.9%,适于处理含尘浓度低,尘粒直径为 0.05~50 μm 的气体。缺点是投资高,维修费用大,设备占地面积较大,易出现电火化和发生短路,不宜用来处理高负荷的尾气。电除尘法在核工业中用得不多。

6. 硅胶柱吸附器

硅酸钠(水玻璃)经酸处理、老化、水洗、干燥,制成硅酸凝胶(堆密度 600～700 g/L,孔隙率 50%～65%)可作吸附剂装柱,用来去除废气中的水蒸气和 NO_x。硅胶粒可用加热获得再生,但再生温度不能超过 200 ℃。

五、湿法除尘

湿法除尘又称湿法洗涤。放射性废气中的颗粒放射性物质与水或其他液体相接触,由于重力沉降、惯性碰撞、截留、扩散沉积与溶解等作用而去除废气中的颗粒和有害气体。湿式除尘的效率一般大于 90%,高者可达到 99.5%。湿法除尘除了去除尘粒之外,还有降温、加湿、去除酸性或碱性气体组分等作用。湿法除尘适宜于净化高温、易燃、易爆的含尘气体。缺点是:耗能较大,产生废液和泥浆等二次废物多,管道设备容易受腐蚀。湿法除尘的方法很多,介绍几种主要的湿法除尘器。

1. 筛板塔

塔体内装有多层塔板,板上有许多小孔,气液两相上下穿行进行传热和传质。处理能力大,压、阻力降小,造价低,但负荷范围比较窄,加工安装和操作控制要求高。

2. 泡罩塔

泡罩塔属板式塔,板上有供气体通过的若干短管,短管上覆盖着下缘有槽孔的泡罩,并另装有溢流管,操作时液体自上部连续进入,由下部出去。其优点是操作稳定,适用于多种介质;缺点是结构复杂,阻力降大,造价较高。

3. 填充床洗涤器

填充床洗涤器又称填料塔,内装填充物(填料),以增加气液两相的接触面积。结构形式多样,有立式、卧式;有并流、逆流和错流;有单层填料和多层填料等。填料塔可以是固定床、移动床或流化床。填料塔广泛用于气体除尘和气体吸收。含尘气体由下而上通过填料层,尘粒被俘获而去除。填料有拉西环或丝网类物质,对于＞3 μm 粒径的颗粒,去除率约 90%。填料易于被堵塞,但可以清洗排除。若使用塑料填料,受温度限制;若使用金属填料,有腐蚀问题。

4. 喷淋洗涤器

喷淋洗涤器又称喷淋塔,利用尘粒和液滴之间的惯性碰撞、截留及凝聚等作用,较大的粒子被液滴所捕集,使尘粒得到分离。喷淋洗涤器有重力喷淋洗涤器和中心喷淋洗涤器等多种形式。重力喷淋洗涤器夹带尘粒的液滴由于重力作用而沉降到塔底。中心喷淋洗涤器的塔中心设喷淋多孔管。重力喷淋洗涤器结构简单,压力损失小,操作稳定。

喷淋塔喷淋的碱洗液如 NaOH、KOH 或 Na_2CO_3,可以吸收酸性气体如 NO_X、SO_X、HF、HCl 等。喷淋过程会产生较多的二次废液,但可通过回流,减少二次废液。

5. 文丘里洗涤器

文丘里洗涤器由文丘里管、凝聚和除雾器组成。除尘包括雾化、凝聚和除雾 3 个阶段。文丘里管包括收缩段、喉管和扩散段。含尘气体进入收缩段后,流速增大,进入喉管时达到最大值。洗涤液在喉管进入,尘粒与液滴或尘粒之间发生激烈碰撞和凝聚。在扩散段凝聚成较大颗粒的含尘液滴,在除雾器内被捕集。文丘里洗涤器有多种结构。

文丘里洗涤器是去除气体中较多尘粒和吸收气态污染物有效设备之一,对于粒径0.1～100 μm 的尘粒,去除率80%～90%。文丘里洗涤器对高温烟气有良好的除尘和降温效果。

六、常用吸附过滤器

1. 碘吸附器

碘吸附器又称碘过滤器。挥发性碘可能以无机碘,有机碘化物等多种形式存在。无机碘容易去除,而有机碘较难去除。核工业中多用固体吸附法,碘吸附器的净化效率可用甲基碘法测定。气体中的碘盐也可用 NaOH 溶液洗涤去除,对除元素碘来说,去污因子可达到 10^2～10^4,但对有机碘无效;碘也可用浓硝酸洗涤。

2. 预过滤器

预过滤器对微米级及大于微米级的灰尘颗粒具有很高的捕集效率,而对于亚微米级的较小尘粒,捕集效率很低。预过滤器的滤材一般采用细孔泡沫塑料、玻璃纤维或无纺布等,通常为栅格形结构。安装在高效微粒空气过滤器前面的排风预过滤器,过滤效率至少为85%,用来保护高效微粒空气过滤器不受灰尘或其他不良环境条件的损害。用于进风过滤的预过滤器过滤效率至少85%。

3. 高效微粒空气过滤器

高效微粒空气过滤器(HEPA 过滤器),又称绝对过滤器,是一种用来过滤亚微米级微粒的干式过滤装置,过滤介质为合成纤维、玻璃纤维。其过滤机理是通过碰撞、扩散、惯性、重力和静电等多种效应实现捕集微粒,达到净化目的。高效微粒空气过滤器在核工业厂矿、处理厂房使用很多,对空气清洁度要求较高的场合也广泛被采用。

HEPA 过滤器通常使用框架式、折叠式(带分离隔板或无分离隔板)等类型。框架式将纤维介质安装在刚性框架内,中间有铝材或其他材料制造的波纹隔板作支持。HEPA 过滤器两端设置压差计,用来检测过滤器是否失效,通过这样的措施,可及时发现排风系统的问题,及时更换过滤器。例如,过滤器发生阻塞,压差会升高 500 Pa;过滤器发生蚀穿,压差会降到低于 10 Pa。所以当压差低于 10 Pa 或高于 500 Pa 时,必须更换过滤器芯。在过滤器旁边设固定式 γ 仪表,监测过滤器外表面 γ 辐照剂量率。当固定式 γ 仪表监测过滤器外表面的剂量率超过规定值时,也需要更换过滤器芯。

HEPA 过滤器对于粒径为 0.3 μm 以上的微粒的过滤效率不低于 99.97%。改进 HEPA 过滤器产品,过滤效率可达 99.99%,甚至更高。为了延长 HEPA 过滤器的使用寿命,常在它的前面设置预过滤器、除雾器。为了防 止排出气体中水汽形成水雾,把过滤介质浸湿降低过滤效果并增加阻力,进入 HEPA 之前,应将进气加热升温到露点以上。

操作钚和超钚元素的场合,常把多个高效微粒空气过滤器串联起来使用,以保证满足净化要求。但多个 HEPA 串联使用,会增加阻力和投资。

HEPA 过滤器的过滤效率的检测方法有油雾法、钠盐法、单分散相邻苯二甲酸二正辛酯法(DOP)、荧光素钠法等。这些检测方法的共同特点都有 3 个基本操作:制备试验用气溶胶:在过滤器上游取样;在过滤器下游取样。这些检测方法的区别在于试验气溶胶的制备和检测的方法不同。油雾法是利用分散的油雾作为人工尘,其平均直径为 0.28～0.34 μm。

钠盐法是利用分散的 NaCl 颗粒作为人工尘，中值直径约为 0.4 μm，粒径分布范围为 0.02～2 μm。油雾法和钠盐法只能得到总过滤效率，一般无法得到过滤效率与气溶胶粒子粒径之间的关系。DOP 蒸汽冷凝粒子具有较好的单分散性，粒径可调范围为 0.05～0.5 μm，粒子浓度高而稳定，因此国际上广泛采用 DOP 气溶胶来检测高效微粒空气过滤器的过滤效率。

第五节 低中放废液净化处理

核燃料循环过程、反应堆运行、核技术应用和核研究活动产生的放射性废液多种多样，所含核素的种类、数量、形态，常量盐分和酸碱度差别很大，要优选适当的工艺进行处理。放射性处理的目的：去除放射性核素，达到可排放或再利用；浓缩减容，改变性状，以便于安全贮存和后续处理及整备。低中放废液的净化处理工艺很多，介绍几种净化处理方法和固液相分离技术。

一、沉淀法

放射性核素多以离子或胶体形式存在于溶液中，可以通过沉淀、共沉淀或吸附作用将它们去除。离子态核素可以通过加入另一种离子或化合物使它们转变成不溶性或难溶性化合物沉淀来达到分离目的。

溶液中离子浓度的乘积大于溶度积，才有沉淀生成。当废液中放射性核素的离子浓度很低时，可加入载体，使体系中形成其他难溶化合物。通过吸附、载带作用将放射性核素一起沉淀下来，即共沉淀。载体可以是放射性核素的稳定同位素，也可是有类似化学性质的常量物质。

有些核素不能与常量物质形成沉淀或共沉淀物，但却能被吸附在别的沉淀物或晶体表面，被常量物质的晶体或沉淀物载带沉淀下来，这种现象称为吸附共沉淀，许多放射性核素被难溶的氢氧化物吸附共沉淀载带下来。

对于以胶体形态存在于废液中的放射性核素，可以通过加入絮凝剂，利用其吸附凝聚作用去除。絮凝剂水解和缩聚反应生成的线性结构聚合与胶粒或微小悬浮物吸附桥联，或因胶体粒子的双电子层受压缩和电中和而凝聚。

二、蒸发浓缩法

蒸发浓缩法是处理放射性废液最常用的方法之一。

1. 蒸发浓缩原理

蒸发浓缩是借助于外加热把废液中大量水分汽化，变成二次蒸汽逸出溶液，除少量易挥发性核素一起进入蒸汽和少量放射性核素被雾沫夹带出去外，绝大部分放射性核素被保留在蒸发浓缩物(简称蒸残液)中。为了使二次蒸汽带出的放射性核素尽可能的少，常采用旋风分离器、泡罩塔或不锈钢丝网填充塔等设备分离二次蒸汽中的夹带物，然后进行冷凝，获得大体积净化了的冷凝液，达到可以复用或排放。如果冷凝液的放射性水平仍然超过规定的排放或复用标准，则要进行二次蒸发处理，或使用离子交换、膜技术等方法处理。蒸残液中浓集的放射性核素，要作固化处理。

蒸发法有较高的去污因子,如果废液中存在易挥发核素(如氚、碘、钌等),去污因子会降低。

蒸发器的浓缩倍数要适当控制,浓缩液含盐量过高,遇冷析出结晶会造成输送管道的堵塞;另外,浓缩倍数大,蒸残液辐射场强度升高,需增加生物屏蔽。

2. 蒸发器类型

溶液蒸发处理常用的蒸发器有三类:① 釜式蒸发器;② 自然循环蒸发器(又分为中央环管式和外加热循环两种);③ 强制循环蒸发器。现在常用的蒸发器是外加热自然循环蒸发器。这类蒸发器设计简单,活动部件少,运行可靠。强制循环蒸发器用机械能改善热传输,特别适合于处理易结垢的液体。强制循环使液体在管子中流速快,不易生成垢物,强制循环蒸发器的另一个优点是处理量比较大,核电厂放射性废液的处理多用强制循环蒸发器。除以上三类蒸发器外,还有刮膜蒸发器、节能压缩蒸发器、急骤(闪蒸)蒸发器、红外蒸发器等。

蒸发法可用于处理不同含盐量(甚至高达 200～300 g/L)的各种废液,处理能力大,可获得很高的去污因子,一般为 $10^3 \sim 10^6$,并且有较大减容倍数(几十倍至几百倍)。蒸发浓缩多数用一级蒸发,必要时采用两级蒸发。蒸发器的规模根据需要而定。蒸发法的不足之处是:耗能多、投资和运行费用高、系统复杂、运行和维修要求高。

三、离子交换法

离子交换广泛用于分离、纯化、制备等目的,也是废水处理最常用的方法之一。

1. 离子交换原理

离子交换法是借助离子交换剂上的可交换离子(活性基团)和溶液中的离子进行交换,选择性地去除溶液中以离子态存在的放射性核素,使废液得到净化。离子交换是一种可逆过程,进行到一定程度达到平衡状态,离子交换作用不再继续,可用下式表示:

$$R-H+M^{+} \Rightarrow R-M+H^{+}$$

$$R-OH+N^{-} \Rightarrow R-N+OH^{-}$$

式中,R——离子交换剂基体;

H^{+} (OH^{-})——阳离子交换功能团(阴离子交换功能团);

M^{+} (N^{-})——溶液中可交换的阳离子(阴离子)。

离子交换剂的结构可分为两部分:一部分为骨架,或称基体,这是有机或无机高分子聚合物;另一部分为连接在骨架上的离子交换功能团。按功能团的类型,可分为:阳离子交换剂、阴离子交换剂、整合型离子交换剂等。

2. 离子交换设备

离子交换器分为固定床、移动床和流动床三种。床内只有一种阳离子树脂(或阴离子树脂)称为单床,同时装有阴、阳两种离子树脂则称为混床。单床和混床可单独使用,也可串联使用。离子交换分静态运行和动态运行。

离子交换有的以固定床批式操作,有的以柱式移动床连续运行。粉末状离子交换树脂多用作过滤介质的预涂层,做成预涂层过滤器。用离子交换处理的废液一般要满足以下几点:① 悬浮固体物浓度小于 4 mg/L,否则要先作过滤预处理。② 含盐量小于 1 g/L,否则离子交换容量会快速达到饱和。③ 要去除的放射性核素必须以离子态存在，粉末状树脂做成的预涂层过滤器可用来去胶体。④ 处理的液体温度不能太高，不含油类和油脂物质。

3. 离子交换的应用和发展

离子交换的应用十分广泛，在反应堆运行过程、核燃料循环前段的铀水冶厂和精炼厂、后段乏燃料元件池水的纯化、后处理厂铀和钚的纯化、同位素的生产和应用以及核研究中心，离子交换都用得很多。有时，退役和事故/事件处理也应用离子交换法，美国三哩岛核电站事故中用离子交换法处理了大量废液。

离子交换法有以下优点：① 工艺成熟；② 去污因子较高（10～100）；③ 操作简便，可适于连续运行和自动化操作。其不足之处是：① 不适于非离子型液体；② 盐含量和悬浮物的含量有限制；③ 存在胶体会带来麻烦；④ 有机离子交换剂的耐辐照和耐热性差；⑤ 再生时会产生较多的二次废物。

四、电渗透和反渗透法

1. 电渗透

电渗透是在直流电场作用下利用离子交换膜的选择透过性，让阳离子透过阳膜，阴离子透过阴离子，使溶液中的离子发生定向迁移，达到净化和浓缩液体的目的。电渗析工作原理如图 9-2 所示。

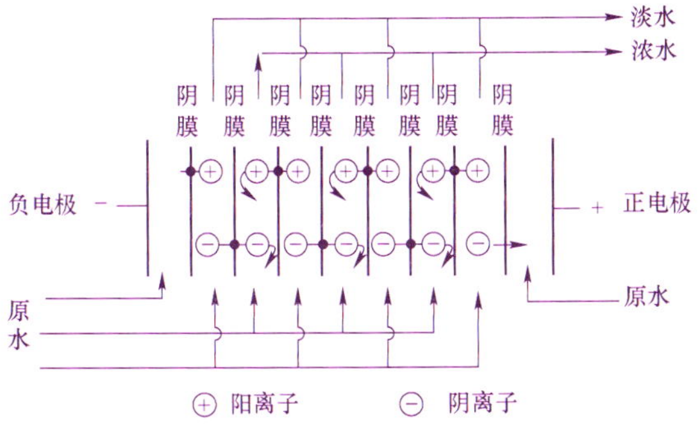

图 9-2 电渗析原理图

电渗析在海水和咸水淡化、民用工业水处理中应用广泛，在核工业中用电渗析作为离子交换前料液脱盐的预处理，以提高离子交换剂的工作效率和使用寿命。电渗析使用的离子交换膜种类很多：无机材料膜和有机材料膜；异相膜、均相膜和半均膜。按活性基团可分为阳膜、阴膜和特种膜。

2. 反渗透

一般的自然过程是稀溶液中的溶剂（水）透过膜向浓溶液边流动。反渗透是在浓溶液侧施加压力，让浓溶液中的溶剂通过半透膜进入稀溶液中，如图 9-3 所示，使浓溶液变得更浓，起到浓缩作用。选择适当的半透膜可达到浓集分离的目的。反渗透适用于处理含盐量较低（0.5～40 g/L，pH＝3～12，温度不高于 45 ℃）的低中放废液，去污因子达 10～100，浓缩液体积占料液的 10%左右。

反渗透已在海水与咸水淡化和民用水处理中得到广泛使用。常用设备有板框式、管式、

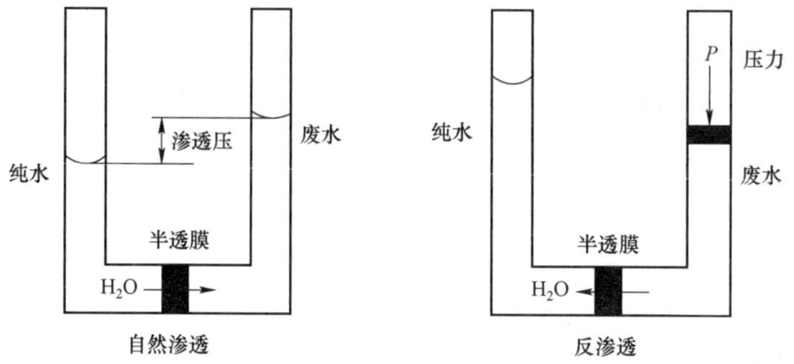

图 9-3 反渗透原理图

螺旋卷式和空心纤维式等。常使用醋酸纤维素膜或芳香聚酰胺空心纤维膜,以膜面积/体积比较大,有较多料液流过膜截面者为好,螺旋卷式有较好的效果。反渗透系统由反渗透器、高压泵、计量控制设备、预处理设备等组成。在处理放射性废液时,要注意以下问题:① 因为采用较高的压力(1.5～10 MPa),要防泄漏;② 要用可靠和无泄漏的高压泵;③ 半透膜容易沉积无机物、吸附有机物、黏着和繁殖微生物,所以要定期清洗和更换膜组件;④ 选用的半透膜要耐辐照;⑤ 用反渗透作废水预处理,不能用很脏的水做供料。

反渗透法设备简单,耗能少和适应性强,可用来处理蒸发和离子交换法不适宜处理的洗衣废水和洗澡水。核电站用它来处理含硼废水。

为了达到较高的去污系数和浓缩倍数,常采用多级反渗透的组合流程。反渗透产生的清水可能已达到排放水平,浓水要作进一步处理(如蒸发、固化等)。反渗透法更换下来的半渗透膜是一种固体废物,可作焚烧或压缩处理。反渗透法的不足之处是需用高压泵多元组合使用,需预先除去固体颗粒以防膜的堵塞。

五、超滤

超滤也称超过滤,是借助于压力和选择透过性薄膜,使分子量小的物质(如水、溶剂和电解质)通过,分离出大分子(分子量大于 500)浮颗粒和胶体,达到浓缩、分离和提纯等作用,超滤的工作压力较低,0.1～1.4 MPa。超滤所用的膜种类很多,一般为高分子有机膜,如醋酸纤维素、聚丙烯腈、聚砜、芳香族聚合物等。膜形态可分为平膜、管膜和中空纤维膜等。超滤膜对温度和有机物不如反渗透膜灵敏。

超滤的效果和效率受溶质颗粒大小、形状、柔软性和操作条件等影响。超滤过程容易发生浓差极化,通常靠提高进料速度和温度来减缓,定期清洗是必要的。超滤用于处理放射性废液有许多优点:① 产水量大、能耗低、操作简单;② 浓缩倍数高、可达 10^4、二次废物少;③ 去污因子较高(10～100)。有的情况对 α 放射性核素的去污因子可达 1 000,对 β/Y 放射性核素可达 100;④ 胶体、发泡剂、悬浮固体物的存在影响较小,超滤可用于泥浆脱水。

六、固液相分离

固液相分离的目的是为去除废液中悬浮物、不溶性固体颗粒物、树脂颗粒或碎片以及胶体物。一般的固液相分离没有太大的去污效果,但是,在絮凝沉降和离子交换的前后及蒸发之前增设固液相分离设备,是非常必要的。

固液相分离的方法很多，常用的过滤器有砂过滤器、预涂层过滤器、筒式过滤器、水力旋流器等。过滤器的选择除考虑过滤对象和性质外，还应考虑耐腐蚀、耐辐照、二次废物量少、寿命长、易更换等要求。

砂过滤器有重力砂过滤器和加压砂过滤器。预涂层过滤器是在过滤介质上涂上粉末树脂或硅藻土类助滤剂的过滤器，在沸水堆核电站应用较多。

筒式过滤器的过滤筒可重复使用，只需更换里面的过滤芯。滤芯的过滤介质有多孔烧结体、非纺织纤维等，在压水堆核电站应用较多。对 0.1 μm 到几百微米的颗粒有很高的过滤效率。

水力旋流器可用来去除地面冲洗水中的悬浮物和沉淀泥浆废物，过滤效率为 80%～90%，制备简单，价廉，需常维修的活动部件少。冻融过滤则对泥浆废物的固液相分离有较好的作用。

七、太阳能蒸发法

太阳能蒸发有天然蒸发池和太阳能蒸发设施两种。太阳能蒸发设施可以实现有控制的大气排放。天然蒸发池受当地地质、降水和沉降物的影响大，容易积蓄淤泥、渗漏和生物闯入，负面作用大，现已被逐步淘汰。

第六节 放射性废物减容处理

随着核电和核技术的发展，低中放固体废物量日益增加，废物的减容越来越受到人们的重视。低放固体废物中 40%～80%是可燃和可压缩的，焚烧和压实是放射性废物减容的重要措施。

一、放射性废物焚烧减容处理

放射性废物焚烧是将可燃性废物氧化处理成灰烬或残渣。可燃性废物包括纤维性物质（织物、纸、木材）、塑料、橡胶、活性炭、石墨、动物尸体、废树脂、废有机溶剂、废机油、废有机闪烁液等，种类繁多。对于低放射性可燃性废物，焚烧是理想的高效减容技术，焚烧处理有以下优点：

（1）可获得高度的减容和减重（减容 20～100 倍，减重 10～80 倍），减少贮存和处置所占场地以及运输、贮存和处置的费用；

（2）实现废物无机化转变，免除热分解、辐射分解、腐烂、发酵和着火可能性，提高废物贮存、运输和处置的安全性；

（3）可回收 ^{239}Pu 和 ^{235}U 等贵重易裂变物质。

1. 裂解焚烧

焚烧是大家都非常熟悉的一种现象，但焚烧是一个复杂的化学过程，涉及化学，传热、传质、流体力学、化学热力学、化学动力学等许多过程。焚烧工艺可分为：分拣、破碎、进料、焚烧、排灰、烟气冷却、烟气净化等过程，如图 9-4 所示。

衡量焚烧处理系统，有两个重要性能指标，即去污因子和减容比。废物的高效焚烧要求有足够高燃烧温度、足够量空气、足够长停留时间（反应时间）和适当的气流扰动。炉温高，

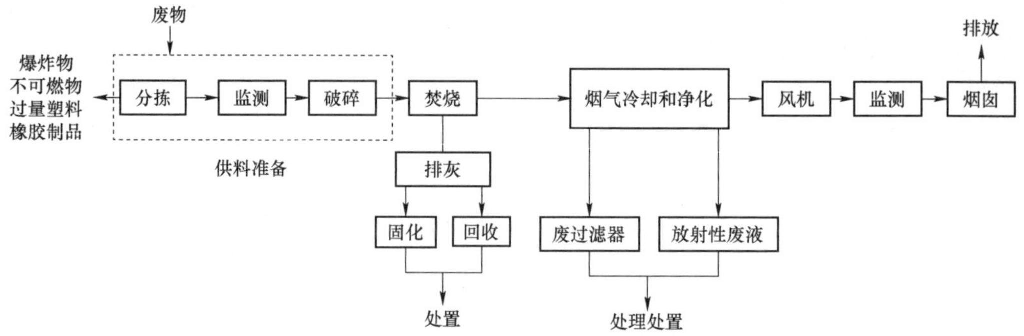

图 9-4 焚烧工艺流程示意图

对完全燃烧有利,但对炉体破坏作用大。焚烧设施的真实减容和减重效果,应计入焚烧灰和烟气冷却系统所产生的二次废物。焚烧的减容比为废物的初始体积与焚烧灰和二次废物总体积之比,去污因子为废物原始放射性活度与排入环境烟气放射性活度之比。按照废物污染核素的种类和污染水平以及环境的排放限值,对焚烧设施的去污因子有不同要求。

焚烧炉类型很多,目前采用最多的是过量空气焚烧炉和控制空气焚烧炉。如:热解焚烧炉、旋风炉、高温熔渣炉、流化床炉、熔盐炉等。

2. 湿法氧化(湿燃烧法)

湿法氧化又称湿燃烧法,也是一种焚烧法。这是利用热浓硝酸和硫酸、浓硫酸和过氧化氢或用过氧化氢催化氧化分解有机物。已经开发的湿法氧化有酸煮解和过氧化氢催化氧化。

1) 酸煮解

酸煮解又称消化,是用热浓硫酸和硝酸(250 ℃)浸煮可燃固体废物,将有机物分解成简单的气体组分,把大部分无机物转变为硫酸盐和氧化物。有机物的化学分解包括有机物碳化和碳化物进一步氧化两个步骤,涉及的化学反应复杂。

酸煮解工艺由四部分组成:① 预处理;② 酸浸煮;③ 尾气处理;④ 残渣处理。

2) 过氧化氢催化氧化

过氧化氢催化氧化是 20 世纪 80 年代开发研究的技术,主要是为了处理废离子交换树脂。离子交换树脂的过氧化氢催化氧化的特点主要是自由基的链式反应。

二、放射性废物压实减容处理

压实减容是借助机械力使废物密实化,提高废物的整体密度。可压实的废物种类很多,除棉、纸、布、橡胶、塑料等软质废物外,污染的木材、玻璃、金属制造阐门、器皿具、电缆、废过滤器、风管,以及保温材料、混凝土散块等采用高压或超高压实可使其达到或接近理论密度,也可获得减容。废物压实减容的效果与废物材质、压实机压头吨位和回弹作用等许多因素有关。

超级压实机减容的压头压力般大于 10 000 kN。核设施检修、核设施退役、产生大量被放射性污染的阀门、管道、箱体、电器设备和混凝土散块,这些废物用超级压实机压实,也可获得较好的减容效果。由于废物处置场的难觅和处置费用的上涨,人们努力实施最大减容,采用超级压实机对 200 L 桶装废物、切割后的金属管道部件、破碎的混凝土块、废机电设备进行压缩减容。压成的“饼块”再放入另外一个稍大的容器中，然后用水泥砂浆固定。

超级压实机的压实作业一般按下面顺序进行：待压缩的废物桶进入供料辊道；在废物桶两底面上打孔；废物桶压实；压实后的“饼块”送到辊道上；自动抓具抓起“饼块”进行称重和测厚；选配合适厚度的“饼块”装桶；封盖。随压实技术不断地进步、工艺不断的优化，压实技术在核工业领域应用范围不断地扩大。

第十章　安全、质量相关知识

学习目标：掌握质量、安全、放射性废物管理等方面知识，提高质量、安全和管理意识，作一个合格放射性废物处理工。

第一节　质量相关知识

一、质量基本概念

1. 质量

质量指产品或服务，满足规定或潜有需要的特征和特性的总和。它既包括有形产品也包括无形产品，既包括产品内在的特性，也包括产品外在的特性。即包括了产品的适用性和符合性的全部内涵。

2. 工业产品质量

工业产品质量指工业产品适合一定的用途，满足人们需要所具备的特性和特性的总和，也即是产品的适用性。它包括产品的内在特性，如产品的结构、物理性能、化学成分、可靠性、精度、纯度等；也包括产品的外在特性，如形状、外观、色泽、音响、气味、包装等；还有经济特性如成本、价格、使用维修费等，以及其他方面的特性如交货期、污染公害等。工业产品的不同特性，区别了各种产品的不同用途，满足了人们的不同需要。可把各种产品的不同特性概括为：适用性、可靠性、安全性、寿命、经济性等。

3. 工作质量

工作质量指对产品质量有关的工作对于产品质量保证程度。工作质量涉及到企业所有部门和人员，也就是说企业中每个科室、车间、班组，每个工作岗位都直接或间接地影响着产品质量，其中领导者的素质最为重要，起着决定性的作用，当然广大职工素质的普遍提高，是提高工作质量的基础。工作质量是提高产品质量的基础和保证。为保证产品质量，必须首先抓好与产品质量有关的各项工作。

4. 服务质量

它指服务满足规定或潜在需要的特征和特性的总和。国际标准列举的服务质量特性实例包括：设施、容量、人员的数量和储存量；等待时间、提供的时间和过程的各项时间；卫生、安全、可靠性和保密性；反应、方便、礼貌、舒适、环境美、能力、耐用性、准确性、完整性、技艺水平、可信性和沟通联络等。

5. 质量控制(QC)

为保证和提高产品质量和工作质量所进行的质量调查、研究、组织、协调、控制、信息反馈、改进等到各项工作的总称。为保证产品过程或服务质量，必须采取一系列的作业、技术、组织、管理等有关活动，这些都属于质量控制的范畴。

6. 质量管理(QM)

它指对确定和达到质量所必须的全部职能和活动的管理,其管理职能主要是负责质量方针政策的制订和实施等。

7. 质量职能

质量职能指企业为使产品、过程或服务满足规定的要求或满足用户的需要而进行的全部活动的总称。在整个质量工作中,企业各部门应该发挥什么作用,承担什么职责,开展哪些活动,都是质量职能所要研究的内容。如在工业企业的设计部门要按照用户的质量要求,决定产品结构、规格、性能和原材料标准等,设计出符合用户质量要求的产品;生产制造部门要实现均衡生产,生产车间和工人则要经过严格训练,熟练掌握产品质量标准要求和保证质量的操作方法与控制方法,以便生产出符合设计质量的产品;检验部门要按产品工艺规程和质量标准进行检查和验收;销售部门在推销产品的同时要很好地进行市场调查,搜集用户意见,进行质量分析等。上述部门的工作与活动直接与产品质量有关,是直接的质量职能。此外企业还有一些部门的工作与产品质量是间接产生影响的,如宣传教育部门,抓紧人员的培训教育,着眼于人的素质的提高,从而保证企业产品质量。财务部门搞好各类资金的管理,加强日常核算和监督,促进劳动生产率和产品质量的提高,降低产品成本,为企业获得更好的经济效益。这些都是间接的质量职能。

8. 统计质量控制

指使用统计技术进行质量控制,这些技术包括频率分布的应用、主要趋势和离散的度量、控制图、回归分析、显著性检验等。

9. 全面质量管理

指企业全体职工及有关部门同心协力,把专业技术、经营管理、数理统计和思想教育结合起来,建立起产品的研究、设计、生产(作业)、服务等到全过程的质量体系,从而有效地利用人力、物力、财力、信息等资源,提供出符合规定要求和用户期望的产品或服务。全面质量管理的基本核心是提高人的素质,调动人的积极性,人人做好本职工作,通过抓好工作质量来保证和提高产品质量或服务质量。

10. 全面质量管理的特点

其特点是把过去的以事后检验和把关为主转变为以预防和改进为主;把过去的以就事论事、分散管理转变为以系统的观点进行全面的综合治理;从管结果转变为管因素,把影响质量的诸因素查出来,抓住主要方面,发动全员、全企业各部门参加的全过程的质量管理,依靠科学的管理理论、程序和方法,使生产(作业)的全过程都处于受控制状态,以达到保证和提高产品质量或服务质量的目的。

11. 全面质量管理的基本要求

(1) 全面质量管理是要求全员参加的质量管理,要求全体职工树立质量第一的思想,各部门各个层次的人员都要有明确的质量责任、任务和经验,做到各司其职,各负其责,形成一个群众性的质量管理活动,尤其是要开展质量管理小组活动,充分发挥广大职工的聪明才智和当家作主的主人翁精神,把质量管理提高到一个新水平。

(2) 全面质量管理的范围是产品或服务质量的产生、形成和实现的全过程。包括从产品的研究、设计、生产(作业)、服务等到全部有关过程的质量管理。任何一个产品或服务的质量,都有一个产生、形成和实现的过程,把产品或服务质量有关的全过程各个环节加以管理,形成一个综合性的质量体系。做到以预防为主,防检结合,不断改进,做到一切为用户服务,以达到用户满意为目的。

(3) 全面质量管理要求的是全企业的质量管理。可从两个方面来理解,首先从组织管理角度来看,全企业的含意就是要求企业各个管理层次都有明确的质量管理活动内容。上层质量管理侧重于质量决策,制定企业的质量方针、目标、政策和计划,并统一组织和协调各部门各环节的质量管理活动;中层的质量管理则要实施领导层(上层)的质量决策,运用一定的方法,找出本部门的关键或必须解决的事项,再确定本部门的目标和对策,更好地执行各自的质量职能,对基层工作进行具体的业务管理;基层管理则要求每个职工都要严格地按标准及有关规章制度进行生产和工作。这样一个企业就组成了一个完整的质量管理体系。再从质量、职能上来看,产品或服务质量职能,是分散在全企业的有关部门的。要保证和改善产品或服务质量,就必须将分散在企业各部门的质量职能充分发挥出来,都对产品或服务质量负责,都参加质量管理,各部门之间互相协调,齐心协力地把质量工作做好,形成全企业的质量管理。

(4) 全面质量管理要采取多种多样的管理方法。广泛运用科学技术的新成果,要尊重客观事实,尽量用数据说话,坚持实事求是,科学分析,树立科学的工作作风,把质量管理建立在科学的基础之上。

以上所说的 4 个方面的要求,可归纳为"三全一多样",都是围绕着"有效地利用人力、物力、财力、信息等资源,生产出符合规定要求和用户期望的产品或优质的服务"这一企业目标。这是我们推行全面质量管理的出发点和落脚点,也是全面质量管理的基本要求。

12. 全面质量管理的基本工作方法(程序)

它指 P、D、C、A 循环。把质量管理全过程划分为 P(计划 Plan)、D(实施 Do)、C(检查 Check)、A(总结处理 Action)4 个阶段 8 个步骤。

第一为 P(计划)阶段,其中又分为 4 个步骤:

(1) 分析现状,找出存在的主要质量问题。

(2) 分析产生质量问题的各种影响因素。

(3) 找出影响质量的主要因素。

(4) 针对影响质量的主要因素制订措施,提出改进计划,定出质量目标。

第二为 D(实施)阶段,也即是步骤。

(5) 按照既定计划目标加以执行。

第三为 C(检查)阶段,也即是步骤。

(6) 检查实际执行的结果,看是否达到计划的预期效果。

第四为 A(总结处理)阶段,其中又分两个步骤,一是根据检查结果加以总结成熟的经验,纳入标准制度和规定,以巩固成绩,防止失误。二是把这一轮 P、D、C、A 循环尚未解决的遗留的问题,纳入下一轮 P、D、C、A 循环中解决。其特点是:4 个阶段的工作完整统一,缺一不可;大环套小环,小环促大环,阶梯式上升,循环前进。

13. 质量特性参数

用定量表示的质量特性,通常称为质量特性参数或适用性参数。包括设计、制造、使用质量和服务质量等方面的各个环节，从保证使用质量出发，提出定量化的要求，以便明确质量责任，确保使用质量以满足用户的需要。

14. 质量特性值

它通常表现为各种数量指标。一个具体产品，常需用多个指标来反映它的质量。测量或测定质量指标所得的数值即质量特性值。习惯上称为数据。根据质量指标性质的不同，质量特性值可分为计数值和计量值两大类。

(1) 计数值。当质量特性值只能取一组特定的数值，而不能取这些数值之间的数值时，这样的特性称为计数值。计数值可进一步分为计件值和计点值。计件值是指产品进行按件检查时所产生的属性，如一批产品中的合格数、废品数等；计点值是指每件产品中质量缺陷的个数，如棉布上的疵点数，铸件上的砂眼数等。

(2) 计量值。当质量特性值可以取所定范围内的任何一个可能的数值时，这样的特性值称之为计量值。如用各种计量工具测量的数据如长度、重量、温度等就是计量值。不同类的质量特性值所形成的统计规律是不同的，从而形了不同的控制方法。

15. 真正质量特性与代用质量特性

真正质量特性是用户所要求的使用质量特性。而企业为了便于生产以及受到科学技术水平限制，往往将其转化为生产中用以衡量产品质量的标准或规格，由产品标准所反映的质量特性叫代用质量特性。由于人们的认识受科学技术水平和各种条件的限制，再加上用户的要求往往是多方面的，以及不断更新和发展的，因此企业所制定的质量标准与用户实际使用质量的要求会随着时代的发展而出现差距。所以，要经常研究质量标准和使用质量要求的符合程度，并作必要的调整和修改，不断改进，尽可能使质量标准符合用户实际使用质量要求。

16. 适用性

指产品或服务在特定条件下满足规定目的要求的能力，或者说产品在使用时能成功地适合用户目的要求的程度。适用性是反映一些有关产品参数的综合结果。

17. 质量监督

指由质量检验监督机构，按照技术标准，对企业的产品质量进行监督考核和鉴定，促进企业加强质量管理，执行质量标准，保证产品质量以维护使用者和消费者利益。从广义上来讲，质量监督实际上是对进入流通领域的产品进行监督，不仅要检查实物质量，还要对企业保证质量的能力，进行检查监督。质量监督可采取自我监督、社会监督和国家监督 3 种形式。

18. 质量指标

指所反映工业产品质量、服务质量和工作质量的指标。如工业企业生产的产品必须符合国家或国家有关部门颁布的技术标准和供货合同中所规定的质量要求。这些要求通常是用具体的技术指标规定下来的。

19. 目标管理

目标管理源于美国管理专家杜拉克，他在 1954 年出版的《管理的实践》一书中，首先提出了“目标管理和自我控制的主张”，认为“企业的目的和任务必须转化为目标。企业如果无总目标及与总目标相一致的分目标，来指导职工的生产和管理活动，则企业规模越大，人员越多,发生内耗和浪费的可能性越大”。概括来说也即是让企业的管理人员和工人亲自参加工作目标的制订,在工作中实行“自我控制”,并努力完成工作目标的一种管理制度,其原则是:

(1) 企业的目的和任务必须转化为目标,并且要由单一目标评价,变为多目标评价。

(2) 必须为企业各级各类人员和部门规定目标。如果一项工作没有特定的目标,这项工作就做不好。

(3) 目标管理的对象要包括从领导者到工人的所有人员,大家都要被“目标”所管理。

(4) 实现目标与考核标准一体化,即按实现目标的程度,考核各类人员,由此决定升降奖惩和工资的高低,而不是根据其他的标准。

(5) 强调发挥各类人员的创造性和积极性。每个人都要积级参与目标的制定展开和实施。领导者应允许下级根据企业的总目标设立自己参与制定的目标,以满足“自我成就”的要求。

(6) 任何分目标都不能离开企业总目标自行其是。在企业规模扩大和分成新的部门时,不同部门有可能片面追求各自部门的目标,而这些目标未必有助于实现用户需要的总目标。企业总目标往往是摆好各种目标位置,实现综合平衡的结果。

20. 企业方针目标

企业方针目标指在一定时期内,企业经营管理活动的纲领和预期的成果。它是企业经营的方向和目标,体现了企业经营的战略和策略。

21. 质量方针

又叫质量政策。它是企业各部门和全体人员执行质量职能和从事质量活动所须遵守的原则和指针,是统一和协调企业质量工作的行动指南,也是落实“质量第一”思想的具体体现。

22. 质量目标

指根据质量方针的要求,企业在一定期间内所要达到的预期效果,即所规定的数量化目标。可根据达到目标的期限长短,划分为长期目标和短期目标。质量目标是企业目标体系中的组成部分,它应力求数量化,以便于统一领导层的思想,成为激励职工的动力,有利于日常的考核和评定,促进目标的实现。

23. 质量计划

指落实质量目标的具体部署和行动安排。其中包括企业各部门在实现目标时应承担的工作任务、责任、时间和进度要求。它通常是以一系列的计划指标及实现这些指标采取措施表示出来的。

24. 质量方针目标的展开

指将已确定企业质量方针目标逐级往下层扩展、细化为各级的中、小目标和措施,以保证企业总目标的实现。

二、质量管理基础知识

1. 质量教育工作

质量教育是质量管理重要的一项基础工作。通过质量教育不断增强职工的质量意识,并使之掌握和运用质量管理的方法和技术;使职工牢固地树立质量第一的思想,明确提高质量对于整个国家、企业的重要作用,认识到自己在提高质量中的责任,自觉地提高管理水平和技术水平以及不断地提高自身的工作质量。

2. 标准化工作

标准化工作主要指制定标准、组织实施标准和对标准的实施进行监督检查。对于企业来说,从原材料进厂到产品生产、销售等各个环节都要有标准,不仅有技术标准,而且还要有管理标准,工作标准等。要建立一个完整的标准化体系。

3. 计量工作

计量工作是保证产品质量的重要手段,做好计量工作,保证计量的量值准确和统一,确保技术标准的贯彻执行,保证零部件互换,是质量管理的一项重要基础工作。计量工作要求必需的量具和化验,分析仪器仪表等要配备齐全,完整无缺,质量稳定,示值准确一致修复及时,根据不同情况选择正确的测定计量方法。因此企业应建立健全计量机构和配备计量人员,建立必要的计量管理制度,以充分发挥其在质量管理中的作用。

4. 质量信息工作

质量信息工作是指反映产品质量和产、供、销以及服务等各个环节质量活动中的各种数据、报表、资料、文件以及企业外部的有关情报资料等。质量信息是质量管理的耳目,也是一种重要的资源。通过收集有关质量信息情报,可以及时掌握产品质量或服务质量的各种因素和生产技术、经营活动的动态,产品的使用状况,国内外产品质量及市场需求的发展动向。它是改进产品质量、改善各环节工作质量最直接的原始资源和信息来源。要组织好内外两个信息反馈,正确认识人影响质量各因素变化和质量波动的内在联系,掌握提高产品质量(或服务质量)的规律。要使质量信息工作在质量管理中发挥其应有的作用,首先,应建立企业的信息中心和信息反馈系统;其次,质量信息要实行分级管进,而且要有专人负责,特别要抓好最基层的信息管理,认真做好原始记录并及时上报。再次,要有一定的考核制度,才能保证信息系统的正常运行(有关质量信息工作在第十一章另作详细论述)。

5. 企业内部的质量责任制

它是企业经济责任制的重要组成部分,要求明确规定企业每一个人在质量工作中的具体任务、职责和权限,以便做到质量工作事事有人管,人人有专责,办事有标准,工作有检查、有考核。要把与质量有关的各项工作和广大职工的积极性结合起来,组织起来,形成一个严密的质量体系。因为质量工作关系到企业的各个部门、各个岗位和每个人,若没有明确的责任制度,职责不清,不仅不能保持正常的生产秩序,而且会出现质量无人负责的现象。因此,要搞好质量,就要有一个明确的职责和权限,要建立一套相适应的质量责任制度,并与经济责任制紧密结合起来,使每个职工都明确自己该做什么,怎么做,负什么责任,做好的标准是什么。做到人人心中有数,为保证和提高产品质量(或服务质量)提供基本的保证。

6. 文明生产

指生产的科学性,要创造一个保证质量的内部条件和外部条件。内部条件主要指生产要有节奏,要均衡生产,物流路线的安排要科学合理,要适应于保证质量的需要;外部条件主要指环境、光线等有助于保证质量。生产环境的整洁卫生,包括生产场地和环境要卫生整洁,光线照明适度,零件、半成品、工夹量具放置整齐,设备仪器保持良好状态等。很明显,若没有起码的文明生产条件,企业的质量管理就无法进行。

三、质量体系

1. 质量体系

指为保证产品、过程或服务质量,满足规定(或潜有)的要求,由组织机构、职责、程序、活动、能力和资源等构成的有机整体。也就是说,为了实现质量目标的需要而建立的综合体;为了履行合同,贯彻法规和进行评价,可能要求提供实施各体系要素的证明;企业为了实施质量管理,生产出满足规定和潜在要求的产品和提供满意的服务,实现企业的质量目标,必须通过建立和健全质量体系来实现。

质量体系包含一套专门的组织机构,具备了保证产品或服务质量的人力、物力,还要明确有关部门和人员的职责和权力,以及规定完成任务所必需的各项程序和活动。因此质量体系是一个组织落实有物质保障和有具体工作内容的有机整体。

质量体系按体系目的可分为质量管理体系和质量保证体系两类,企业在非合同环境下,只建有质量管理体系;在合同环境下,企业应建有质量管理体系和质量保证体系。

2. 质量管理体系

指企业内部建立的、为保证产品质量或质量目标所必需的、系统的质量活动。它根据企业特点选用若干体系要素加以组合,加强从设计研制、生产、检验、销售、使用全过程的质量管理活动,并予制度化、标准化,成为企业内部质量工作的要求和活动程序。

3. 质量保证

指为使人们确信某一产品、过程或服务的质量所必须的全部有计划有组织的活动。这种活动的标志或结果,就产生"证据",目的在于确保用户和消费者对质量的信任。

4. 质量保证体系

指企业为生产出符合合同要求的产品,满足质量监督和认证工作的要求,企业对外建立的质量体系。它包括向用户提供必要保证质量的技术和管理"证据",这种证据,虽然往往是以书面的质量保证文件形式提供的,但它是以现实的质量动作为坚实后盾的,即表明该产品或服务是在严格的质量管理中完成的,具有足够的管理和技术上的保证能力。

5. 质量保证体系的基本原则

(1) 质量保证体系,主要以产品或提供的服务为对象来建立,有时也可以以工序(或过程)为对象来建立。

(2) 质量保证手段应坚持管理与技术相结合,即反复核查企业有无足够的技术保证能力和管理保证能力,两者缺一不可。

(3) 质量信息管理,是使质量保证体系正常运转的动力,没有质量信息,体系就是静止的,只是形式上的体系。

(4) 质量保证体系不是制度化、标准化的代名词,决不应成为书面的、文件式的质量保证体系。

(5) 质量保证体系的深度与广度,取决于质量目标,没有适应不同质量水平的一成不变的质量保证体系。

6. 质量体系文件

质量体系中的全部要素、要求规定、标准都纳入文件，形成质量管理体系文件，是企业全部文件的一部分。

质量体系文件形成一个文件体系，共3个层次，类似“金字塔”型，其中第一层次是纲领性文件，质量手册；第二层次是涉及各个职能部门的活动，质量程序；第三层次是详细工作文件，质量具体文件（表格、报告、作业指导书等）。

7. 质量手册

质量手册是阐述企业质量方针目标、质量体系和质量活动的纲领指导性文件，对质量体系作出了恰当的描述，是质量体系建立和实施中所应用的主要文件，即是质量体系运行中长期遵循的文件。所以说它是企业组织各项质量管理活动的主要依据。质量手册的主要内容包括：

（1）企业的质量方针；

（2）企业的质量目标计划；

（3）综合描述企业的质量体系，其中有质量体系的组织机构和职能、体系要素和规定；

（4）企业质量活动的实践；

（5）质量体系文件的结构和管理办法。

质量手册关系到一个组织的全部活动或其部分活动。因而，按其内容、作用和适用范围的不同，有多种类型。质量手册按其阐述的质量体系的属性，可分为质量管理手册和质量保证手册两种。前者阐述企业的质量管理体系，供企业内部使用；后者阐述企业的质量保证体系，用以在合同环境下向需求方和第三方证实本企业的质量体系满足合同和有关法规的规定。质量手册按其阐述的质量体系的层次，可分为总质量手册、部门质量手册和职能质量手册3种。质量手册按其适用的产品来分，有各类产品的质量手册。

8. 质量环（质量螺旋）

指从识别需要直到评定能否满足这些需要为止的各个阶段中，影响产品或服务质量的相互作用活动的理论模式，也就指从了解与掌握用户对产品质量要求和期望开始，到质量实现的产品寿命周期内，将影响产品或服务质量的各项活动划分为若干个阶段的一种理论模式，一般分为11个阶段。

9. QM（质量管理）、QA（质量保证）、QC（质量控制）的区别

QM（质量管理简称），是对确定和达到质量目标所必须的全部职能和活动的管理。包括质量方针目标的制订及其组织实施，也包括质量控制活动。

QA（质量保证简称），是指使人们确信某一产品、过程或服务的质量所必须的全部有计划有组织的活动。这种活动的标志或服务的质量所必须的全部有计划有组织的活动。这种活动的标志或结果，就是提供“证据”，目的在于确保用户和消费者对质量的信任。

QC（质量控制简称），是指为保持某一产品过程或服务的质量所采取的作业技术和有关活动。一般指为保证产品质量达到规定水平所使用的方法和手段的总称，是QM的组成部分。

在我国，习惯（一开始引进全面质量管理时，将Total Quality Control译成全面质量管理，简称TQC）将质量控制（QC）与质量管理（QM）都叫做QC。

四、质量审核

1. 质量审核

指由具备一定资格而且与被审核部门的工作无直接责任的人员(专家),为确定质量活动是否遵守了计划安排,以及结果是否达到了预期目的所做的系统的、独立的检查和评定。它与传统的上级对下级的工作检查,无论在性质上、内容上和方法上都是不同的。

2. 质量审核的特点

(1) 质量审核是提高企业质量职能有效性的手段之一。它是为获得质量信息以便进行质量改进而进行的质量活动;

(2) 质量审核是独立进行的,即质量审核人员是由与审核对象无直接责任并经企业领导授权的人员组成的(由经理或厂长授权按合同进行);

(3) 质量审核是有计划按规定日程进行的,不是突击检查,因此审核人员与被审核对象的质量责任人员是相互合作的;

(4) 质量审核中发现的质量缺陷或问题,是在与被审核对象有关部门统一认识后才提出审核报告的,因此不是单方面评价,而是共同商量如何进行质量改进。

3. 质量审核分类

质量审核按审核的对象分类,可分为以下 3 种:

(1) 产品质量审核。指对准备交给用户使用的产品的适用性进行审核;

(2) 工序质量审核。指对工序质量控制的有效性进行审核;

(3) 质量体系审核。指对企业为达到质量目标所进行的全部质量活动的有效性进行审核。

质量审核按目的分,又可分为内部和外部质量审核两种。

4. 产品质量审核

指为了获得出厂产品质量信息所进行的质量审核活动。也即是对已检验入库或进入流通领域的产品实物质量进行抽查、试验,审核产品是否符合有关标准和满足用户需要。它按用户使用质量来检查和评价产品质量。它包括产品所使用的外协、外购件、自拷贝零部件及成品的质量审核,其中以成品的质量审核为重点。通过调查产品质量,及时发现产品存在的缺陷,特别防止把有重要缺陷的产品交给用户,同时可及时察觉质量下降的潜在危险,以便及时采取措施;通过审核,发现企业产品质量与质量职能活动上的问题,为制订质量改进目标与措施提供依据;通过审核也可以对质量检验人员的工作质量考核提供依据;通过连续审核,可以对比企业现在与过去生产中的产品的质量水平,估计目前产品质量水平的发展趋势。

5. 工序质量审核

指对工序质量定期或专题的验证、抽查和考核工序中影响产品质量各种因素的变动情况,以便采取对策加以改进。其动因可能是常规的质量保证规定,也可能是基于用户申诉而临时安排的质量保证要求。工序质量审核的目的,在于考核各工序或工序中影响工序质量的各种因素是否处于受控状态。也就是要求生产过程必须按规定的标准(规程、规范)程序进行;随时监控质量动向,一旦发生“失控”,必须立即找出异常原因,把质量故障消除在发生之前；万一发生质量问题，能够及时发现，及时纠正，杜绝重复发生；产品质量具有可追查性。审核的内容是：

（1）质量管理的领导与组织情况；

（2）各部门质量职能活动及相互协调情况；

（3）各项质量管理规章制度、工作程序、工作标准的执行情况；

（4）质量职能分配及岗位质量责任制执行情况；

（5）质量文件、档案、原始记录等是否正确、完善；

（6）质量信息管理系统的运行及协调情况；

（7）外协、外购件进厂及产品提供服务符合有关规定的情况；

（8）人员培训教育和设备安装满足质量工作要求的情况；

（9）质量政策、质量目标和质量计划的制订与执行情况；

（10）实物质量符合标准和规范的程度等。

每次审核不一定面面俱到，可有所侧重，抓住主要问题进行审核。审核的步骤：制订质量体系审核计划；组成审核小组；编制审核提纲；实施审核；提出审核报告。

五、质量心理学常识

1．质量心理学

质量心理学是心理学的一个分支，它是研究产品（或服务）质量形成的全过程中，个体、群体、组织与领导以及社会文化等的心理现象及其规律的科学。质量心理学是全面质量管理与心理学结合的产物，是一门交叉科学。它更着重于心理现象的研究。它不仅要吸收全面质量管理的理论成果和实践经验，而且还要为全面质量管理提供一些新思维、新观点、新材料、新方法，不断丰富和发展全面质量管理的不定期论，促进全面质量管理的进一步深入发展。当然，质量心理学的研究又离不开全面质量管理的理论框架，也就是说质量心理学所涉及的范围应当包括全面质量管理各个方面的内容，对全面质量管理各有关方面的工作的心理因素进行探讨，并且从心理学的角度对这些工作的改进提供意见。

2．质量意识

质量意识是一种理性认知成分，指人们对产品质量、工作质量、服务质量的认识、了解、掌握质量知识的程度，对质量的思想认识、信念以及质量素养，对质量的评价等，都属质量意识的范畴。质量意识对质量态度的影响最大，可以说质量意识是度量质量态度的基础。

3．质量态度

质量态度是人们（职工）对产品质量、工作质量、服务质量相对稳定的心理倾向。态度通过意见和举止反映出来。意见是态度的言语表现，态度不仅反映在言语所表现的意见上，更主要是反映在不属于言语的行动上。行动上反映出来的态度往往才是真正的态度。态度具有稳定性，人们（职工）的质量态度一旦形成，在类似的甚至不同的情境中都会表现出来，而且将持续一段时间不会轻易改变。

4．质量态度的功能

质量态度一般具有以下的功能：

（1）对行为的方向性和对象的选择性具有调节作用。如一个职工对质量工作抱有肯定态度，就会乐意参加质量工作，重视质量工作；相反质量态度不端正，就会反感，忽视质量工作。

(2) 对信息的接受、理解与组织作用。人们对抱有积极态度的事物容易接受，对抱有消极态度的事物则不容易接受，学不好，记不牢，易出差错等，都与态度有关。

(3) 预定对象事物的反映模式。态度是在过去认识和情感体验的基础上形成的，一经形成之后，就会使人对某种对象或事物采取相应的行为模式，重视质量，在工作中把质量放在首位。相反，质量态度差，一听到质量问题就会产生反感，也难以把质量放在重要的位置上，更谈不上把质量放在首位。

(4) 导致情绪上的不同体验。人们对事物的态度不一样，所产生的情绪体验也不相同，质量态度是一种习惯的心理倾向，不是生来就有的，而是通过后天环境，特别是在工作和生产环境的影响下逐渐形成的。质量态度一旦形成，又反过来对产品质量、工作质量、服务质量的形成过程产生相一致的反应，在连续不断的影响和反应作用下，人们不断修正并完善自己的质量态度，从而逐渐与社会对企业要求趋于一致。

5. 质量情感

质量情感是人们(职工)对质量工作的好恶习惯及情绪反应。情绪和情感在人的心理生活中有着广泛的影响，情感成分在态度中起着重要的作用，情感又是态度的一种反映。质量情感的正负强弱，往往影响质量意识的形成、巩固和发展，改变着质量意识的方向。

6. 质量行为

质量行为是人们(职工)对产品质量、工作质量、服务质量的实际反应或行动，是质量意识和质量情感的外在表现。行为受认知成分和情感成分的影响，又有其独立地位。质量行为直接作用于工作质量、产品质量和服务质量。人的行为是非常复杂的，不仅受意识和情感的制约，而且还受客观环境、生理机制、社会因素等的制约。

7. 质量风气

质量风气反映了群众的质量态度，群众质量态度通过质量风气表现出来。质量风气是群体对质量重视程度的反映，是综合评价的结果。质量风气又是一种群体心理动态，表现为群体压力和内聚力，反过来又对个体心理产生影响和作用。

8. 质量能力

质量能力指人们(职工)保证自己的工作顺利达到一定质量水平的能力。能力是一种个性心理特征，包括一般能力(如观察、记忆、注意、思维、想象能力等)、特殊能力(如组织、技术、业务、演说、交际能力等)，能力是一般能力和特殊能力综合评价的结果。

9. 社会对质量的认可

社会在接受产品(商品)时，不仅要接受数量，而且要接受质量。对质量的接受就是对质量的认可。社会人群对质量的认可就是用户的认可，表现为在购买产品(商品)时，对质量的考虑和鉴别。社会组织对质量的认可，主要是各级各类管理机关的认可，表现为对质量的考核和检验。产品符合标准或合同规定的技术质量指标，社会组织就认可了，但这并不意味着社会人群也认可。如技术质量指标低于用户的需求；另外用户不理解或不清楚技术质量标准，仅凭经验或直观去认可质量。

六、宏观质量管理

1. 质量认证制度

当前世界各国采用的质量认证制度，大都是以合法的第三方立场，对工业产品的质量和安全可靠性执行检查与监督，较为广泛的有3种：

(1) 技术监督制度；

(2) 产品认证制度；

(3) 产品质量国家检定制度。

在许多西方国家中，技术监督与产品认证制度并存，有些技术监督机构兼管产品认证。质量认证，是由一个公认的权威机构对企业的质量体系、产品、过程或服务是否符合质量要求、标准、规范和有关政府法规的鉴别，并提供文件证明的活动。质量认证制度的类型，从认证性质来说，可分为自我认证制和第三方认证制；从法规性质上看，可分为自愿认证和强制认证；从认证标志分，可分为合格认证标志、安全认证标志、优质标志等；从认证范围来分，可分为国家认证、地区认证、国际认证等3种。

开展质量认证工作要具备4个条件：

(1) 具有较高水平的国际标准、国家标准或专业标准；

(2) 具有公认的权威的第三方的质量认证机构；

(3) 经认证合格的权威的测试试验室；

(4) 具有较高水平的认证工作队伍。

质量认证程序为：申请、初审、资格鉴定、认证试验、签订监督协议、控制协议、颁发标志、事后监督、质量认证维持试验、更改质量等级。在事后监督过程中若出了问题就要暂停认证或再认证，甚至取消认证。

2. 标准化管理工作

标准是产品的质量、工作质量、服务质量水平的尺度和标志。所谓标准化，是以具有重复性特征的事物为对象，以实现最佳经济效益为目标，有组织地制订、修改和贯彻各种标准的整个活动过程。它是组织现代化生产的重要手段，是科学质量管理不可缺少的组成部分。标准化管理指包括各种标准的制订、修改、分级、审批、发布、贯彻执行、标准化机构建设、标准化监督等的综合管理工作。通过这些管理工作，以达到控制质量的目的。

第二节　安全生产相关知识

一、作业人员的安全生产责任与权力

1. 在作业过程中必须严格遵守安全生产规章制度和操作规程，服从管理，不得违章作业。

2. 接受安全教育与培训，掌握所需的安全生产知识，积极参加各项安全活动。

3. 正确使用和佩戴安全防护用品。

4. 发现事故隐患应及时向项目安全管理人员或主要负责人报告。

5. 有权拒绝违章指挥,有权制止他人违章作业。遇有重大事故隐患或明显的险情有权停止作业,并立即报告有关领导。

二、安全生产基本常识

1. 国家安全生产方针:安全第一、预防为主、综合治理。

2. 注意“三不伤害”原则:不伤害自己、不伤害他人、不被他人伤害。

3. 用好“三宝”:安全帽、安全带、安全网。

4. 警惕“四口”:通道口、楼梯口、电梯井口、预留洞口。

5. 易发生安全事故的时间段:上下班前后、节假日前后、发放工资前后。夏天(暑季)、雷雨大风前后、冬季。

6. 易发生安全事故的部位:外架上、“四口”“五临边”(楼层临边、屋面临边、洞口临边、楼梯临边、阳台临边)。机械设备的齿轮(链条)处、配电箱、电动工具。

三、安全文明施工纪律

1. 不满 18 周岁的未成年,不得从事建筑工程施工作业。

2. 进入施工现场必须正确佩戴安全帽,系好下额带。

3. 进入施工现场的人员严禁穿拖鞋、凉鞋、高跟鞋、背心、短裤、短袖衫及裙装。严禁在现场内赤膊、赤脚。

4. 严禁酒后进入施工现场。

5. 严禁在施工现场吸烟室以外的任何地点吸烟。

6. 特殊工种人员必须经过培训考试合格,持证上岗。

7. 在没有可靠安全防护设施的高处(2 m 及 2 m 以上)临边和陡坡施工时,必须系好安全带。

8. 高处作业不得穿硬底和带钉易滑的鞋,严禁向下投掷物料。

9. 严禁私自拆除、破坏现场任何安全防护设施(安全标志、外脚手架、卸料平台、临边防护、安全通道、洞口防护、楼梯栏杆等),如因施工需要拆除的必须在征得项目部同意方可实施。

10. 作业时应尽量避免出现上下立体垂直交叉作业,如因施工需要必须进行上下交叉作业时应在中间层设置隔离防护,防止落物伤人。

11. 上下楼层必须走安全通道,严禁翻攀脚手架、门架、井架。严禁走非安全通道。

12. 严禁私拉、乱接电线。施工照明、设备电源的安全和拆除,必须由专职电工进行,其他人员不准安拆。

13. 严禁乱扔杂物及随意堆放物品。

14. 电、气焊和明火作业前必须办理动火证,作业面必须配备灭火器。

15. 施工楼层内严禁住人。

16. 食堂打饭请自觉排队,现场严禁打架、斗殴、酗酒、闹事。有纠纷,请及时向班组长、项目管理人员反应。

四、高处作业安全常识

1. 在大雾或风力在六级以上的恶劣气候情况下，禁止进行露天高空作业。

2. 患有高血压、心脏病、贫血病、颠簸病以及其他不适宜从事高处作业疾病的人员，严禁从事高空作业。

3. 高处作业人员要穿“三紧”（袖口紧、下摆紧、裤脚紧）工作服，脚穿防滑鞋，头戴安全帽，腰系安全带。

4. 严禁直接站在钢管、钢筋或墙体上进行高处作业，高处作业时应保证站立面要有二块跳板或三块木枋。

5. 高空作业时所有材料要堆放平稳，工具应随手放入工具袋（套）内。

6. 高处或临边进行电焊或气焊施工时，应配备小铁桶，用于接焊渣或火花，防止落物伤人或火灾事故。

7. 外脚手架和结构临边 1.0 m 范围内不得堆放任何材料，减少高处落物的可能。

8. 严禁从高空向下抛掷任何物品。

9. 构件堆放平台须平整稳固，材料居中摆放且应要分类堆码，堆码高度不得高于 1.5 m，材料取用时不得从中间抽拉，防止失稳垮塌。

10. 层高 3.6 m 以下的屋内作业所用铁凳、木凳、人字梯要栓牢固，两支点跨度不得大于 3 m，人字梯两边要用铁丝互相拉牢。

11. 钢屋架吊装以前，应在上弦设置防护栏杆，并预先在下弦挂设安全网，吊装完毕后，即将安全网铺设固定。

五、施工现场临时用电安全常识

1. 在施工过程中发现临时用电线路影响施工或电路出现故障，应找项目专职电工解决，不得擅自处理。

2. 高层或多层建筑施工的室内用电，必须采用电缆埋地引入，电缆垂直敷设的位置应充分利用在建工程的竖井、垂直孔洞，固定点每楼层不得少于 1 处。

3. 施工现场临时用电必须遵守“一机一闸一漏”原则，即“开关箱中一个开关电器只能控制一台用电设备，一个漏电保护器只能保护一台用电设备”。

4. 现场不允许使用木质电箱和金属外壳木质底板电箱。

5. 开光箱内漏电保护器的额定漏电动作电流不得大于 30 mA，额定动作电流时间不得大于 0.1 秒。

6. 固定式配电箱、开关箱的下底与地面的垂直距离应为 1.3～1.5 m；移动式分配电箱、开关箱的下底与地面的垂直距离应为 0.6～1.5 m。

7. 开关箱应防雨、防尘并加锁，与其控制的固定电器设备的距离不得超过 3 m。

8. 开关箱周围不准堆放杂物，并应保持清洁。

9. 开关箱周围不准堆放杂物，并应有足够两人同时操作的空间和通道。

10. 施工现场临时用电线应绝缘架空敷设，不得拖地使用或直接缠绕在钢管、钢筋或其他金属构件上。

11. 电气设备和线路的绝缘必须良好，接头不准裸露。当发现有接头裸露或破皮漏电时,应立即停止施工并找专职电工解决,不得擅自处理。

12. 电源线插头破损应及时更换,不得将插头拆除后,将电源线直接插入插座内使用。

13. I类手持电动工具(设备外壳是金属材料的电动工具)的外壳应做保护接零(即电源线必须采用三芯线)

14. 当室内灯具距地面低于2.4 m时,应采用36 V安全电压。

六、机械设备安全常识

1. 施工现场所有用电设备进场使用前必须由项目动力部检查,验收合格并登记后方可使用。

2. 施工现场所有电动机械设备必须指派专人持证上岗操作,其他人员不得私自操作。

3. 现场机具设备的电源线拖地部分必须采用穿管保护措施。

4. 各种电动机械设备在作业前必须按规定进行检查、试运转;作业完,拉闸断电,锁好电闸箱。

5. 各种机械设备不准带病运转或超负荷作业,运转中发现不正常时,应先停机检查,排除故障后方可使用。

6. 机械转轴部位必须配备有防护罩。

七、消防安全常识

1. 防火知识

(1) 禁止在具有火灾、爆炸危险的场所使用明火。

(2) 禁止在非安全地点熬制沥青或配置其他易燃物品。

(3) 现场动用明火前必须配备好必要的灭火装置(灭火器、消防砂、水等)。

(4) 在现场动火施工中,必须确保明火没有熄灭不得离人。

(5) 动用明火施工完毕后应将火(星)熄灭,方可离人。

2. 灭火常识

(1) 固定火灾应先用水型、泡沫、硝酸铵盐干粉、卤代烷型灭火器进行扑救。

(2) 液体火灾应先用干粉、泡沫、卤代烷、二氧化碳灭火器进行扑救。

(3) 气体火灾应先用干粉、泡沫、卤代烷、二氧化碳灭火器进行扑救。

(4) 带电物体火灾应先用卤代烷、二氧化碳、干粉型灭火器进行扑救。

(5) 燃气罐着火,要用浸湿的被褥、衣物等捂盖火,并迅速关闭阀门。

(6) 救火时不要冒然开窗,以免空气对流,加速火势蔓延。

3. 逃生自救常识

(1) 穿过浓烟逃生时,要尽量使身体贴近地面,并用湿毛巾捂住口鼻。

(2) 逃生时千万不要乘普通的电梯逃生,应根据情况选择进入相对较为安全的楼梯通道。

(3) 室外着火,门已发烫时,千万不要开门,以防大火窜入室内。

(4) 火场逃生过程中,要一路关闭经过的门,能减低火和浓烟的蔓延速度。

(5) 身上着火,千万不要奔跑,可就地打滚或用厚重的衣物压灭火苗。

八、文明施工常识

1. 施工完后要做到“四清四不见”

“四清”:施工完场地清;砼、灰浆搅拌机、泵、管洗刷清;当日作业当日清;活完脚下清。

“四不见”:不见零散黄砂、水泥、模板、木枋、钢管、扎丝、配件、钢筋;不见杂物乱堆放;不见剩余灰浆、刨花、废铁丝、短管、钢筋头;不见电线、焊把线随地走。

2. 现场要做到:“四整齐”

脚手架料、工具堆码头齐:多种材料、钢木门窗、预制构件、模板分类、堆放整齐;临建工程、消防设施搭设安置整齐;并架及操作平台搭设牢固、整齐。

3. 施工现场严禁乱扔垃圾杂物,每天应将工作垃圾清理转移至垃圾堆场并分类集中堆放。

4. 不得在墙面及楼板上凿大洞、槽;乱写、乱画;有意损坏建筑成品或半成品。

第三节 放射性废物管理知识

放射性废物是含有放射性核素或为放射性核素所污染,其放射性核素的浓度或浓度活度大于审管机构确定的清洁解控水平,并且预期不再使用的物质。放射性废物治理的基本方法可概括为两类:分散稀释和浓集隔离。放射性废物和废液经过净化处理之后,以气载或液体流出物排放到大气或水体中属于“分散稀释”。放射性废物经过固化、整备,把放射性核素浓集在固化体中,实行近地表处置或深地质处置,就属于“浓集隔离”。

一、放射性废物管理基本原则

放射性废物不恰当的管理方式会在现在或将来对人类健康和环境产生不利的影响,放射性废物管理必须履行旨在保护人类健康和环境的各项措施。国际原子能机构(IAEA)在征集成员国意见的基础上,经理事会批准,在1995年发布了放射性废物管理以下九条基本原则:

原则1 保护人类健康

放射性废物管理必须确保对人类健康的保护达到可接受水平。

放射性废物引起的危害作用和某些有毒废物相类似,而且放射性废物还具有电离辐射危害作用,需要特殊的保护,必须控制工作人员和公众受到的照射在国家规定的允许限值之内,并且可合理达到的尽可能低。在确定辐射防护的可接受水平时,主要应考虑国际放射防护委员会(ICRP)和国标原子能机构(IAEA)的推荐,特别是关于正当性、最优化和剂量限值的原则。

原则2 保护环境

放射性废物管理必须提供环境保护达到可接受水平。

放射性废物管理应使放射性废物向环境的实际释放可达到最少,优选的办法是把放射性核素浓集和包容起来。但是,也可以采取适当的控制措施,在批准的限值内释放到大气和水体中,并且也可进行复用。

放射性核素释放到环境中,除人类之外的其他生物物种也可能受到电离辐射的照射,对于这些照射的各种影响应该予以考虑。放射性废物处置可能在相当长的时间内对天然资源(如土地、森林、地表水、地表水及矿藏)未来的可用性产生不良的影响,放射性废物管理应尽可能限制这些影响。

放射性废物管理活动有可能引起非放射性环境影响,如化学污染或生物天然栖息地的变更。对于这些影响,要使放射性废物非放射性环境影响至少达到类似的工业活动的水平。

原则 3　超越国界的保护

放射性废物管理必须考虑对人体健康和环境的超越国界可能的影响。

本原则出于道义上的考虑,放射性废物管理要使对相关国家人体健康和环境的有害影响不大于对自己国内已经判定可接受的影响。在履行这项义务时,要考虑诸如国际放射防护委员会和国际原子能机构等国际团体的建议。

在正常释放、潜在释放或放射性核素越境转移情况下,事发国应根据这一原则的精神,通过与邻国或受影响国交换信息或商议等方式达成共识。

国际原子能机构《关于放射性废物国际越境转移实践规程》规定:一个国家仅当具备符合国际安全标准的处理和处置废物所需的行政管理、技术能力及审管机构时,才可接收另一个国家的废物进行处理或处置。

原则 4　保护后代

放射性废物管理必须保证对后代预期的健康影响不大于当今可接受的有关水平。

本原则是基于对后代健康的人道考虑。可接受水平的确定主要根据国际放射防护委员会和国际原子能机构的最新建议。

对会长时期延续影响的情况,如不能保证放射性废物的完全隔离,则应达到合理保证人类健康不会受到不可接受的影响。这一目标主要通过采用天然屏障及工程屏障构成的多重屏障体系来实现。此外,应考虑未来人类闯入隔离区域的活动或自然活动,可能会对处置设施的隔离能力产生不利影响;应考虑预测遥远未来的困难性,会造成安全评价的不确定性。

原则 5　不给后代造成不适当的负担

放射性废物管理必须保证不给后代造成不适当的负担。

本原则也是出于道义的考虑,享受核能开发利用好处的人们应承担管好其所产生废物的责任。有些活动的影响可能延续到后代,如废物处置,对处置设施应按规定进行监测和控制。对放射性废物管理,当代人有责任开发技术、建立基金体系进行有效控制和计划安排。

各类放射性废物处置的时间安排和具体实施,受科学、技术、社会和经济等因素的影响,例如,合适场址的可获得性、公众的可接受性和地方政府的配合。放射性废物处置应尽量不依赖于长期对处置场的监测和处置场关闭后对放射性废物进行回取。

原则 6　纳入国家法律框架

放射性废物管理必须在适宜的国家法律框架内进行。

国家应制订法律框架,发布放射性废物管理的法律和法规。进行放射性废物管理活动的有关部门和机构应有明确的划分。审管职能必须与运行职能分离,使放射性废物管理实现独立的审查和监督。

放射性废物管理特别是放射性废物的处置要涉及许多代人和持续非常长的时间,故现在及将来的情况都应予以考虑。应当确保职责的长期持续性和资金满足需求。

原则7 控制放射性废物产生

放射性废物的产生量必须可实现的尽可能少。

通过适当的设计、运行和退役，使放射性废物量和活度两者都尽可能地最小。减少废物量的办法包括：优化管理、对材料的选择和控制、循环使用和复用、采用分类和减容措施，以及优化的运行程序等。

原则8 兼顾放射性废物产生和管理各阶段间的相依性

必须重视放射性废物产生和管理的各阶段间的相互依存关系，实施全过程管理。

放射性废物管理各阶段间相互联系，某个阶段所作出的放射性废物管理的决定可能会对后续阶段产生影响。因此要正确地识别各阶段间的相互作用和关系，使管理的安全和有效性得以平衡。例如，全面考虑废物的处理与处置、核设施的退役、放射性物质的运输、贮存和处置；整备废物及包装与处置环境的兼容；固化体品质符合接收标准和适应处置要求等。

由于放射性废物管理各阶段处于不同时期，在考虑任何一个放射性废物管理活动和做决定时，都应该考虑其对后续放射性废物管理活动的影响，尤其是对废物处置的影响。

原则9 保证废物管理设施安全

必须保证放射性废物管理设施使用寿期内的安全。

废物管理设施的选址、设计、建造、调试、运行、退役、处置场的关闭，应优先考虑安全问题，包括预防事故和减轻事故影响的措施，尤其要重视公众问题。提供和保持适当水平的防护，限制可能的辐射影响。

放射性废物管理设施在整个寿期内，应该有适当的质量保证、人员培训和资格认证，适当评估设施的安全及环境影响。

IAEA 对放射性废物管理十分重视，成立了废物安全标准顾问委员会（WASSAC），发布了许多标准和导则。IAEA 还组织召开了许多放射性废物管理国际大会、专题研讨会和专家会议，发布了许多对放射性废物管理有指导意义的报告文集。

国际放射防护委员会（ICRP）也给放射性废物管理提供了许多指导原则。ICRP 第 26 号出版物，确定了适用于涉及辐射照射的实践剂量限制体系，确定了有效剂量当量概念。第 46 号出版物针对放射性固体废物处置，提出了个人风险限制和其他建议，发展了辐射防护三原则。第 60 号出版物，建立了实践和干预两大防护体系，还包括了豁免原则。这些为放射性废物管理及核设施退役的辐射防护标准的制定和选用提供了指导思想。

ICRP 提出了《固体放射性废物处置的辐射防护原则》（第 46 号出版物）、《潜在照射的防护：概念框架》（第 64 号出版物）、《放射性废物处置的辐射防护政策》（第 77 号出版物）、《用于长寿命固体放射性废物处置的辐射防护建议》（第 81 号出版物）等文件，对高放废物地质处置的安全目标和安全评价方法学提供了重要依据。

二、放射性废物管理内容

放射性废物管理是包括废物的产生、预处理、处理、整备、运输、贮存和处置在内的所有的行政和技术活动。放射性废物管理应实行从“产生”到“处置”的生命周期全过程的优化管理，力求达到最佳的经济、环境和社会效益，有利于可持续发展。放射性废物管理体系可用图 10-1 来表示。

放射性废物管理以“安全”为目的，“处置”为核心。气载和液体流出物的排放是处置的

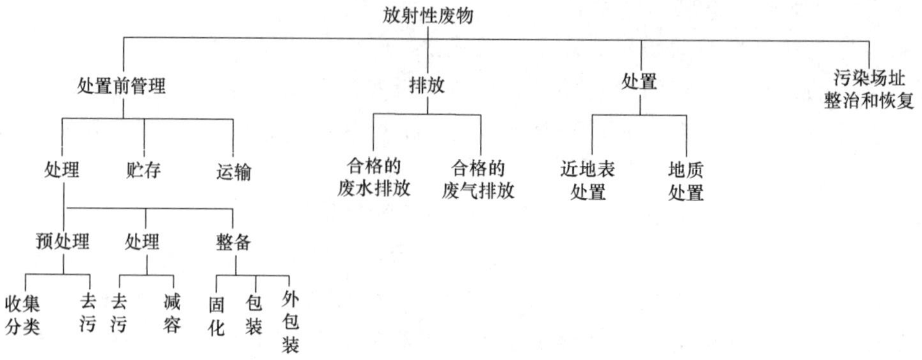

图 10-1　放射性废物管理体系图

一种形式。核设施退役涉及去污、切割解体、场址清污等一系列活动,退役活动会产生许多废物,所以国际原子能机构(IAEA)把退役划分在放射性废物管理之中。

放射性废物管理要用科学发展观作指导,以优化方式进行全过程管理,实现安全处置,使当代和后代人的健康与生态环境和非人类物种免遭危害,不给后代带来不适当的负担,使核能事业持续发展。

放射性废物管理者的责任是按照国家颁发的相关法律、法规和标准,以及国际社会一致同意的放射性废物管理基本原则和辐射防护原则,安全、经济、科学、合理地处理处置好废物。废物最小化应作为放射性废物管理必须遵守的宗旨和努力目标,为此,废物管理应该把豁免的废物和物料分出来,把可再利用、再循环的物料分出来,经过适当的处理,使需要最终处置的废物可合理达到的尽可能少,经过适当处理和整备得到安全处置(图 10-2)。

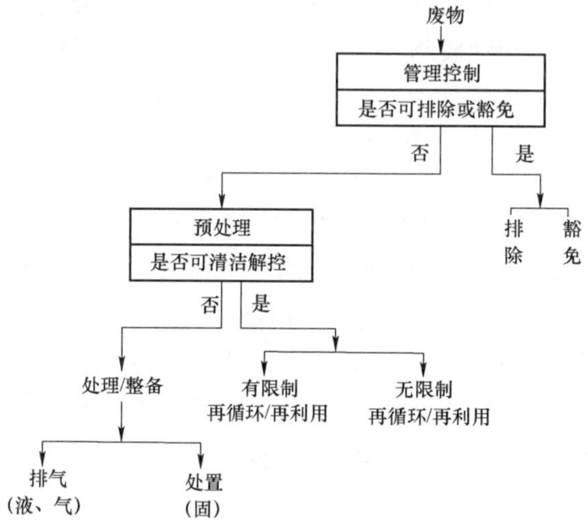

图 10-2　放射性废物管理模式

三、放射性废物管理

我国已经建立职责分工明确和实行独立监管的组织机构。例如,国家国防科技工业局(以下简称国防科工局)是我国放射性废物管理的行业主管部门。国防科工委下属中国核工业集团有限公司是我国最大的放射性废物产生和管理部门。国家核安全局是我国放射性废物管理最高安全监管机构。地方环保部门参与有关放射性的监管活动，进行独立环境监测。企业内部有运营机构与监督机构之分，企业法人是安全直接责任者，承担对辐射照射达到并保持满意控制的责任。

放射环境管理实行国家和省、自治区、直辖市（下称省级）两级管理。国家核安全局对全国放射环境保护工作实施统一监督管理。省级人民政府环境保护行政主管部门对本辖区的放射环境保护工作实施统一监督管理，并根据本地区的实际情况加强环境管理队伍建设和组织落实。国家核安全局负责拟定放射环境管理的政策和法规，制定放射环境标准并监督实施；负责核设施环境影响报告的审批和指导省级环境保护行政主管部门的放射环境管理工作。放射环境管理的具体任务由省级环境保护行政主管部门负责实施。

四、放射性废物管理重要环节

实现放射性废物安全管理，应重视以下环节：

（1）安全分析和环境影响评价。应根据法规和标准的要求，对新的废物管理设施和实践或现有设施和实践的重大改变，编写深度和广度满足要求的安全分析报告和环境影响评价报告。评价报告应当分析和论证正常运行时的安全，评价事件和事故的可能影响。对于正常运行的评价，应当分析和论证放射性废物管理过程各个阶段对工作人员、公众和环境的辐射安全和非辐射安全。这些评价应以设施设计和运行过程为基础。评价还应当对放射性废物设施给人类生态、环境（土壤、水、空气和非人类物种）和自然资源的潜在的非放射学影响作出描述和分析；应当评定内部和外部事件（这种事件可能导致事故）可能的后果，并且评价其对工作人员、公众和环境的彩响。这种评价应该利用适当的模式和实验数据。

评价处置设施的长期安全性能，应考虑被包容的放射性核素的活度和废物的物理和化学特性，以及处置系统所提供的屏障的有效性。天然屏障的有效性应通过现场调查来确定。这种评价利用预测数学模型来进行，这些数学模型应是建立在实验数据基础上的。

（2）核安全文化。核安全文化是IAEA在三哩岛核事故和切尔诺贝利核事故基础上发展起来的一种确保核电厂安全运行的完整的管理概念，现已推广到整个核领域，包括废物管理活动，成为一项基本管理原则，用以防止和减少人因错误，提高核设施的安全性。

核安全文化是单位和个人对安全的认识和态度的总和。因为每个人的认识和行为都可能影响安全，所以核安全文化必须根植于每个人的思想和行动，这对领导阶层尤为重要，负责放射性废物管理的领导和组织应建立和执行促进核安全文化提高的制度和程序；制订和执行有关核安全政策和审查程序；制订和执行强调安全重要性和个人行为要求的员工培训大纲。安全意识淡化是滋生安全隐患的重要原因之一，坚持核安全文化培养和核安全文化检查，使“安全第一，质量第一”深入人心，安全绩效不断提高。

（3）质量保证。废物管理质量保证为保护人类健康和环境提供保证。质保部门应有充分的独立性，应明确规定有关人员和组织的责任和权限。质量保证管理适用于所有的放射性废物管理活动，尤其是对安全有重要影响的环节，例如，质量保证大纲应当确保处置废物的接收要求，应保证焚烧炉、玻璃固化、沥青固化等按工艺程序进行，确保安全运行等。质量保证大纲应得到审管部门的认可，在执行中应受到监督和检查。

（4）研究和开发。《中华人民共和国放射性污染防治法》第四条指出：“国家鼓励、支持放射性污染防治的科学研究和技术开发利用,推广先进的放射性污染防治技术。国家支持开展放射性污染防治的国际交流与合作"。放射性废物管理要按科学发展观精神,破除因循守旧思想,提倡创新和重视培养创新型人才。放射性废物管理要加强开发研究,学习国外先进经验,不断优化工艺设备,节约资源,减少污染,实现废物最小化。建设研究开发平台对促进开发研究有重要意义。

(5) 文件化和数据库。放射性废物管理关系到公众和环境,可能影响到许多代人的健康,放射性废物管理必须文件化,要长期妥善保存,方便查阅。

数据库对提高设计、运行和管理的效率日益显得重要。放射性废物数据库、废源数据库、处置场数据库、退役数据库,已在国际上纷纷建立,发挥着重要作用,要开发和建立方便利用的软件和人机接口。

(6) 人员培训和资格认定。《中华人民共和国放射性污染防治法》指出:"核设施营运单位、核技术利用单位、铀(钍)矿和伴生放射性矿开发利用单位,应当对其工作人员进行放射性安全教育、培训,采取有效的防护安全措施";"国家对从事放射性污染防治的专业人员实行资格管理制度;对从事放射性监测的机构实行资质管理制度"。应制订适当的人员培训计划,确保放射性废物的管理工作人员有必要的知识和技能,确保废物安全、经济和高效的处理与处置。培训包括上岗前的培训和再培训,培训还应包括相关者(承包商和设备供应商)的要求。资格认定还包括对某些重要放射性废物处理、处置设备制造商的资格认定。

(7) 应急计划。放射性废物管理中,如果存在对人类健康和环境有重大潜在危害因素的活动,如高放废液倒罐、高放废液玻璃固化、沥青固化含硝酸钠的废液、大型焚烧炉运行,以及处理、贮存和运输含较高浓度易裂变物质的废物等,需要作应急预案和做好对事故的应急准备。

(8) 有组织的控制。放射性废物处置,应尽可能不依赖于安排长期有组织的控制。然而,处置库关闭后,需要有适当时间的有组织的控制,近地表处置库尤其如此。废物处置库的控制可以是主动的(例如,连续监测、定期检查、维护、控制人们的接近等),或者是非主动的(例如,设立永久性标志、限制土地使用等)。有组织的控制的期限,必须由审管部门确定。

参考文献

[1] 李绍鹏,刘冬敏. 机械制图[M]. 上海:复旦大学出版社,2011.

[2] 张三慧. 大学物理学:热学、光学、量子物理[M]. 3 版. 北京:清华大学出版社,2009.

[3] 蔡增基,成天渝. 流体力学泵与风机[M]. 5 版. 北京:中国建筑工业出版社,2009.

[4] 张占立. 常用金属材料手册[M]. 北京:化学工业出版社,2007.

[5] 李凤林. 电工基础常识入门[M]. 北京:中国劳动社会保障出版社,2006.

[6] 人力资源社会保障部教材办公室. 机修钳工工艺与技能学生用书Ⅱ(基础知识)[M]. 北京:中国劳动社会保障出版社,2012.

[7] 张子平. 管工(基础知识 初级 中级)[M]. 北京:中国城市出版社,2003.

[8] 中国就业培训技术指导中心组织. 焊工[M]. 2 版. 北京:中国劳动社会保障出版社,2010.

[9] 劳动和社会保障部,中国就业培训技术指导中心起重工(基础知识)[M]. 北京:中国电力出版社,2004.

[10] 桂立明. 辐射安全与防护基础知识[R]. 北京:清华大学工程物理系辐射防护与环境保护研究室,2011.

[11] 杨朝文. 辐射安全与防护物理基础[R]. 成都:四川大学核学院,2011.